Paolo Ermani e Valerio Pignatta

Pensare come le montagne

Manuale teorico-pratico di decrescita per salvare il pianeta cambiando in meglio la propria vita

Terra Nuova Edizioni

Direzione editoriale: Mimmo Tringale

Autori: Paolo Ermani e Valerio Pignatta
Titolo: Pensare come le montagne

Editing: Elena Policella ed Enrica Capussotti
Impaginazione: Daniela Annetta
Copertina: Andrea Calvetti

2011, Editrice Aam Terra Nuova
Via Ponte di Mezzo, 1
50127 Firenze
tel 055 3215729 – fax 055 3215793
libri@aamterranuova.it – www.terranuovaedizioni.it

I edizione novembre 2011

ISBN: 978-88-88819-98-3

Stampa: Lineagrafica, Città di Castello (PG)

*A mio fratello Francesco e a tutti coloro
che costruiscono invece di lamentarsi.*

P.E.

*Alla mia insostituibile compagna di cammino Monica
e alla sua incrollabile fiducia nella vita e negli esseri umani.*

V.P.

Prefazione

Nell'orgia dell'informazione contemporanea ogni notizia si diluisce. La rapidità con cui ogni novità viene raccontata non fa che aumentare l'alibi di chi dovrebbe utilizzarla. Tutto sommato, dopo un fatto clamoroso, non capita mai nulla. O almeno, la velocità dei media ci impedisce di constatarlo. A chi vuole passare oltre indenne di fronte a dati preoccupanti o accadimenti che suscitano raccapriccio e reazione, è sufficiente surfare tra giornali, radio, siti Internet. In questo modo, però, l'aggiornamento perde ogni efficacia e l'informato diventa sordo.

Il guaio, naturalmente, non dipende dalle fonti, ma ha radici nel pubblico. Chi l'ha detto che dobbiamo esporci a tutte queste notizie? Sapere tutto su tanto serviva quando i media erano pochi e riferivano poco. Oggi occorre saperne di più su meno temi, focalizzare la nostra attenzione solo su ciò che ci interessa. L'enorme diffusione dei mezzi e dei dati impone che si diventi tutti specialisti. Ma per specializzarsi occorre abbandonare qualcosa. Un problema serio: cosa mi interessa e a cosa dunque posso disinteressarmi? Buio pesto. La cifra distintiva del pubblico di questa epoca non è che la comunicazione è mediocre, ma che il pubblico ignora cosa lo appassioni, col risultato di farsi ipnotizzare dalla cronaca.

Il libro che qui ho l'onore di introdurre è perfetto per chi abbia davvero voglia di saperne di più, di riflettere, di approfondire e utilizzare concretamente le informazioni per cambiare ora, per cominciare adesso una vita diversa. Il che, come noto, è teoricamente il desiderio di molti e praticamente il programma di pochi. Questo però si confà con il mio modo di vedere le cose, soprattutto su un punto, che trovo ontologicamente fondamentale: il cambiamento avverrà per iniziativa individuale e non collettiva.

Qualche anno fa mi sono accorto che dovevo darmi una mossa. Avevo raggiunto un buon livello professionale, avevo pubblicato tre romanzi, conducevo imbarcazioni a vela. Non potevo lamentarmi. Ma non ero libero. Molte persone avevano gerarchicamente potere su di me. Vivevo dove dovevo e non dove mi sarebbe piaciuto. Guadagnavo denaro che non mi serviva. Compravo male. Frequentavo persone che altri avevano scelto per me. Ma come, non ero un benestante? Non ero una persona fortunata rispetto a tanti altri?
Forse non c'era da stare così allegri come pensavo.
Potevo, e dovevo, fare molto di più. Potevo e dovevo cercare un benessere diverso, più adatto a me, più dimostrabile, più concreto. Dovevo cercare l'autenticità, la libertà, e il limite del denaro, delle convenzioni, non era così insormontabile. In fondo, non credevo affatto che qualcuno potesse cambiare il mio mondo. Questa fiducia illusoria l'avevo perduta da tempo. Dunque cosa aspettavo? Una maggior tutela dell'ambiente, pur senza essere un radicale ambientalista, poteva diventare parte della mia cultura quotidiana. Una vita più sobria, meno schiava del lavoro e del denaro, pur senza essere un monaco, poteva essere vissuta anche da me, non solo dagli eroi politici o dai filosofi del passato a cui guardavo con ammirazione. Solitudine, meditazione, introspezione, spiritualità non erano facoltà riservate agli eremiti orientali. Scrivere non era la mia vera, unica e grande passione da sempre? La pratica e lo studio della cultura marinara non era forse ciò che maggiormente amavo? Potevo, dunque dovevo!

Forse adesso è più chiaro il significato di questo mio breve intervento. Permea le righe di questo libro qualcosa che io e i suoi autori abbiamo decisamente in comune: il consolidato sospetto verso la teoria e un profondo amore per l'azione. L'efficacia del meccanismo del consenso su base democratica, nell'atto del cambiamento, è messa a repentaglio dalla tendenza alla teoria che molti manifestano sotto forma di discussione perenne. Gli autori sono convinti, invece, ben oltre le esplicite affermazioni a riguardo, che non saranno media e politici a utilizzare fattivamente informazioni e volontà per agire adesso, senza indugio, e smuoversi dal penoso torpore in cui versa il nostro mondo. Bensì ognuno di noi, da soli o aggregati che siamo. Intendo dire che mentre il Nord-ovest del pianeta discute e si accapiglia su come, quando e dove, tante persone abbandonano il loro divano, si alzano, fanno quel che da anni dicono che vorrebbero fare (o che "il mondo" dovrebbe fare). L'azione, a volte, riesce ancora a superare la cultura. E a stupire.

Questo libro diventerà un punto di riferimento per due ragioni: la prima è che costituisce lo stadio d'arrivo più aggiornato sui dati che descrivono il disastro che abbiamo compiuto e che chiamiamo impropriamente "mondo del benessere". Il secondo è che l'excursus olistico che compie in maniera trasversale dall'ambiente alla tecnologia, dagli stili di vita alle scelte possibili, è un quadro molto efficace: quanto occorre sapere circa le motivazioni dell'urgenza del cambiamento.

Gli autori hanno capito una cosa importante: siamo qui. E moriremo, come non fossimo mai stati. Nel frattempo, tuttavia, dobbiamo dare dignità alla nostra vita, renderla straordinaria operando. E siamo anche liberi di scegliere, possiamo decidere ogni giorno cosa fare, come farlo, quanto spingere sull'acceleratore. Come interpretare la nostra contemporaneità. Come contribuire alla crescita o alla decrescita.
Per queste ragioni questo libro non è facilmente collocabile. È un saggio, è un breviario, è una continua esortazione, secerne ottimismo accanto alle peggiori notizie e esprime preoccupazione accanto a ciò che conforta. Parla di filosofia, tutto sommato, nel senso più presocratico del termine. Oggi fare i filosofi ha molto a che fare con le energie rinnovabili.

Se fossi in voi, lettori che siete giunti al termine di questa prima pagina, sostituirei la lettura di questo libro a molte letture ammalate da orfico e vano istinto informativo.
Anche per questo, con convinto orgoglio, ho accettato di introdurlo.

Simone Perotti

Introduzione

«Dopo la domanda: "quale pianeta lasceremo ai nostri figli?" ne viene spontanea un'altra: "Quali figli lasceremo al nostro pianeta?"».
Pierre Rabhi[1]

«Noi stiamo ancora cercando di volare in alto. Nei Paesi sviluppati, invece, la gente scende e dice: "Non c'è niente lassù"».
Gyelong Paldan[2]

Perché questo libro

Una vera spiegazione delle motivazioni che ci hanno spinto a scrivere questo libro dovrebbe utilizzare un approccio razionale e di pura logica matematica visto che è in questo che gli esseri umani, specie occidentali, si vantano di eccellere.

Gettiamo uno sguardo alla situazione globale in cui ci troviamo immersi: innanzitutto l'acqua, base della vita.

Le risorse idriche sono in continua diminuzione in tutto il pianeta.

Secondo l'Organizzazione mondiale della sanità, nel 2000 1 miliardo e 100 milioni di persone non avevano sufficienti risorse idriche potabili. Oggi i due quinti dell'umanità vivono in condizioni igieniche precarie in conseguenza della scarsità di acqua. In Asia quasi 693 milioni di persone e in Africa 300 milioni non hanno accesso a fonti di acqua pulita[3].

Negli Stati Uniti il consumo d'acqua giornaliero si aggira sui 380 litri a persona. Nei paesi poveri milioni di persone vivono con meno di 18 litri d'acqua al giorno ciascuno. Il 46% della popolazione mondiale abita in case senz'acqua corrente. Le donne dei paesi in via di sviluppo percorrono in media 5 km per procurarsi l'acqua. Entro il 2025 1 miliardo e 800 milioni di persone vivranno in aree con gravi problemi di siccità[4]. Secondo altre fonti nello stesso anno il numero di persone assetate salirà a 2 miliardi e 400 milioni[5]. Con l'aumento della popolazione mondiale, e di conseguenza di agricoltura e industria, aumenteranno ancor più i bisogni idrici. Con la prevedibile crescita dell'urbanizzazione, la competizione tra città e campagna tenderà ad aumentare con conseguenze negative per gli abitanti delle campagne.

Rispetto alla deforestazione, invece, possiamo dire che solo tra il 2000 e il

2005 sono spariti 1.011.000 chilometri quadrati di foreste, pari al 3,1% del patrimonio forestale mondiale. Una superficie di oltre tre volte più grande dell'Italia[6]. E il deserto avanza anche in altri modi.
Le zone semi-aride del pianeta si stanno avviando alla desertificazione completa a un ritmo incessante. Ciò non è dovuto solo ai cambiamenti climatici, ma anche alle attività umane delle popolazioni che si insediano in queste aree cercando di ottenere colture per sé e il foraggio per i propri animali da pascolo. Il calpestio del suolo prodotto dagli zoccoli del bestiame può degradare il suolo stesso e favorire l'erosione causata dal vento e dall'acqua. Inoltre l'innalzamento delle temperature dovuto ai mutamenti climatici aumenta il rischio di un numero crescente di incendi, che comportano l'alterazione del paesaggio desertico eliminando alberi e arbusti a crescita lenta e sostituendoli con erbe a crescita veloce. Un quarto della superficie terrestre è a rischio desertificazione. L'inaridimento attuale riguarda circa il 47% delle terre emerse, sia per carenza di piogge, sia per innalzamento delle temperature. L'Africa è il continente più interessato con il 73% delle terre coltivate soggette a degrado e desertificazione. In Italia si parla attualmente di un 5,5% del territorio, pari a cinque regioni: Puglia, Basilicata, Calabria, Sicilia e Sardegna. Ma anche la pianura Padana e molte zone costiere in tutta la penisola nei prossimi trent'anni saranno a rischio inaridimento per un totale del 30% del territorio nazionale[7]. Idem o anche peggiore la situazione di Portogallo, Grecia e Spagna.
Del resto, attualmente, nell'atmosfera terrestre ci sono 380 parti per milione (ppm) di anidride carbonica. Concentrazione mai così alta da 650.000 anni a questa parte. Secondo lo studio "Meeting the Climate Challenge" degli enti di ricerca *Institute for Public Policy Research* (UK), *Centre for American Progress* (Usa) e *The Australia Institute* (Australia) se si arriverà a 400 ppm ci saranno cambiamenti climatici irreversibili. Agli attuali ritmi di emissioni, questi cambiamenti climatici irreversibili si avranno entro pochi anni[8].
Secondo l'agenzia statunitense *Energy Information Administration* (EIA) le emissioni complessive derivanti dalla combustione di petrolio, carbone e gas naturali dovrebbero addirittura aumentare del 43% entro il 2035 (l'anidride carbonica passerebbe da 29,7 miliardi di tonnellate nel 2007 a 42,4 miliardi di tonnellate nel 2035)[9].
Di fatto, i cambiamenti stanno già avvenendo. Sul fronte della biodiversità, infatti, secondo l'ONU, tra il 1970 e il 2006 la popolazione animale è diminuita del 31%, i coralli del 38% e le mangrovie del 19%[10]. Il segretario generale Ban Ki-moon invita i governi ad agire prima che sia troppo tardi

e con priorità su tutti gli altri settori di attività. A rischio non sono solo le varietà delle specie animali e vegetali sul pianeta ma anche gli ecosistemi basilari per la sopravvivenza umana, come la fornitura di acqua potabile, di cibo, la salute (sempre più inquinata da composti tossici) e non ultimo l'impollinazione, con tutte le conseguenze che è possibile immaginare.

Nel 2007, si contavano nel mondo 37,4 milioni di profughi, il 66,8% dei quali a causa di catastrofi naturali[11]. L'UNICEF aveva calcolato che entro la fine del 2010 nel mondo avrebbero sofferto la fame a causa di emergenze umanitarie e climatiche circa 50 milioni di persone[12].

Il dato che più intristisce è che la povertà impedisce spesso di usufruire anche di beni vitali come l'acqua. Nei paesi cosiddetti in via di sviluppo, le persone che non sono collegate alla rete idrica pagano un litro d'acqua in media 12 volte di più di quelle che lo sono[13]. La carenza di fonti disponibili e accessibili di acqua potabile e di servizi igienici è strettamente correlata all'elevato tasso di malattie e di mortalità. Sono 3 milioni e 400 mila le persone che muoiono ogni anno a causa di patologie collegate all'acqua[14].

Ma le malattie degenerative sono, in generale, tutte in aumento. In Italia la sensibile crescita della loro incidenza non è da individuare unicamente nella mutazione della predisposizione genetica dei malati o nella diffusione di stili di vita errati, ma anche nella pessima condizione di intossicazione ambientale in cui viviamo. Nel 2008, l'inquinamento da arsenico delle acque ha avvelenato 1,2 milioni di italiani. La diossina ha sforato i limiti previsti a norma di legge arrivando a contaminare i neonati attraverso il latte materno. Residui di pesticidi sono costantemente presenti nei nostri cibi (in Svezia, parallelamente alla voluta riduzione dei pesticidi, alcuni dei quali sono stati vietati, si è assistito alla riduzione di alcuni tipi di tumore come i linfomi; in Italia invece il 57,3% delle acque italiane è inquinato dai pesticidi e il 36,6% oltre i limiti di legge)[15].

Come siamo abituati a leggere periodicamente su quotidiani e settimanali, le classifiche delle nazioni più felici al mondo stilate dalla World Value Survey vedono svettare ai primi posti paesi che solitamente appartengono al cosiddetto Terzo Mondo come Costarica, Cuba, Colombia, Vietnam, Bhutan, Repubblica Dominicana ecc. Che il denaro e lo "sviluppo" non facciano la felicità non è quindi un semplice luogo comune, e nemmeno ipocrisia. Ma non basta. Gli autori di un recente studio[16] concludono l'analisi con considerazioni che ricordano un geniale aforisma di Tucidide, lo storico aristocratico esiliato dall'Atene del V secolo a.C. che riassume con estrema lucidità la situazione: «Il segreto della felicità è la libertà». Gli analisti si riferiscono alla situazione politica e culturale. Ma chi vive in Occidente, compresso tra la coda in autostrada e il cellulare impazzito, sa bene sotto quanti e quali punti di vista valga questa affermazione.

Di fronte a una situazione "rassicurante" di questo tipo, da qualche anno assistiamo finalmente a una maggiore presa di coscienza da parte di un numero di persone sempre più grande.
Grazie (ebbene sì!) ai cambiamenti climatici ormai sempre più sconvolgenti e a un'attenzione più accorta all'ambiente intossicato dalle nostre attività produttive e consumistiche, si manifesta oggi – seppur con risultati concreti assai scarsi – un certo cambiamento. Cambiamento di punto di vista, di stili di vita e di consapevolezza che porta a disillusioni, talvolta panico ma anche a nuove speranze. Cambiamento in atto dunque, ma a un ritmo molto, anzi, troppo lento per produrre nel breve periodo quel rovesciamento di paradigmi comportamentali, economici, sociali ed ecologici di cui necessita il pianeta per guarire dalla febbre determinata dai gas serra.
Di pari passo, con questa nuova consapevolezza, e in una sinergia di autoalimentazione reciproca, aumenta la circolazione del numero di testi che analizzano la situazione, i consumi, gli aspetti economici e politici, gli ecosistemi eccetera.
Ci pare di poter dire, però, che quasi sempre in queste opere è preponderante il solo aspetto dell'analisi.
Sull'assurdità della società dei consumi sono state prodotte numerosissime disamine. Sono oggi disponibili lunghi elenchi di libri e pubblicazioni su tutti i mali del sistema politico-economico attuale, dove vengono illustrate teorie di ogni tipo, slogan di successo, interventi di critica del modello di sviluppo dominante, analizzato e sviscerato in tutte le salse.
Dopo la diffusione a livello di massa di tutti questi testi e dopo l'avvento di Internet, è davvero difficile poter affermare che non si è a conoscenza della gravità della situazione e delle diverse riflessioni espresse dai cervelli pensanti più quotati delle nostre pingui società.
Quello che purtroppo manca quasi sempre in queste analisi, è cosa possono fare veramente le persone, nel quotidiano, nell'immediato e in un futuro più o meno vicino. Le soluzioni talvolta fornite sono molto miopi e si crogiolano in illusioni tipiche del modello culturale legato al concetto lineare di "progresso" umano.
Ma non è sufficiente cambiare il riduttore di flusso dei rubinetti dell'acqua, mettere i pannelli solari o intervenire all'ennesimo dibattito telematico

sull'ambiente. In fin dei conti queste azioni (come vedremo nel testo) non sono nemmeno molto utili se la griglia concettuale in cui questi comportamenti sono attuati è ancora all'interno della società dei consumi e delle sue sclerosi (ad esempio quando sono motivate esclusivamente da un mero guadagno economico).

Quello che sarebbe determinante per un reale mutamento di direzione è essere propositivi rispetto a come gli individui possono cambiare complessivamente in un'ottica progettuale, concreta, in maniera da essere più vicini a loro stessi, il meno impattante possibile a livello ambientale e solidali con tutte le forme viventi del pianeta.

Fra i vari gruppi di intervento o i pensatori ecologisti, c'è chi predilige gli stili di vita, chi le proposte politiche, chi pensa che la via sia la contesa elettorale e chi crede che la tecnologia e gli imprenditori illuminati forniranno tutte le soluzioni.

La realtà è che la situazione si sta aggravando sempre più e le persone attive e coscienti impegnano la maggior parte delle loro energie discutendo sulle varie problematiche, raccogliendo firme, organizzando conferenze e dibattiti e campagne di sensibilizzazione nella speranza, conscia o meno, di far prevalere la propria tesi rispetto a un'altra, di apparire più degli altri, di organizzare un gruppo di pressione più potente e così via.

Chi poi riesce in questa competizione per il predominio della propria teoria, o raggiunge una maggiore visibilità, spesso costituisce un nuovo partito o cerca di farsi eleggere all'interno di quelli esistenti in una qualche posizione di responsabilità (e di potere, per piccolo e ben motivato che sia).

Queste dinamiche sono in effetti permesse dalla stessa organizzazione socio-politico-economica che vorremmo contrastare e che è specializzata nel riciclare ogni idea, nello svuotarla della sua carica rivoluzionaria per tramutarla in un'icona consumistica e in un trend modaiolo svuotato di ogni senso pratico.

Sono storie che abbiamo già sentito e visto innumerevoli volte e che, come abbiamo constatato, non portano a modificazioni reali, ma nel migliore dei casi conducono a una misera lotta fra simili per accaparrarsi posizioni di potere, cariche prestigiose e fama.

È in effetti stupefacente che così tante persone che auspicano una trasformazione in senso positivo di questo mondo (ci sono almeno 130.000 organizzazioni nel mondo che lavorano per la giustizia ambientale e sociale[17]) e che in qualche modo si impegnano per attuarla (perlomeno a livello culturale o sociale), non siano poi coerenti a trecentosessanta gradi nelle loro scelte quotidiane o nelle prospettive futuribili della propria vita. Se così tante persone cambiassero veramente l'organizzazione della propria esistenza, così come dovrebbe essere interpretando i loro intenti manifestati, la situazione sarebbe sicuramente molto meno catastrofica dell'attuale.

Non basta quindi mettersi un impianto fotovoltaico sulla testa per poter affermare che ci troviamo di fronte al "nuovo mondo", non basta costruirsi una casa passiva per essere persone migliori. Le cose sono molto più complesse e richiedono coerenza e intima partecipazione.

Per fare un esempio, anche solo da un punto di vista ambientale, mettere un pannello fotovoltaico e poi mangiare carne tutti i giorni, annulla praticamente i benefici apportati dalla presunta scelta energetica ecologica.

L'obiettivo di questo libro consiste appunto nel fornire ai lettori informazioni e suggerimenti per la realizzazione di un cambiamento che sia allo stesso tempo personale, vissuto, immediatamente praticabile e dalle ampie prospettive socio-ecologiche.

Questa metamorfosi individuale si può effettuare meglio all'interno di un progetto condiviso con altre persone. Senza la rinascita della comunità non si conseguiranno grandi risultati, anche se le persone dovessero aderire in massa a nuove affascinanti teorie che preannuncino un qualche nuovo 'Verbo' ecologista. Le teorie socio-politiche, per quanto ispirate e veritiere siano, spesso durano il tempo di una stagione o di una legislazione; passata la stagione, molti, spossati, vanno al mare, e passata la legislatura altri (i più scafati) entrano "altruisticamente" in parlamento per lasciare il proprio posto ai prossimi aspiranti teorici combattenti.

È come la catena alimentare. Se vogliamo togliere il cibo ai pescecani al vertice dobbiamo liberare i pesciolini alla base.

Questo libro vuole essere un manuale di suggerimenti concreti e di motivazioni al cambiamento personale, diretto e complessivo, in cui la crescita e l'arricchimento interiore individuale e il miglioramento della propria qualità della vita sono obiettivi tanto importanti quanto quelli di mutamenti più ampi a livello sociale e politico.

Chi vuole cambiare veramente vita, uscire dalla gabbia del sistema tecnico-burocratico e dall'isolamento socio-relazionale cui condanna una società di consumatori singoli, chi vuole mettersi in gioco e non limitarsi a interessanti letture, bei discorsi o vane proteste, trova qui pane per i suoi denti.

Chi pensa che il cambiamento debba necessariamente avvenire attraverso i politici, i leader, la venuta di un nuovo messia, le manifestazioni oceaniche in piazza, la creazione dell'ennesimo forum telematico o partito politico,

troverà qui ben poco di tutto ciò. La delega, semplicemente, come è naturale che sia, segue il suo percorso che non può essere quello di tutti noi.
Un impegno in prima persona per cambiamenti quotidiani concreti all'interno di una comunità e un'economia partecipativa[18] sono imprescindibili. È davvero ora di invertire la rotta, visto che la posta in palio è senz'altro importante: assicurare la sopravvivenza della nostra specie di fronte al crollo planetario e recuperare una maggiore gioia di vivere.
«Sfruttamento, alienazione, povertà, sottomissione, lavoro frammentato e debilitante, profitti per pochi, e poi mancanza di casa, fame, degrado, tutto ciò non è come la forza di gravità. Nasce da rapporti istituzionali stabiliti da esseri umani. Nuove istituzioni, anch'esse determinate da esseri umani, possono generare risultati ben superiori che liberano i nostri talenti e il nostro spirito, vengono incontro ai nostri desideri e alle nostre preoccupazioni, moltiplicano le opzioni disponibili, riequilibrano i nostri costi e benefici, e garantiscono una libertà genuina che si estende a tutti»[19].

Note all'introduzione

1. Citato in Lambrechts, Marianne e Luyckx, Eric, *Agir pour la terre*, Éditions Caramel, s.l. Belgio, 2009, p. 171.
2. Durante una riunione al villaggio di Sakti, Ladakh, 1990, citato in Norberg-Hodge, Helena, *Il futuro nel passato*, Arianna Editrice, Casalecchio, 2005, p. 173.
3. Brown, Lester R., *Piano B 4.0. Mobilitarsi per salvare la civiltà*, Edizioni Ambiente, Milano, 2010, p. 26.
4. Kingsolver, Barbara, "L'acqua è vita", in *National Geographic*, vol. 25, n. 4, aprile 2010, pp. 2-18, cfr. p. 18.
5. Brown, Lester R., *Piano B 4.0. Mobilitarsi per salvare la civiltà*, cit., p. 26.
6. Hansen, Matthew C., Stehman, Stephen V., Potapov, P., "Quantification of global gross forest cover loss", in *Proceedings of the National Academy of Sciences of the United States of America*, vol. 107 (19), 26 aprile 2010, pp. 8650-8655. Si tratta di uno studio basato sulle immagini satellitari.

7. Brandt, J., "Desertification information system to support National Action Programmes in the Mediterranean (DISMED). DIS4ME, Desertification Indicator System for Mediterranean Europe", *European Environment Agency,* 2005. Si veda il sito ufficial http://dismed.eionet.europa.eu/http://dismed.eionet.europa.eu/http://dismed.eionet.europa.eu/. Inoltre Ceccarelli, T., Giordano, F., Luise, A., Perini, L. e Salvati, L., "Vulnerability to desertification in Italy: collection, analysis, comparison, and validation of procedures for risk mapping and indicators used at national, regional and local scale", *National Agency for Environmental Protection*, Roma – Technical Report, n. 40, 2006.

8. International Climate Change Taskforce, Meeting the Climate Challenge, The Institute for Public Policy Research - Centre for American Progress – The Australia Institute, London-Washington D.C.-Canberra, gennaio 2005.

9. "Gas serra, agenzia Usa: aumento del 43% di emissioni entro 2035", Agenzia *Reuters*, 25 maggio 2010, http://it.reuters.com/article/entertainmentNews/idITMIE64O0LP20100525.

10. Sécretariat de la Convention sur la diversité biologique, "Perspectives mondiales de la diversité biologique 3", ONU, Montréal, Canada, 10 maggio 2010. Disponibile online: http://www.cbd.int/doc/publications/gbo/gbo3-final-fr.pdf.

11. Dato dell'United Nations Development Programme, il Programma ONU per lo sviluppo umano, citato in Dipartimento Internazionale di Legambiente (a cura di), *Profughi ambientali. Cambiamento climatico e migrazioni*, Legambiente, Roma, 31 luglio 2009, p. 2.

12. Proiezioni dell'UNICEF citate in Dipartimento Internazionale di Legambiente (a cura di), *Profughi ambientali*, cit., p. 2.

13. Brown, Lester R., *Piano B 4.0. Mobilitarsi per salvare la civiltà*, cit., p. 26.

14. Loc. cit.

15. Gentilini, Patrizia, "I tumori e Berlusconi. Qualche domanda per il premier", in *Terra*, 25 marzo 2010. Lettera aperta che la dottoressa Patrizia Gentilini, oncoematologo e membro dell'Associazione Medici per l'Ambiente, ha inviato al Presidente del Consiglio Silvio Berlusconi.

16. Inglehart, Ronald, Foa, Roberto, Peterson, Christopher, Welzel, Christian, "Development, freedom and rising happiness. A global perspective (1981-2007)", in *Perspectives on Psychological Science*, vol. 3, n. 4, 2008, pp. 264-286. Studio condotto dal World Value Survey e dalle Università del Michigan e di Brema.

17. E potrebbe essere una stima per difetto. Potrebbero essere 250.000 gruppi o forse 500.000. Non c'è un'idea esatta di quanto sia grande questo movimento. Cfr. Hawken, Paul, *Moltitudine inarrestabile*, Edizioni Ambiente, Milano, 2009.

18. Cfr. Albert, Michael, *Oltre il capitalismo. Un'utopia realistica*, Elèuthera, Milano, 2007.

19. *Ibid.*, p. 255.

Parte 1 – Le ragioni per tornare a Vivere

La crisi ambientale

La prima riflessione che viene spontanea quando si analizza attentamente la situazione ambientale del pianeta oggi, è come sia possibile che la maggior parte dell'umanità rimanga così estranea all'evidente catastrofe e la ignori completamente o addirittura la neghi.
Come abbiamo visto nell'introduzione, i dati sul disastro ambientale in atto sono tali da far inorridire anche il più ostinato degli ottimisti. Non diciamo che non bisogna manifestare e perseguire un pensiero positivo. Ma farsi plagiare, rimuovendo tutto quello che occhi, orecchie e mente elaborano di fronte alle informazioni terrificanti che giungono ai nostri neuroni cerebrali, pare essere un comportamento da struzzo più che da esseri illuminati o razionali.
Serge Latouche, uno dei pensatori contemporanei che maggiormente riflettono sulla necessità di invertire la rotta, a questo riguardo si esprime in modo molto chiaro: «È inutile stilare la lista delle catastrofi ecologiche già in atto o preannunciate, lo scenario è fin troppo noto, il problema è che non riusciamo a capire la portata: la catastrofe rimane inimmaginabile fino a quando non si è realmente prodotta. Siamo anche perfettamente consapevoli di ciò che sarebbe necessario fare, ovvero cambiare orientamento, ma in pratica non facciamo nulla»[20].
In effetti, la devastazione ambientale è sotto gli occhi di tutti. Alcuni autori parlano già da un decennio di sesta estinzione di specie[21]. Non è propriamente una cosa da niente.
Lo scioglimento dei ghiacciai a ritmi mai visti, il conseguente innalzamento dei mari, intere popolazioni che dall'oggi al domani si trasformano in profughi ambientali, incendi di proporzioni bibliche sempre più frequenti (complice la siccità e la desertificazione di intere aree geografiche), uragani sempre più distruttivi e mutamenti climatici al limite della sopportazione

per un'agricoltura di sostentamento sono la cornice in cui gli ecosistemi (compreso il nostro) devono lottare per sopravvivere. Senza contare eventi "eccezionali" di devastazione (che in realtà costituiscono ormai la norma) dovuti a incidenti ecologici di proporzioni planetarie come quello della piattaforma petrolifera Deepwater Horizon situata a cinquanta chilometri dalla costa della Louisiana che nel 2010 ha versato petrolio a fiumi in mare con conseguenze ancora nemmeno immaginabili e calcolabili sull'equilibrio biologico dell'intero oceano Atlantico.

La depredazione continua delle risorse naturali, i disboscamenti selvaggi, l'erosione che ne consegue, l'inquinamento chimico, nucleare, da combustibili fossili e, oggi, anche genetico o nanotecnologico, costringono le creature non umane (e sempre più anche i popoli indigeni) a un'estinzione silenziosa che in realtà grida disumanamente come *L'urlo* di Edvard Munch.

Periodicamente, i rappresentanti delle nazioni del pianeta si riuniscono in grandi sessioni sui problemi ambientali (come quella di Copenaghen sul clima del 2009), che si caratterizzano per la loro vuotezza e volontà di rinviare i problemi al prossimo show mediatico internazionale. Tanto per consumare qualche tonnellata di CO_2 in più che non guasta mai (e il PIL così aumenta!)[22].

I dati oggettivi per descrivere la situazione sono ormai innumerevoli; in nota trovate i riferimenti ad alcuni tristissimi testi e documenti che parlano molto chiaro[23].

Se vogliamo avere una percezione istantanea del nostro immediato futuro bastano poche notizie riferite a India e Cina. Quest'ultima ha sorpassato nel 2009 gli Usa per il numero di automobili acquistate e i cinesi sono solo all'inizio della motorizzazione di massa.

In India, l'alleanza fra Tata (nota casa automobilistica indiana) e Fiat per la costruzione di automobili al più basso costo possibile, permetterà una rapida e quanto mai velenosa diffusione di un gran numero d'auto nel subcontinente indiano (e non solo).

Se già abbiamo livelli di inquinamento altissimo, è difficile immaginare come potremo riuscire a respirare e a vivere in salute con altri centinaia di milioni di autoveicoli circolanti. E nemmeno possiamo farne una colpa a questi popoli. Anzi. È la diffusione del modello di crescita infinita di stampo occidentale che sta avvelenando le menti e la ricchezza biosistemica del pianeta. Ma finché non avremo l'acqua alla gola (nel vero senso del termine, dati gli innalzamenti dei mari previsti per l'effetto dei gas serra) e la pancia vuota (altra drammatica conseguenza dello squilibrio climatico e dell'agricoltura industrializzata) forse non ne prenderemo coscienza.

Lester R. Brown, fondatore e coordinatore dell'équipe di scienziati che annualmente fa il punto della situazione sullo stato del pianeta pubblicando il rapporto del *World Watch Institute State of the world*, sostiene in un ultimo suo allarmante libro[24] che il problema più grande cui sta andando incontro l'umanità è proprio quello della scarsità della reperibilità del cibo. Per i sempre più tangibili cambiamenti climatici[25] e per le depravazioni ambientali che si susseguono a ritmo incessante, la produzione di alimenti sta calando. L'emergenza cibo potrebbe obnubilare in un istante tutta la diatriba "petrolio sì, petrolio no", "nucleare sì nucleare no" ecc. Gli equilibri geopolitici entrerebbero immediatamente (stanno già per entrare) in crisi sul tema alimentazione. Al cibo non ci sono alternative. Non esiste una via alternativa come nell'ambito dell'energia. Forse la Chiesa potrebbe invitare i fedeli al digiuno, ma non si vivrebbe a lungo.

Stiamo per entrare in un'epoca alimentare caratterizzata dalla crescita costante dei prezzi del cibo, dall'aumento delle popolazioni affamate e dalla crescente competizione per i terreni coltivabili e l'acqua. Come vedremo più avanti, queste lotte per l'accaparramento del cibo hanno già superato i singoli confini nazionali degli stati, dato che i paesi ricchi importatori di alimenti acquistano o affittano vasti territori agricoli nei paesi poveri per prodursi gli alimenti di cui sono carenti.

La sicurezza alimentare è dunque il più delicato e urgente problema da affrontare a livello globale. Le cause scatenanti che di ora in ora peggiorano la situazione vanno ricercate nell'aumento della popolazione mondiale, nel rialzo delle temperature, nel calo delle falde idriche, nell'uso dei cereali come carburante per autotrazione, nel picco del petrolio e nel suo inevitabile aumento dei prezzi.

È uno stato di emergenza che richiederebbe politiche e interventi immediati a livello statale e sovranazionale, ma se la crescita economica è lo scopo principale di governi e politici (come tutte le loro affermazioni quotidiane fanno supporre), è chiaro che la salvaguardia del pianeta Terra e, quindi, di tutti noi, sarà sempre in secondo piano.

Sono moltissimi gli esempi di governi che si rifiutano di operare per la salvaguardia ambientale per non generare handicap economici al proprio paese sul mercato internazionale. In sostanza, si tratta della grande corsa a chi arriva primo a lanciarsi nel baratro. Una manifestazione di questo atteggiamento è stata la proposta della Cina, alla conferenza di Copenaghen, di legare la riduzione di CO_2 alla crescita del PIL!

Ma le speranze nella delega o in qualcuno che per magia risolva la situazione sono dure a morire.
Si è data molta importanza all'avvento di Barack Obama alla Casa Bianca anche per la sua teorica attenzione all'ambiente, che sembrava essere maggiore di quella dimostrata da George Bush nei lunghi anni in cui è rimasto al vertice del paese più ricco e consumista del mondo. Del resto è palese che chiunque, anche il responsabile di una centrale nucleare, sarebbe più ambientalista di Bush.
Se anche volessimo attribuire concreti meriti ecologici a Obama va precisato che anch'egli non mette assolutamente in discussione il dogma della crescita economica; senza contare che sono talmente tanti e tali i rapporti della presidenza Usa con chi è fra i maggiori responsabili dei problemi ambientali (società petrolifere in testa) che è estremamente difficile che la situazione cambi radicalmente, come sarebbe invece necessario.
La dimostrazione è che proprio l'amministrazione "ambientalista" Obama, a dispetto di tante amministrazioni di destra che l'hanno preceduta negli ultimi decenni, è la prima a riprendere in mano il programma nucleare di produzione energetica che era stato abbandonato sin dal 1979[26].
Addirittura, "l'ecologista" Obama si è spinto a parlare di investimenti nel settore dell'energia cosiddetta da "carbone pulito", che di pulito non ha nemmeno la coscienza! L'esempio più eclatante che lo riguarda è comunque il via libera alle trivellazioni petrolifere, cancellando un bando che durava da oltre vent'anni (con i disastrosi risultati che abbiamo visto nel caso della Deepwater, di cui abbiamo già detto).
Insomma, da Kyoto a Copenaghen abbiamo avuto la dimostrazione che i mutamenti necessari al mantenimento dell'esistenza della razza umana sulla Terra (e non solo) non verranno dalla nostra classe politica o dai nostri governi. I nostri mass media non si occupano in maniera sufficiente del problema. Intere pagine di giornali e notiziari televisivi e radiofonici martellano quotidianamente sulle vicende piccanti dei nostri politici o sull'ultima fiamma del noto attore.
È facile e coerente immaginare che politici e media saranno probabilmente gli ultimi a muoversi sul cammino del cambiamento di rotta. E se mai lo faranno, sarà sempre con estrema riluttanza se non con aperta ostilità, con una preoccupazione costante al bacino di elettori e alla poltrona che vogliono mantenere.
Tutti possono migliorare e prendere coscienza, e ci auguriamo fortemente che ciò accada anche per i politici, ma riteniamo anche che non sia il caso di

sprecare tempo, energie ed esistenze delegando loro la gestione del nostro presente e futuro.
Riteniamo molto più probabile che se qualcosa cambierà, sarà per l'iniziativa dei singoli individui. Ognuno di noi può fare la differenza. Ognuno condiziona le emissioni di anidride carbonica, i cambiamenti climatici e quindi la sicurezza alimentare. Ognuno nella sua quotidianità può fare qualcosa, anzi molto. È, in effetti, quello che propone il *Piano B* di Brown; in fondo, non siamo gli unici scettici sulle decisioni politiche dei nostri governanti.
Oggi ci troviamo nelle stesse condizioni in cui eravamo durante la Seconda Guerra Mondiale. Allora intere nazioni spostarono l'asse produttivo agricolo e industriale verso un'economia di guerra per far fronte alla minaccia del totalitarismo che incombeva su tutta l'umanità. Oggi è necessario indirizzare tutti i nostri sforzi e risorse verso un'economia di pace e salvaguardia di ogni forma vivente e del pianeta stesso. Stavolta, però, così come in effetti è accaduto per la nostra Resistenza, non possiamo delegare o aspettare che lo Stato si muova per noi. Abbiamo davanti a noi una grande occasione per migliorare la vita di tutti con la possibilità di riscoprire valori e stati di realizzazione perduti.
E non è solo questione di ripristinare standard biologici degli ecosistemi che ci permettano di vivere; è anche l'esigenza di ricollocare la Natura al posto che le spetta nelle nostre vite.
Se pensiamo che la maggior parte dei bambini del mondo occidentale passa ormai la stragrande maggioranza della propria vita in ambienti chiusi e artificiali, che non conservano alcuna traccia della Natura e dei suoi abitanti, animali, piante, insetti, sassi, terra, fiori ecc., abbiamo inquadrato quello che intendiamo.
Il mondo naturale viene veicolato nelle vite dei bambini orfani di Natura mediante documentari ecologici iperrealisti o film d'"avventura" dove nella migliore delle ipotesi i protagonisti lottano con mostri a venti zampe affamati di esseri umani che fuggono in preda al panico.
Nelle generazioni giovanili l'ambiente naturale è sempre più qualcosa di esotico ed estraneo, spesso vissuto come pericoloso.
Alcuni ricercatori sono arrivati addirittura alla conclusione che questo distacco dalla Natura scatena nei bambini di città, che da generazioni ormai ne sono completamente separati, un vero e proprio disturbo che provoca sintomi e malesseri ben precisi, riassunti in una cosiddetta sindrome da deficit di Natura (*Nature deficit disorder*).

Nella fattispecie, il disordine in questione è legato soprattutto alla mancanza di contatto con gli ambienti naturali e con gli spazi all'aperto, talvolta vissuti dai soggetti in questione con ansia e senso di minaccia.
Secondo il ricercatore statunitense Richard Louv[27] (pedagogo, consigliere del *National Scientific Council*, fondatore del *Children and Nature Network*, editorialista del *New York Times* e del *Christian Science Monitor* nonché autore di vari libri) questo disturbo sarebbe addirittura endemico nelle nostre società. I ragazzi occidentali passano in media circa 44 ore alla settimana davanti alla tv o ai media elettronici. Tolte le ore di sonno, questa percentuale di videodipendenza costituisce in pratica una buona parte della giornata di un giovane (circa sei ore e mezza).
Sempre Louv ha calcolato che il raggio di allontanamento medio da casa dei ragazzi odierni è circa un nono di quello di trent'anni fa. Su questo ha sicuramente inciso un peggioramento delle condizioni sociali, ma anche teledipendenza, pigrizia, minore autonomia di movimento, dipendenza psicologica (basti pensare alla diffusione dei telefoni cellulari che costituiscono una sorta di cordone ombelicale mai reciso con la famiglia) ecc. Non c'è da meravigliarsi, quindi, se il mondo degli animali e dei boschi siano esistenze sconosciute ed estranee alla realtà quotidiana dei bambini e degli adolescenti in generale. Bambini e ragazzi preferiscono i media elettronici ai parchi e ai giochi all'aria aperta.
I ricercatori sono sempre più convinti che alcune malattie in rapida ascesa tra i giovani come obesità, asma, allergie, depressione, alcune manifestazioni d'autismo e persino la fantomatica ADHD (la Sindrome da deficit di attenzione e iperattività) siano in correlazione con queste dinamiche sociali per cui i ragazzini passano la quasi totalità del loro tempo seduti, a scuola, in auto o a casa davanti a uno schermo.
Ricerche dell'Università dell'Illinois dimostrano come anche una breve esposizione all'ambiente naturale migliori significativamente i sintomi dei bambini affetti da questi disturbi del comportamento, generando in essi una capacità di maggiore autocontrollo e autodisciplina.
Secondo le ricerche di altri due studiosi, Nancy Wells e Gary Evans, l'immersione nel verde della campagna e la presenza di boschi riducono lo stress nei bambini, che sono stimolati a sviluppare maggiori qualità intellettive, salute e serenità.
Altri studi condotti da William C. Sullivan, Andrea Farber Taylor e Frances E. Kuo hanno mostrato come i sintomi dell'ADHD siano maggiormente gestibili in un contesto naturale; costituiscono "misure terapeutiche", che

vanno ben oltre la soluzione affrettata e deleteria degli psicofarmaci come il Ritalin.
Edward O. Wilson, il noto sociologo di Harvard, ha poi illustrato come i bimbi che giocano nella Natura siano molto più creativi e collaborativi di quelli che si muovono esclusivamente in ambienti metropolitani. Senza contare che ci sono ricerche (sempre di Wilson) che hanno confermato che i pazienti ospedalieri che possono osservare la Natura dalla loro camera guariscono con maggiore rapidità ed efficacia di coloro che non hanno questo privilegio.
In un mondo reso completamente artificiale non siamo più in grado di vivere un'esistenza equilibrata, in cui tutti i cinque sensi sono stimolati e attivi per farci fare un'esperienza della vita che sia completa.
Con questa castrazione sensoriale è difficile pensare di evolvere sia come individui che come collettività. Se la Natura non verrà reinserita nell'ambiente urbano, o se quest'ultimo non si disaggregherà a favore di una realtà abitativa e produttiva più mimetizzata nella Natura stessa, non ci restano grandi speranze di un'umanità serena e consapevole. Al di là dei disastri ecologici che potremo superare.
La crisi ambientale è anche e, forse, soprattutto una crisi di percezione stessa della Natura per quello che essa rappresenta realmente nella nostra vita.
A Guangzhou, in Cina, nel reparto di riabilitazione da videodipendenza da Internet i pazienti vengono sottoposti a 20 minuti al giorno di bombardamento con onde nanometriche che simulano le stimolazioni che un individuo riceve davanti allo schermo di un computer collegato alla rete. Questo metadone elettronico riduce le crisi di astinenza e calma l'ansia e la depressione che colgono coloro che vengono privati della possibilità di navigare online.
Se proiettiamo questa immagine nel futuro di un pianeta totalmente informatizzato e artefatto (qual è quello che si prospetta se continuiamo a incentrare le politiche economiche sul PIL e la crescita infinita) possiamo afferrare immediatamente l'entità del danno psicofisico che stiamo per apportare ai nostri figli e nipoti, e alla società tutta.
Piantiamo invece tanti alberi su cui i nostri ragazzi possano arrampicarsi, coltiviamo nei nostri giardini e balconi fiori e piantine da toccare, annusare e ammirare. Corriamo o pedaliamo per le strade di campagna insieme ai nostri bimbi cosicché possano riscoprire il magma vitale che ci circonda.

Il rapporto malato con la Natura

Il rapporto che abbiamo con la Natura, che ci nutre come abbiamo visto sotto molti punti di vista, è malato. Non possiamo più ignorare i gridi d'allarme che giungono da ogni coscienza pensante del pianeta. Sedici anni fa gli studiosi del *World Watch Institute* avevano previsto esattamente la situazione in cui oggi ci troviamo. Christopher Flavin e Odil Tunali nel 1995 scrivevano che «[...] se continueremo sul cammino intrapreso sino a oggi si prevede che le emissioni [di anidride carbonica] aumenteranno del 60 % nel corso dei prossimi venti anni [...] i rischi sono sostanziali, [...] siccità più grave, uragani più violenti e alluvioni più distruttive. Tali modificazioni potrebbero pregiudicare la produzione del cibo e causare incendi catastrofici che distruggerebbero vasti tratti di foresta. L'innalzamento del livello dei mari potrebbe provocare l'inondazione di molte isole e città costiere, mettendo in pericolo la vita di milioni di persone»[28]. Si tratta della realtà che oggi vediamo realizzata in molte zone del pianeta. Tuvalu, Maldive, Seychelles ecc. sono ormai a rischio di scomparsa. Idem per la resa dei suoli. Anzi, le previsioni erano anche troppo ottimiste. Scriveva sempre nel 1995 un'altra studiosa del *World Watch Institute*: «Praticamente tutto il terreno agricolo più produttivo del mondo viene già coltivato [...] se nei prossimi 40 anni la quantità di terra coltivata si manterrà costante, gli agricoltori dovranno quasi raddoppiare i raccolti, per sfamare la popolazione in aumento. E via via che cerchiamo di far crescere sempre maggiori quantità di cibo – coltivando terreni marginali, intensificando la produzione, impiegando tecnologie più potenti – il suolo si deteriora. E la nostra ignoranza dei modi di risanarlo diventa sempre più pericolosa per noi»[29].

Sedici anni dopo, e non quaranta, siamo già arrivati a condizioni agricole di resa e produttività dei suoli catastrofiche. Oggi è stata stimata una perdita annuale a livello mondiale dei suoli di circa 5.5, 2.3 e 12.2 Tg di azoto, fosforo e potassio, rispettivamente[30]. Secondo le stime della Commissione delle comunità europee il 45% (!) dei suoli europei presenta uno scarso contenuto di materia organica. Sono 115 i milioni di ettari, cioè il 12% della superficie totale delle terre emerse europee, soggetti a erosione idrica, mentre 42 milioni quelli colpiti dal fenomeno dell'erosione prodotta dal vento[31]. Inoltre, il numero di siti potenzialmente contaminati nei 25 paesi dell'UE è pari a 3,5 milioni[32]. Le minacce ai suoli rilevate dall'Unione Europea sono attualmente otto: erosione, diminuzione di materia organica, contaminazione locale o diffusa, impermeabilizzazione, compattazione, calo della biodiversità, salinizzazione, alluvioni e smottamenti. Senza parlare della scomparsa della molteplicità delle coltivazioni. Negli Stati Uniti, nel 2000, l'85% dei terreni coltivati ha prodotto solo quattro tipi di raccolto tra cui frumento e soia[33].

E se ora le previsioni di un numero sempre crescente di scienziati sono, se possibile, ancora più apocalittiche, al momento nessun governo, assemblea rappresentativa nazionale o internazionale, società civile sembra prenderne atto. In pratica l'umanità è dedita all'auto-fagocitazione e dopo aver divorato tutto divorerà anche se stessa. La giornata tipo per molti umani occidentali oggi si può riassumere così: lavoro, burocrazia, centro commerciale, trasgressione di turno (sesso pagato, droga, videopoker ecc.), famiglia e tv, sonno (se non abbiamo finito i sonniferi). Intanto miliardi di forme viventi, dai microrganismi del suolo intossicati ai mammiferi in via di estinzione cessano di esistere svuotando di linfa vitale il pianeta. Se dovessimo arrivare al punto di camminare nel deserto planetario alla ricerca di cibo e acqua la consapevolezza della nostra situazione sarebbe effettivamente arrivata troppo tardi.

L'uomo-auto: "Si crede di fabbricare automobili, si costruisce una società"[34]

Nel 1967 il filosofo francese Bernard Charbonneau scriveva: «L'auto-mobile comanda; è il peso dell'universo e della società che ci fa adagiare le natiche sul suo sedile. Viviamo nella bagnarola; vi scorrazziamo sulle autostrade, ci mangiamo negli autogrill; ci dormiamo, ci facciamo l'amore; e ci muoriamo. Ogni divinità esige un sacrificio, e la bella dea riscuote un tributo che è commisurato al suo prestigio e alla sua potenza. Preleva la sua decima o il suo quinto sul bilancio della città e il salario del lavoratore; per permettergli di correre dietro all'ombra della natura e della libertà, ritrovando alla fine della sua corsa la folla e il rumore da cui era fuggito: l'automobile. E ogni sacrificio gronda sangue. Ogni anno più di diecimila morti e duecentomila feriti cadono in Francia nel tentativo di superare il week-end, senza contare i danni materiali, che non sono tutti rimborsati dal tributo, sempre più draconiano, prelevato dalle assicurazioni. Non c'è un francese che non abbia sfiorato la morte, che non sia stato un giorno colpito nella sua carne o nei suoi affetti. Ma cosa importano i morti di fronte all'offensiva soleggiata che si scatena verso le spiagge! Talvolta uniformi nere e un lenzuolo bianco sull'asfalto bloccano il nostro slancio; ma bisogna ben vivere e progredire e pigiamo sull'acceleratore. È la grande partenza verso l'Eden, francesi in vettura! La vostra bara vi attende; la sepoltura del povero nelle lamiere sottili di una 2CV, o quella del ricco nelle zanne d'acciaio di una Jaguar»[35].

E oggi? La situazione è senz'altro peggiorata.

I dati su produzione, circolazione, consumo di risorse, cementificazione, infrastrutture e danni all'ambiente e alle persone che derivano dalla "civiltà" dell'automobile sono raccapriccianti. In Italia abbiamo un parco macchine costituito da 36 milioni di vetture e la più alta concentrazione di auto d'Europa con 59 vetture ogni 100 abitanti[36]. In particolare, alla fine del 2006 c'è stato il sorpasso: più mezzi che conducenti, ossia 50.961.543 veicoli a motore mentre i potenziali conducenti erano 50.679.121[37].

Secondo la società di consulenza J.D. Power & Associates, in Cina le immatricolazioni di auto nel 2009 sono state 12,7 milioni, maggiori quindi dei 10,4 milioni di vetture immatricolate negli Usa[38]. In tutto, nel mondo, si stima ci siano circa 664 milioni di vetture[39]. In Italia, negli ultimi anni, ci sono in media circa 13-15 morti al giorno sulle strade[40] e dai 5000 ai 6000 morti l'anno. Nelle principali città italiane il limite medio giornaliero di 50 microgrammi al metro cubo di Pm10 (polveri sottili), superabile per legge per massimo 35 giorni all'anno, è stato ampiamente sorpassato con punte di 156 giorni a Napoli e 151 a Torino[41]. Il risultato di tutto ciò è, ad esempio, che a Milano, secondo uno studio della Regione Lombardia in collaborazione con l'*Harvard School of Public Health*, si verifica un ricovero per smog ogni trentasei ore[42]. A Roma invece, secondo una ricerca di NOMISMA, i morti relativi all'inquinamento dell'aria dovuto alle polveri sottili sono 1508 l'anno[43].

Ciononostante gli umani non abbandonano abitudini a prima vista così confortevoli (nel breve periodo, vedremo che ne pensano i nostri successori...).

Hans Monninghof, vice-sindaco e assessore all'ambiente e all'economia della città di Hannover, ci diceva che uno dei maggiori problemi dell'amministrazione cittadina nel settore ambientale è quello relativo al traffico.

Nonostante tutti gli incentivi al trasporto pubblico che vengono stanziati in Germania, l'amministrazione riesce difficilmente a far diminuire l'uso dell'automobile e il traffico.

La comodità di avere un'auto sempre a disposizione è ormai uno stato dell'essere, una condizione di identificazione con il veicolo così forte che è quasi impossibile scalfirla e fa sì che difficilmente germogli nella popolazione la voglia di salire su un mezzo pubblico per spostarsi.

Eppure l'organizzazione dei trasporti pubblici a Hannover, e in Germania in generale, è qualcosa che sfiora la fantascienza, almeno per noi italiani: autobus, metropolitana sotterranea e di superficie frequentissimi, treni a ogni ora del giorno e della notte, tariffe di ogni tipo e ogni sorta di agevolazione, offerte promozionali continue di fronte alle quali non servirsi dei mezzi pubblici è un sintomo incontrovertibile, diciamo così, di singolarità caratteriale. I mezzi di trasporto infatti sono comodissimi, puliti, puntuali e il personale è nella maggioranza dei casi gentile e veramente al servizio del cliente. Proprio come da noi, come verifichiamo quando incappiamo nella disavventura di dover prendere un treno.

Non dimentichiamoci poi della presenza diffusa sul territorio tedesco di piste ciclabili che portano quasi ovunque.

Nonostante ciò anche in Germania, patria per eccellenza degli ecologisti, rimane difficile non utilizzare l'automobile, anche nei casi in cui non ce ne sarebbe praticamente bisogno. I costruttori di automobili del resto fanno leva nei loro spot pubblicitari su una falsa sensazione di libertà, che è spesso solo conseguenza di quella perdita della comunità che ci spinge ad andare sempre da qualche parte, non avendo relazioni e motivi per rimanere radicati dove si è e in relazione col proprio circondario socio-ambientale.

Ebbene, i costruttori di automobili sanno perfettamente tutto ciò e non cercano soltanto di mascherare in modo ambientalmente compatibile le loro automobili (anche se poi alla fine sono inquinanti più o meno come sempre), ma anche di vincere la corsa all'auto in teoria meno inquinante di tutte, cioè quella elettrica, a idrogeno o simili altre fantasticherie.

Come si possa dire che un'automobile del genere sia ambientalmente compatibile è un volo pindarico che solo degli industriali impegnati in una costante campagna mediatica ingannevole pur di vendere, possono fare.

L'elettricità o l'idrogeno che servono per far funzionare le auto come verranno prodotti? Con un colpo di bacchetta magica?

Tutte le materie prime che servono per produrre un'auto, da quale angolo di mondo verranno prelevate? Con quale impatto ambientale e consumo energetico?

E ammesso e non concesso che in tempi brevissimi (cinque-dieci anni è un periodo di tempo che è impossibile considerare per una conversione della mobilità se non vogliamo aggravare in modo irreversibile le condizioni di

inquinamento attuali) la maggior parte del parco macchine sia di tipo elettrico, quante risorse complessive serviranno per costruire auto e infrastrutture e per far muovere realmente e con continuità queste automobili?
Teniamo sempre presente che il mercato dell'auto è in rapida ascesa grazie all'avvento aggressivo di industrie automobilistiche di paesi da oltre un miliardo di abitanti come India e Cina. Il numero di veicoli che abbiamo finora acquistato noi occidentali sarà una bazzecola se confrontato con quello di centinaia di milioni di cinesi e indiani che giustamente non vorranno essere da meno.
Inizieranno anch'essi con almeno una macchina per famiglia, per poi passare a due (altrimenti come si fa a lavorare marito e moglie per mantenere la prima?), a tre (il figlio deve andare al centro commerciale con gli amici) e poi al fuoristrada (nevica almeno due volte l'anno!) al motorino (perché c'è traffico...), allo scooter per la figlia (che va a danza, yoga, stencil e tombola tibetana), e poi qualcosa per sistemare il cane e il gatto (si troverà un motivo e uno splendido spot pubblicitario ad hoc) sino alla carrozzella a motore per il nonno così non rompe le scatole a nessuno e al ricovero ci va da sé.
E tutte le infrastrutture collegate al trasporto automobilistico? Saranno autostrade di fiori, muschi e licheni o avranno come sempre un impatto energetico e ambientale pesantissimo?
Non è chiaro che, come ha già affermato quindici anni fa il prof. Frederic Vester, «solo i sistemi integrati hanno un futuro»[44]? Trasporto pubblico, auto collettive, biciclette, taxi-bus, car sharing, car pooling, trasbordi auto su treno ecc. sono tutte soluzioni che si integrano tra loro. Oltre alla necessità della diffusione di una sana esigenza di apprezzare il luogo in cui si vive e si lavora, senza quindi doversi per forza spostare per centinaia di chilometri a scopi ricreativi o sociali, smagliando ancor più la rete di relazioni che è possibile intessere solo nel proprio territorio (che alla fine, di fronte alle pressioni dello sviluppo selvaggio, si deteriora perché non c'è più nessuno che lo sente proprio e lo difende). A tutto ciò andrebbero aggiunte politiche fiscali adeguate, limiti di velocità, prezzi del carburante più elevati ecc.
Pensare di cambiare semplicemente tipo di carburante e dare una riverniciatina di "verde" ai motori per risolvere le varie problematiche che derivano dall'uso individuale delle auto è una chimera.
Le batterie per le automobili elettriche, ad esempio, hanno un impatto ambientale non certo indolore. Non durano sicuramente in eterno, hanno problemi di smaltimento considerevoli e comportano problemi ambientali di inquinamento se abbandonate.

Ve le immaginate milioni e milioni di batterie esauste stoccate da qualche parte? Magari in Calabria in stile navi affondate con rifiuti tossici? O in Africa, che viene meglio ancora, dato che da lì non giunge notizia alcuna?
Non pensate che tutta questa ferraglia si possa riciclare facilmente perché non è vero. Per riciclare al meglio alcuni materiali e sostanze inquinanti servono sistemi e organizzazioni che sono nel concreto una pura illusione considerato il nostro e altrui livello di coscienza ambientalista e organizzativa in genere. Senza contare le risorse e i costi che questi complessi sistemi comporterebbero e richiederebbero.
Le reali soluzioni si basano dunque sull'uso comune e intelligente dei beni materiali che l'umano ingegno ha messo a nostra disposizione.
Ingegno umano che potrebbe spingersi ad esempio a progettare auto che facciano 33 o più km con un litro (è già possibile oggi)[45] sempre all'interno delle soluzioni integrate di cui sopra.
Condivisione e buon senso. Due categorie filosofiche molto semplici tutto sommato.
Buon senso che dovrebbe avere sempre presente che l'inquinamento prodotto dalle auto e il consumo energetico che esse richiedono non si limitano al momento in cui esse sono in funzione. Pensiamo alla costruzione costante di strade e autostrade e alle risorse e ai consumi che esse richiedono, così come ai materiali che servono per realizzare le varie parti delle auto stesse o alla loro riparazione e demolizione, alla produzione di pneumatici e di ogni altro orpello (airbag, autoradio ecc.), che sempre più inseriamo in questi templi semoventi.
Pensiamo anche all'influenza di un mondo di auto nel nostro rapporto con la Natura. Come ha abilmente percepito con grande anticipo Charbonneau «La bagnarola nega la distanza, ma allo stesso tempo il paesaggio: è solo a piedi che vi si può entrare senza pericolo. Più la bagnarola si perfeziona, più il mondo si ritira in lontananza; tutto intorno alle strade che frequenta essa genera un parenchima di ferraglie, di folle e di cemento, che non cessa di infittirsi. Essa adora tutto ciò che è Natura: mare, vecchi borghi; è così che essa incista l'oggetto del suo amore in un involucro di palazzi e di rumore»[46].
Infine, riflettiamo su cosa ha significato l'invasione delle auto nel nostro mondo interiore, come esse influiscono sul nostro spirito e la nostra serenità. Non si può su ciò non citare nuovamente Charbonneau: «l'im-mobile ha preceduto l'auto-mobile. Per millenni i corpi e le menti umane invischiati nel rapporto con la terra. L'uomo fu a lungo un contadino che faceva parte del paesaggio, non andava a rimirarlo; e se se ne allontanava per poco, era

per lo sforzo dei suoi muscoli, progredendo passo dopo passo. Egli non viaggiava, non andava dalla montagna al mare, in autunno, scendeva coi suoi greggi dagli alpeggi; o partiva in pellegrinaggio a Gerusalemme per morire. E siccome bisogna fare di necessità virtù, l'ideale non consisteva allora nell'andare sempre più in fretta, a tutta velocità, ma rimanere là, senza uscire dal proprio villaggio o dalla propria condizione; tutt'al più era questione di ritornare, in retromarcia, verso qualche archetipo perfetto. Al posto di ruote, l'uomo aveva radici»[47].

Parole d'ordine dunque produrre il minor numero possibile di auto, disincentivarne l'uso in tutti i modi, aumentare esponenzialmente l'uso di mezzi pubblici e di soluzioni integrate di condivisione, sviluppare i muscoli delle gambe con sane attività quali camminare e pedalare, starsene a casa propria senza farsi ammaliare dalle sirene spietate delle agenzie turistiche. E queste ultime non sono posizioni reazionarie. È il tentativo della riconquista della serenità di fronte al caos del movimento planetario.

«Lo stare deve diventare più allettante che muoversi. Se quindi ci chiediamo perché gli esseri umani viaggiano, viene subito da pensare che essi vogliano andare da qualche parte – in un determinato luogo, in un determinato paesaggio o presso determinate persone. Analizzando ancora più a fondo questo bisogno si svela presto un altro desiderio: si vuole andare via. Via da dove ci si trova, via dalla mediocrità, via dagli obblighi. Un bisogno primordiale basato in fondo sull'insoddisfazione. Si cercano altrove le cose che non si hanno a casa, o si pensa di non avere: libertà, sesso, anonimato o, viceversa, contatti, un ambiente armonico, fama o anche avventura. Chiediamoci a questo punto se sia possibile soddisfare questo bisogno psichico senza dover viaggiare, azione che, basti pensare ai viaggi aerei, richiede un dispendio materiale enorme. La risposta, come più volte detto, sta semplicemente nel rendere più piacevole lo stare che il viaggiare. Così come in molti altri casi, gli esseri umani dovrebbero essere stimolati a fare qualcosa, più che appelli al sacrificio e alla rinuncia, a rendere il ragionevole più attraente dell'irragionevole»[48].

Che ricorda molto quello che provano le culture indigene di fronte alla frenesia da viaggio inconsulto dell'uomo bianco.

Di nuovo: condivisione, buon senso e lentezza.

Tutte le restanti soluzioni sono solo comodi paraventi politici o economici e gli industriali dell'auto ringraziano sorridendo e volando sopra le nostre teste con i loro elicotteri. Non hanno certo bisogno di una macchina, loro.

Note al capitolo

20. Latouche, Serge, *La scommessa della decrescita*, Feltrinelli, Milano, 2007, p. 8.
21. Leakey, R. e Lewin, R., *La sesta estinzione. La complessità della vita e il futuro dell'uomo*, Bollati Boringhieri, Torino, 1998.
22. È stato calcolato che le emissioni prodotte per l'organizzazione e lo svolgimento della conferenza di Copenhagen sono state pari a quelle prodotte da un paese come il Marocco nel 2006. Il calcolo è stato effettuato dal giornale inglese *Sunday Times*. Cfr. Foreman, Jonathan, "Taking the private jet to Copenhagen", in *Sunday Times*, 29 novembre 2009.
23. Brown, Lester R., *Piano B 4.0. Mobilitarsi per salvare la civiltà*, cit.; Kunstler, James H., *Collasso. Sopravvivere alle attuali guerre e catastrofi in attesa di un inevitabile ritorno al passato*, Nuovi Mondi, San Lazzaro di Savena, 2005; Heinberg, Richard, *Senza petrolio. Il protocollo per evitare le guerre, il terrorismo e il collasso economico*, Fazi, Roma, 2008; Weisman, Alan, *Il mondo senza di noi*, Einaudi, Torino, 2008; Meadows, Donella, Meadows, Dennis, Randers, Jorgen, *I nuovi limiti dello sviluppo. La salute del pianeta nel terzo millennio*. Mondadori, Milano, 2006; Shiva, Vandana, *Ritorno alla terra. La fine dell'ecoimperialismo*, Fazi, Roma, 2009.
24. Brown, Lester R., *Piano B 4.0. Mobilitarsi per salvare la civiltà*, cit.
25. Secondo la World Meteorological Organization, l'agenzia delle Nazioni Unite che si occupa di clima e meteorologia, il trascorso decennio è stato il più caldo della storia dal 1880 a oggi e il 2010 l'anno in assoluto più caldo di tutti. Cfr. World Meteorological Organization, "WMO statement on the status of the global climate in 2010", *WMO*, n. 1074, Ginevra, 2011, p. 2.
26. In pratica dall'incidente alla centrale nucleare di Three Mile Island in Pennsylvania proprio di quell'anno.
27. Louv, Richard, *L'ultimo bambino nei boschi. Come riavvicinare i nostri figli alla natura*, Rizzoli, Milano, 2006.
28. Flavin, Christopher, e Tunali, Odil, "Sempre più caldo. Come uscire dall'impasse sul cambiamento del clima" in *World Wacht Institute*, ediz. italiana a cura di Legambiente, supplemento a *ECO la nuova ecologia*, Roma, n. 4, aprile 1995, pp. 14-23, cfr. p.17.
29. Wilken, Elena, "Assalto alla terra" in *World Wacht Institute*, cit., pp. 24-31, cfr. p. 25.
30. Tan, Z.N., Lal, R., Wiebe, K.B., "Global soil nutrient depletion and yield reduction", in *J. Sustain. Agr.*, vol. 26, 2005, pp. 123-146.
31. Commissione delle comunità europee, "Comunicazione della commissione al consiglio, al parlamento europeo, al comitato economico e sociale europeo e al comitato delle regioni, strategia tematica per la protezione del suolo", Bruxelles, 22 settembre 2006, COM(2006)231 definitivo, p. 3.
32. Loc. cit.

33. United States Department of Agriculture – National Agriculture Statistics Service, Agricultural Statistics 2006, United States Government Printing Office, Washington, 2006. Cfr. http://www.nass.usda.gov/Publications/Ag_Statistics/2006/CHAP01.PDF.

34. Bernard Charbonneau citato da Serge Latouche in "Bernard Charbonneu (1910-1996) le précurseur solitaire", in *La Dècroissance*, n. 23, settembre 2004, p. 11.

35. Charbonneau, Bernard, *L'Hommauto*, Éditions Denoël, Paris, 2003 (prima edizione 1967), pp. 15-16 [traduzione nostra].

36. Dati dell'Osservatorio sulla mobilità sostenibile di AIRP (Associazione italiana ricostruttori pneumatici), riferiti al 2009, Bologna 11 maggio 2010. Cfr. http://www.asso-airp.it/ew/ew_news2/press/2010-05-11crescitacircolante-00ITALIA.pdf.

37. Isfort (Istituto superiore di formazione e ricerca per i trasporti) (a cura di), *La domanda di mobilità degli individui*, Isfort, Roma, 2006.

38. Ulrich, Lawrence, "2009 was a clunker: time to cash it in", in *New York Times*, 10 dicembre 2009.

39. Ravaioli, Carla, "La banda delle quattroruote", *Il Manifesto*, 25 agosto 2009, p. 16.

40. Automobile Club d'Italia, *Dati sugli incidenti stradali rilevati nel 2007*, in http://www.aci.it/index.php?id=54http://www.aci.it/index.php?id=54http://www.aci.it/index.php?id=54; ISTAT e ACI (a cura di), *Statistiche degli incidenti stradali – Anno 2000*, in http://www.istat.it/dati/catalogo/20020108_00; ISTAT (a cura di), *Statistica degli incidenti stradali – Anni 2003-2004*, in http://www.istat.it/salastampa/comunicati/non_calendario/20051013_00/novita_editoriale_incidenti_stradali_2004.pdf; ISTAT (a cura di), *Incidenti stradali - Statistiche in breve*, in http://www.istat.it/salastampa/comunicati/non_calendario/20081120_00/.

41. Ravelli, Fabrizio, "Il nostro smog quotidiano", in *La Repubblica*, 22 febbraio 2010, pp. 22-23.

42. Ravizza, Simona, "Un ricovero per smog ogni 36 ore", in *Corriere della sera*, 2 marzo 2008, p. 17.

43. Liguori, Anna Maria, "Smog, a Roma il record delle morti fino a 1500 decessi in un anno", in *La Repubblica*, 25 giugno 2010, p. IX.

44. Vester, Frederic, *Mobilità. I segni del collasso*, Società Editrice Andromeda, Bologna, 1996, p. 199.

45. Ad esempio, già nel 1996 Greenpeace aveva modificato un modello di Twingo ed era riuscita a dimostrare che era possibile avere questo tipo di consumo. Attualmente anche altri modelli prodotti in serie, come l'Audi A2 1,2 TDI e la Volkswagen Lupo 1.2 TDI 3L, garantiscono questo risultato. Oggi la riduzione dei consumi potrebbe essere ancora maggiore dato che si dispongono di informazioni più approfondite sui vari carburanti e le diverse tecniche di risparmio energetico.

46. Charbonneau, Bernard, *L'Hommauto*, cit., pp. 77-78 [traduzione nostra].

47. *Ibid.*, p. 26 [traduzione nostra].

48. Vester, Frederic, *Mobilità. I segni del collasso*, cit., p. 109.

Il sistema politico-economico: il potere

«Non cambierete mai niente lottando contro la realtà esistente. Cambierà qualcosa solo costruendo un nuovo modello che renderà quello esistente obsoleto»
Buckminster Fuller

Economia e consumismo: due antitesi

«Non c'è altra speranza di gioia che nelle relazioni umane»[49]. Queste poche parole dovrebbero essere recepite a livello profondo. La società conviviale di "illichiana" memoria si può costruire con una estrema attenzione alla dimensione relazionale inter-umana e al rispetto per le altre forme viventi. Ogni altro surplus (salvo quello nell'ambito della salute) è effettivamente superfluo e consuma semplicemente il pianeta e le nostre energie.
Il sistema politico-economico attuale, che si è ormai imposto a livello globale, persegue invece la crescita infinita e il dominio degli abitanti del pianeta da parte di una ristretta minoranza di grandi miliardari e uomini di potere che manovrano per un controllo sempre più capillare e per una ricchezza sempre più capricciosa.
Il concetto di crescita economica senza limiti significa continua escalation di sfruttamento delle risorse naturali e produzione di oggetti di consumo nella maggior parte dei casi inutili o superflui.
Anzi, crescita e sviluppo vengono ormai identificati nell'unico percorso di emancipazione umana che sembra possibile: quello materiale. O meglio, materialista. Ma nel profondo di ogni singolo animo umano c'è la consapevolezza che non è così. La felicità non può venire da un tre per due ma forse solo da un uno diviso in tre. È chiaro anche a un bambino, dopo l'ennesimo noiosissimo giocattolo acquistato al supermercato, che il fascino della vita sta da un'altra parte, in frammento di realtà magari più viva di un pezzo di seducente plastica colorata, come ad esempio un gatto coccolone o un piccione che non si lascia prendere.
La gabbia politico-economica in cui è inserita la nostra società impedisce di

aver chiaro il compito dell'essere umano: essere felice e far felici i propri simili. Il consumo di merce accessoria è asceso al vertice delle priorità umane diventando un fine a se stesso. Per realizzare questa indigestione di oggetti e orpelli siamo disposti a razziare la natura e gli altri popoli. Tutto il sistema di produzione industriale e di produzione del consenso politico ruota attorno a questa abbuffata materiale planetaria.

Ma come possa un'economia che ha in sé le leggi dell'espansione e della crescita infinita coesistere in un pianeta finito è un mistero che ancora deve trovare soluzione nelle menti di coloro che l'hanno concepito. Tutto sommato è realmente materia per psichiatri.

Questo sistema economico sta trasformando il pianeta in un'immensa discarica e c'è chi prospetta una vera e propria estinzione di massa. Il noto microbiologo Frank Fenner, 95enne professore all'Australian National University ha recentemente rilasciato un'intervista in cui afferma che «l'Homo sapiens sarà estinto probabilmente nei prossimi cent'anni e lo stesso accadrà per molti animali. È una situazione ormai irreversibile e penso sia davvero troppo tardi per porvi rimedio. Non lo manifesto perché la gente sta comunque tentando di fare qualcosa, anche se continua a rimandare. [...] Di certo, da quando la razza umana è entrata nell'era nota come Antropocene [termine ideato dallo scienziato Paul Crutzen nel 2000 per denominare l'attuale era geologica, in cui le attività dell'uomo sono le principali cause del cambiamento climatico], l'effetto sul pianeta è stato tale da poter essere paragonato a una delle epoche glaciali o all'impatto di una cometa. [...] Ecco perché sono convinto che faremo la stessa fine degli abitanti dell'isola di Pasqua. Attualmente, i cambiamenti climatici sono ancora in una fase molto iniziale, ma già si vedono dei considerevoli mutamenti nelle condizioni atmosferiche. [...] Gli Aborigeni hanno dimostrato che potrebbero vivere per 40 o 50 mila anni senza la scienza, la produzione di diossido di carbonio e il riscaldamento globale, ma il mondo non può e così la razza umana rischia di fare la stessa fine di molte altre specie che si sono estinte nel corso degli anni»[50]. E Fenner non è certo l'unico scienziato a pensarla così. Personalità altrettanto autorevoli come Nicholas Boyle o James Lovelock si sono già espressi in tal senso. Cambiamenti climatici e produzione esasperata di rifiuti di ogni genere ci affonderanno.

Anche la capacità della terra e del mare di assorbire rifiuti è infatti limitata. A un certo punto ogni forma vivente verrà inevitabilmente sommersa. Qualsiasi crescita sottostà alle leggi naturali che tutto regolano e per le quali tutto è ciclico e ha dei limiti. Anche un cancro, se si espande in maniera

incontrollabile, porta alla inevitabile fine dell'organismo che lo ospita e quindi anche di se stesso.
Tuttavia, è prassi diffusa esultare se un'industria automobilistica aumenta il suo fatturato, sebbene poi non ci si chieda cosa ci sia dietro a tutto ciò: altre auto, altri combustibili fossili, altro inquinamento, altre autostrade, altre materie prime depredate in qualche sfortunata parte del mondo, altri rifiuti che si andranno ad accumulare ad altri milioni di veicoli rottamati, altri morti e feriti sulle strade. Questo è concretamente ciò che significa l'aumento del fatturato di un'industria automobilistica. Magnificare qualsiasi aumento di produzione di merci di dubbia utilità è in realtà l'espressione della limitatezza dell'acume cerebrale della stragrande maggioranza degli individui in posizioni di responsabilità nelle nostre società.
L'assioma per cui se l'economia, intesa come produzione continua e illimitata di merci, cresce, stiamo tutti meglio, è infatti ormai evidentemente una frottola colossale.
Anzi. Se l'economia cresce stiamo tutti peggio, perché la depauperazione complessiva del territorio e delle risorse aumenta. I guasti di questo meccanismo perverso di autodistruzione che abbiamo ingenerato iniziano a essere sempre più evidenti e sotto gli occhi di tutti, anche se i mezzi di informazione cercano in ogni modo di dissimulare o sminuire.
Eppure, per capire l'assurdità di tutto ciò non servono montagne di libri, di economisti, di teorici, di dibattiti o di studi accurati. È un comportamento senza senso, illogico e suicida e chiunque può riuscire a comprenderlo.
La miglior definizione del problema l'ha data l'economista indiana Jayati Gosh la quale sostiene che se non si pone rimedio a questi problemi di fondo, non solo marceremo tutti irrimediabilmente verso il suicidio, ma continueremo a combatterci e perfino ucciderci l'un l'altro per avere il privilegio di arrivarci per primi[51].
E non serve nemmeno dare una pseudo-veste ecologica a questa o quella merce. Se la pubblicità ci dice che un'azienda produttrice di acqua minerale in bottiglie di plastica è ambientalmente corretta perché apre un'oasi dove fa nascere le paperelle o mette un impianto fotovoltaico, la si può trattare solamente come un tentativo di vero e proprio raggiro intellettuale. Non è possibile infatti paragonare l'enorme inquinamento che si genera dalla produzione, il trasporto e lo smaltimento delle bottiglie di plastica con una risibile produzione di energia da fotovoltaico o la piantumazione di piccoli terreni con qualche alberello.
L'unica azione veramente compatibile con l'ambiente che potrebbe fare un

produttore di acque minerali è chiudere tutta la filiera di produzione e vendita e, se vuole rimanere nello stesso campo, mettersi ad esempio a lavorare sul risparmio idrico. Nonostante l'Italia sia infatti fra le prime dieci potenze industriali del mondo (o forse proprio per quello) gli sprechi di acqua sono di dimensioni scandalose[52]. In questo contesto, progettare e installare sistemi di risparmio idrico ecologicamente compatibili è utilissimo e anche sicuramente profittevole e riqualificante per azienda e dipendenti che, anziché perdere il proprio posto di lavoro, possono essere formati rispetto alle tecnologie di salvaguardia ambientale ed essere di beneficio per loro stessi, per la società e i propri figli. Di continenti galleggianti di rifiuti di plastica bastano e avanzano quelli che abbiamo già[53].
E più crescono i settori dell'efficienza, del risparmio e della tutela ambientale più diminuiscono l'estrazione, l'uso e l'acquisto di combustibili fossili e l'inquinamento complessivo i quali generano costi altissimi per la società e la natura. In tal modo, a livello macroeconomico, diminuisce quindi il PIL. Riduzione che come possiamo immaginare non è dunque sempre quella tragedia immane che vogliono farci credere, ma semmai, come in questo caso, un piccolo passo cosciente verso un mondo migliore.

Politici e governi: hanno ancora credibilità?

> «Vi avviso che dobbiamo unirci per salvaguardare le nostre tradizioni, perché il nostro mondo è minacciato. L'acqua, l'aria e la Terra sono minacciate. Non possiamo confidare nei governi, e oserei dire neppure nelle Nazioni Unite, perché realizzino cambiamenti o proteggano la situazione. Dipende da noi, da me, da voi. Siamo noi i guardiani del nostro mondo: dobbiamo assicurare la sopravvivenza dei nostri bambini, dobbiamo alzarci e reagire, protestare».

Queste sono le parole tratte dal film documentario *Terra Madre* di Heeni Hotorene, donna maori, attivista ecologista e per la dignità dei popoli indigeni.
Spesso si percepisce un diffuso scetticismo nel poter determinare noi stessi dei cambiamenti diretti della realtà sociale ed ecologica in cui siamo immersi e si pensa che questi non possano arrivare che dai governi e dai politici.
È anche vero d'altro canto che la fiducia nei governanti è in netto calo e

la consapevolezza dei limiti del sistema cosiddetto democratico si diffonde sempre più. Nelle elezioni regionali del marzo 2010 in Francia si sono recati a votare solo il 47% dei cittadini aventi diritto. Questa è una tendenza in aumento in tutti i paesi occidentali.

Il parlamento, il governo, le istituzioni pubbliche sono luoghi dove è praticamente impossibile rimanere insensibili alle sirene del potere. Grazie a una forma di informazione trasversale e di base come Internet e grazie alle registrazioni video e audio, queste depravazioni del sistema politico sono ora molto più visibili, palesi e condivise che in passato. Si può dire che la consapevolezza di questo divario tra il dire e il fare dei politici sia quindi divenuto patrimonio comune, comprovato da un'enorme mole di fonti documentarie di ogni tipo e facilmente reperibili per chiunque. Chi non ha interessi diretti nella battaglia elettorale e non è completamente stordito dal "quinto potere" tende quindi a chiamarsene fuori.

È ormai una illusione pensare che la politica, intesa come lotta tra partiti per la gestione del potere statale, possa dare delle risposte ai problemi della società.

Se vogliamo vedere la qualità dell'albero dai suoi frutti basta ripensare a quello che è oggi l'Italia dopo un cinquantennio zeppo di politicanti di ogni tipo.

I politici di professione non hanno visioni, non prendono reali provvedimenti, si preoccupano di faccende inutili, di intascare più denaro possibile, di corrompere ed essere corrotti, di essere rieletti, di comparire sui giornali e in televisione e di schermare le proprie comunicazioni telefoniche.

Che tipo di giustizia può esprimere un sistema dove solo chi ha i soldi e fa la voce grossa può avere la possibilità di gestire il potere e di decidere le sorti del paese? Dove il potere è una questione relativa a pochi gruppi di pressione siano essi mediatici, industriali, religiosi?

Questa politica e questi politici hanno una possibilità di cambiare in meglio pressoché nulla e anche chi si inserisce con le migliori intenzioni in quel tritacarne etico che è un parlamento, praticamente sempre viene fagocitato dal sistema che ne elimina tutte le buone intenzioni e lo rende innocuo.

A sentire un sempre maggiore numero di scienziati e studiosi ambientalisti, il tempo che ci rimane per un cambiamento di rotta globale non è poi molto. Approfondiamo questo aspetto avvalendoci della lucida analisi fatta da Colin Beaven nel suo libro *Un anno a impatto zero*, in merito all'urgenza di provvedimenti e all'ignavia dei politici: «Il grande studioso Stern ha calcolato che se non invertiamo i cambiamenti climatici, il costo necessario a gestire la conseguente catastrofe potrebbe equivalere al 20% del prodotto interno lordo mondiale. Stern quindi sostiene che se non facciamo nulla per i cambiamenti climatici, dovremo spendere addirittura un quinto della produzione planetaria in termini di economia e risorse per gestire le inondazioni, gli uragani, le siccità, le carestie e le epidemie che ne conseguiranno. D'altro canto, valuta Stern, potremmo evitare le conseguenze più atroci se cominciassimo da oggi a spendere l'1% del PIL mondiale in misure per l'efficienza e investimenti in energia rinnovabile. Più o meno significa spendere un penny per ogni dollaro della nostra economia in favore del clima. Sembra conveniente, soprattutto rispetto a quei venti penny per ogni dollaro prima citati. Ora diamo un'occhiata a come oggi, sul finire del 2008, queste informazioni vengano accolte dal presidente americano, dal vicepresidente, dai 435 rappresentanti del congresso e dai 100 senatori che a Washington ci rendono il gran servigio di badare ai nostri interessi. Tutti insieme questi 537 individui tra uomini e donne hanno messo a confronto le cifre di Stern, l'1% adesso e il 20% poi. Hanno elaborato le informazioni sui cambiamenti climatici che numerosi scienziati ed economisti hanno fornito loro. Tutti insieme con le loro lauree in legge e altri prestigiosi titoli di studio, e le migliaia di anni cumulativi di esperienza nel servizio pubblico e nel governo, hanno meditato e discusso e si sono confrontati. Usando tutte le loro risorse, le capacità e il potere (nonché un paio di esperti in sondaggi) sono giunti alla seguente conclusione: è politicamente impossibile fare ciò che è scientificamente necessario per evitare i cambiamenti climatici. Di conseguenza mentre scrivo, sul finire del 2008, dopo quasi due anni da quando ho cominciato il *Progetto Impatto Zero*, i politici e il potere legislativo del governo degli Stati Uniti hanno stabilito di seguire una strategia che, a loro parere, gestisce al meglio la crisi ambientale: non fare nulla»[54].

Ci sembra dunque decisamente difficile pensare che si possano ottenere i radicali cambiamenti necessari per evitare la catastrofe proprio attraverso quegli stessi individui che ne sono fra i maggiori responsabili, che fanno le regole, le disfano, le montano e le smontano a loro piacimento e utilità e che possono mostrare sui mezzi di informazione qualsiasi realtà faccia loro comodo.

L'Italia odierna è infatti l'esempio lampante dei mezzi di informazione che veicolano il pensiero unico.

Riteniamo quindi che si perda meno tempo a cercare di creare nuove realtà socio-comunitarie (come spiegheremo più avanti) che cambiano direttamente la realtà e affrontano alla radice i problemi, piuttosto che credere che i partiti risolveranno la situazione.

È infatti ben altra la forza di coloro che vivono, lavorano, sperimentano e praticano ciò che dicono e che si danno da fare non solo a parole o virtualmente in un programma elettorale.
E per influenzare i governi o dirigere il mercato verso un nuovo approccio alla vita, non serve che sia convinto a questa causa il 100% della popolazione e che tutti facciano scelte simili. Basta anche una percentuale di persone relativamente bassa ma organizzata e dalle idee chiare per avere svolte apprezzabili. Si badi bene che non vogliamo fare un discorso di avanguardie di vecchio stampo marxista. Basiamo questa affermazione sulle percentuali di successo che si riscontrano nei boicottaggi internazionali di aziende eticamente o ambientalmente compromesse. Come hanno dimostrato alcune ricerche, anche una bassa percentuale di clienti che boicotta un produttore di un bene o di un servizio induce l'azienda stessa a un cambiamento di rotta. A volte, anche solo il rischio che si diffonda una cattiva immagine aziendale o del prodotto è sufficiente affinché responsabili di potenti multinazionali mutino direzioni programmate. Talora sono bastate campagne mirate per influenzare decisioni o scelte delle grosse compagnie e dei governi[55].
Si guardi poi alle campagne pubblicitarie odierne in cui ogni azienda fa a gara per apparire ambientalmente corretta. Ciò significa che i temi ecologisti sono ritenuti importanti, anche se ovviamente le pubblicità in questo senso sono del tutto strumentali.
Una minoranza con idee e concretezza è poi spesso molto più visibile della maggioranza incolore contraddistinta soprattutto da un noioso e masochistico menefreghismo.
Al contrario, lo sforzo da parte delle persone attive e motivate nell'effettuare le trasformazioni etico-economico-ecologiche indispensabili e non più rimandabili, dovrà essere teso a emancipare sempre più gli esseri umani nel loro insieme dalla fatica e dallo sfruttamento e a fare in modo che la sopravvivenza e una vita dignitosa libera da oppressioni e miserie, sia garantita a tutti in tutto il mondo.
Un esempio importante di movimento dal basso è il fenomeno, che ormai ha una diffusione internazionale, delle cosiddette *transition towns* di cui è ideatore e motivatore Rob Hopkins[56].
L'approccio del modello delle transition towns all'organizzazione sociale ed economica è una modalità che non ha come obiettivo il controllo del potere. Esso non mira ad avere la meglio sugli altri con la forza, non esige alcuna leadership e non si presta a dinamiche di prassi politica classica, ma propone un metodo di cambiamento globale e di senso ecologista, cerca di veicolarlo

e spera che sempre più persone siano influenzate dai risultati positivi del cambiamento stesso, ivi compresi politici e amministratori.

Senza gruppi dirigenti e senza messia particolari il movimento della transizione, che mira appunto a traghettare la società occidentale verso un'economia e un'organizzazione sociale non più basata sulle fonti fossili e sul sovraconsumo del pianeta, è formato da persone volenterose che in pratica stanno innanzitutto cercando di cambiare la propria vita e quella del luogo in cui vivono, ricreando la comunità, elemento fondamentale per una reale metamorfosi umana.

È da esempi del genere che bisogna prendere spunto, perché come dice assai intelligentemente il fondatore di *Slow Food* Carlo Petrini: «Riponendo fiducia nelle comunità, che devono agire prima di tutto per il loro benessere, c'è la speranza che il governo delle nostre vite torni ad essere cosa nostra, vissuto come una comunità di destino, dove ognuno prende in carico quella porzione di mondo in cui ha avuto la fortuna di nascere o vivere»[57].

Amministrazioni pubbliche locali

La rifondazione della comunità passa attraverso l'"assorbimento" nella prassi dell'attuale preistorica amministrazione pubblica locale.

Preistorica perché riteniamo moltissimi dei suoi agenti, impiegati, amministratori e pubblici ufficiali che la compongono e la dirigono ancorati a processi mentali, decisionali e motivazionali davvero scollati dalla realtà e ignoranti e incuranti della generale situazione in cui versano i nostri territori e le nostre famiglie e comunità.

I tagli costanti delle autorità centrali alle istituzioni periferiche dello Stato consentono di afferrare pienamente la necessità di una riorganizzazione locale indipendente e svincolata da aspettative nei confronti della divina provvidenza legislativa e finanziaria centrale (della serie "ci vuole una legge che...").

Spesso le amministrazioni pubbliche locali, si lamentano di non avere abbastanza fondi per gestire in maniera soddisfacente la cosa pubblica e con questa motivazione giustificano scempi e degradi di ogni tipo o svendono territorio e bellezze locali al miglior offerente. Trincerandosi dietro alla carenza cronica di denaro gli amministratori comunali restano la maggior parte del loro tempo in disperata e permanente attesa che un improbabile

centro (statale o internazionale) elargisca quote di ricchezza pubblica a suo piacere. Cosa che avviene invece solitamente solo a seconda delle conoscenze dirette, proiezioni e vicinanze elettorali.
La svendita di ogni ricchezza territoriale finisce col trascinare con sé la svendita della propria dignità e ricchezza culturale. Oggi siamo abbastanza vicini al punto di non ritorno per cui anche a livello locale non rimane che vendersi l'anima perché tutto il resto si è già esposto in vetrina in grandi offerte convenienza: acqua, rifiuti, cave, riscossione tributi, servizi sociali, castelli, terreni demaniali, usi civici, palazzi storici, spiagge comunali e molto altro ancora.
Rendersi il più possibile indipendenti dalla speranza illusoria della materializzazione di *vibhuti** miracolosa da parte di qualche avatar della politica significa fare del proprio territorio un vero e proprio laboratorio di autonomia dai poteri centrali e poter dare quella reale sicurezza e stabilità che le persone sempre più richiedono a livello locale.
Non solo, ma in un'ottica di forte autonomia e località si possono affrontare spese e interventi slegati da logiche di partito e affaristiche che altrimenti non si sarebbero potuti fare.
Un aspetto fondamentale che dovrebbe contraddistinguere le amministrazioni per un cambio di prospettiva è ad esempio l'aspetto della formazione. Senza formazione non si va da nessuna parte, soprattutto per tutte quelle attività e lavori che saranno l'immediato futuro e che avranno una sicura diffusione.
Ma come si finanziano i corsi di formazione e riqualificazione dei giovani, dei disoccupati o di chiunque voglia cambiare il suo lavoro?
Le amministrazioni municipali dilapidano così tanto denaro e hanno così tanti sprechi (sprechi dovuti a semplice ignoranza, a clientelismi e al lavoro di lobby di gruppi affaristici locali) che parlare di casse vuote è insostenibile.
Solo dal punto di vista dei consumi energetici, ad esempio anche con l'aiuto delle ESCo (*Energy Service Company*) i comuni possono totalizzare risparmi al di là di ogni beatifica visione. Le ESCo sono società che propongono progetti di ristrutturazione energetica dirette alla riduzione delle inefficienze, degli sprechi e degli usi impropri dell'energia. Esse si ripagano con il risparmio energetico ottenuto e per il comune, in pratica, sono interventi a costo zero. Il rischio è totalmente a carico della compagnia che opera l'intervento[58].

* *Vibhuti* è la polvere sacra che si usa in alcuni rituali religiosi induisti.

Le amministrazioni locali dovrebbero (e potrebbero) fare una riqualificazione energetica di tutto il patrimonio edilizio pubblico e in seconda istanza incentivare le produzioni locali e puntare sulle specificità della zona, favorendo la produzione biologica autoctona e i produttori locali di energie rinnovabili, contenimento di consumi e bioedilizia (con l'apertura di uno sportello informativo per i cittadini sui vari settori ambientali)[59]. Questi dovrebbero essere i settori di punta e trainanti di un'economia pensata come indipendente e al servizio di chi vive un territorio, e non di chi l'attraversa e basta sfrecciando su potenti SUV, o peggio di chi vi bazzica con un andirivieni di TIR carichi di rifiuti tossici per alimentare l'ultima trovata in fatto di introiti comunali come ad esempio discariche o inceneritori.

Ma che tutto questo avvenga grazie alla "genialità" di un amministratore illuminato è molto difficile per quanto non impossibile (come stanno dimostrando i cosiddetti "comuni virtuosi" di cui trattiamo più avanti nel capitolo "L'educazione e le relazioni sociali").

In questa corsa filantropica alla migliore condizione realizzabile sul territorio per i propri abitanti gli amministratori pubblici non devono nemmeno più scervellarsi granché. Basta copiare. Senza andare molto lontano, l'Europa è piena di esempi virtuosi di ogni tipo, specialmente nei paesi nordici e in quelli di lingua tedesca. Sarebbe sufficiente organizzare alcuni viaggi per amministratori e tecnici comunali, visitare i luoghi e i centri adatti, vedere problemi e soluzioni e poi riportare in Italia, con le dovute eventuali modifiche e applicazioni specifiche, quanto di buono si è imparato. Mantenere poi i contatti con queste strutture per consigli o monitoraggi dei risultati costituirebbe garanzia di corretto funzionamento e sviluppo nella direzione intrapresa.

Gruppi di cittadini informati e amministratori, assieme a imprenditori illuminati (laddove ce ne siano), dovrebbero organizzarsi per creare poli tecnologici locali in grado di mutare radicalmente la realtà economica ed ecologica sul territorio. In Austria la cittadina di Güssing, quattromila abitanti sperduti tra campi di mais e boschi ai confini con l'Ungheria, è divenuta meta di pellegrinaggi mondiali di tecnici di ogni genere (quasi 5000 visitatori l'anno) che vanno ad adorare l'ostensione di impianti di produzione di energia rinnovabile che alimentano totalmente il paese e soddisfano le necessità energetiche dei propri abitanti.

Dal 1995 al 2007 Güssing ha ridotto del 93% le emissioni di biossido di carbonio. Altro che scialbo protocollo di Kyoto. L'ideatore di questo sistema energetico rinnovabile integrato, l'ingegnere "indigeno" Rheinard Koch, sottolinea anche l'aspetto fortemente politico di una strategia energetica di questo genere: «Certo che è un sistema perfetto, ed è per questo che le grandi lobby non lo vogliono. Parliamo di molti soldi, e molti soldi vuol dire molto potere. Se ogni comunità facesse come noi, quel potere verrebbe meno»[60].

Il potere

Questo è infatti il nocciolo del problema. Il potere, un argomento di rilevanza epocale.

Il potere, che nelle nostre società è correntemente messo in relazione con l'economia e la politica.

Ma in pratica è divenuto una dinamica di lotta diffusa a ogni livello sociale e familiare. La competitività e la lussuria illusoria della società dei consumi hanno innescato una massificata reazione a catena di desiderio di potere che compromette ogni giorno migliaia di vite e di relazioni. Lo squallore è la nota dominante.

Il potere corrompe e non rispetta nemmeno le regole che dà a se stesso. I governi normalmente esprimono alla massima potenza questa contraddizione. Per non parlare di quello espresso dalle interconnessioni economiche mondiali e dagli organismi finanziari come la Banca Mondiale e il Fondo Monetario Internazionale, che gestiscono su queste basi il mondo intero al di sopra dei governi stessi.

La nascente comunità eco-consapevole deve avere la possibilità di rompere definitivamente con questo meccanismo perverso.

La lotta per il potere nella quale ci si avvale di ogni mezzo, leale e sleale, lecito e illecito per impadronirsenc e/o mantenerlo è dilagata dall'olimpo delle istituzioni "democratiche" sino a invadere ogni aspetto dell'esistenza quotidiana di moltissime persone. Persone che si trovano in dinamiche da *Signore degli anelli* anche se devono fare solo il presidente di un comitato di quartiere o del circolo bocciofila.

Ideali e valori della Resistenza o coraggio e dignità operaia e contadina sono vetuste testimonianze archeologiche di un mondo che non è più.

La sete di visibilità mediatica è il fattore dominante l'habitat politico a qualsiasi livello, da quello comunale a quello parlamentare. Con la visibilità e la notorietà, se possibile, le singole situazioni morali ed etiche precipitano

e cadono le ultime remore della coscienza dei soggetti investiti dai riflettori a mantenere le promesse fatte o una condotta corretta. Capi di governo e capi di partito, leader di gruppi, assessoroni e assessorucci, ministri e ministre e tutti i soggetti che cercano disperatamente riconoscimento legale e politico nel minestrone istituzionale nazionale giungono spesso prima o poi, tramite la grazia dello Spirito Santo, dei mass media o delle multinazionali, alla teologia della ragion politica, della mediazione e del compromesso.
All'acqua avvelenata della fontana del potere è difficile resistere. L'unica soluzione è non abbeverarcisi.
In effetti, la realizzazione profonda della propria esistenza non può consistere nella gestione del potere che in ultima analisi significa da una parte prevaricazione sugli altri e dall'altro dipendenza dall'adulazione e dall'applauso altrui. Il potere è una droga irresistibile che riempie i vuoti della propria vita, gonfia spropositatamente l'ego, rende invisibili le proprie mancanze e lacune sostituite dalla superbia per la venerazione di cui si è oggetto.
L'autorealizzazione reale passa invece attraverso la materializzazione delle proprie aspirazioni più elementari, quelle che apportano pace interiore senza molte complicazioni e labirinti morali. Vivere in un luogo naturalmente ameno circondati da amici e da persone che condividono un tratto di percorso, sono disponibili al dialogo, al confronto e al sostegno reciproco risponderebbe alla maggior parte delle nostre reali esigenze. E se in questo modo non verremo ricordati nei libri di storia o il nostro nome non apparirà da nessuna parte il nostro valore come persone sarà ridimensionato? Noi non crediamo, se la vita che avremo fatto sarà stata piena di senso, di sostegno e felice.
Ognuno di noi in realtà ha solo il dovere/piacere di essere di supporto e aiuto affinché gli altri siano liberi e felici, affinché ognuno sia se stesso e possa non ergersi a capo, condottiero, uomo o donna del destino di altri se non di quello proprio.

Per concessione all'umana *pietas* potremmo accondiscendere a considerare la possibilità che vi sia qualche uomo politico che ancora conserva un briciolo di onestà, seppur forse sepolto da innumerevoli compromessi. Ma, parliamoci chiaro: vale davvero la pena sperare così tanto che quel briciolo possa un giorno fare capolino per compiere una qualche buona azione del giorno o forse conviene darsi da fare direttamente senza adattarsi a contare su improbabili speranze?

Note al capitolo

49. Citazione di Antoine de Saint-Exupéry.
50. Jones, Cheryl, "Frank Fenner sees no hope for humans", in *The Australian*, 16 giugno 2010.
51. Gosh, Jayati, "I consumi di Cindia", in *Il Manifesto*, 24 maggio 2009, p. 9.
52. Anche solo un rubinetto che perde spreca circa 8000 litri d'acqua in un anno. Ma è ancora nulla. Gli acquedotti italiani perdono sino a 60 litri ogni 100 distribuiti. E di certo i privati che li gestiscono non hanno alcun interesse a sistemare le condutture. In agricoltura poi è anche peggio. Le irrigazioni agricole costituiscono da noi il 45% del totale del consumo di acqua e di questa solo il 16% per sgocciolamento termporizzato, quindi con sprechi enormi sul consumo complessivo. Cfr. Tozzi, Mario, "Italia sprecona", in *National Geographic*, vol. 25, n. 4, aprile 2010, pp. XXXIV-XXXVI.
53. Nell'oceano Pacifico è stata individuata un'isola galleggiante di rifiuti che vanno alla deriva seguendo le correnti marine. Essa ha un diametro di circa 2500 chilometri, è profonda 30 metri ed è composta per l'80% da plastica e per il resto da altri tipi di rifiuti. È stata chiamata anche "il settimo continente". I danni all'ambiente a alle forme viventi di questa discarica oceanica sono incommensurabili. Anche nell'oceano Atlantico, nella zona del Mar dei Sargassi, c'è un'isola galleggiante di rifiuti, soprattutto di plastica, simile a quella del Pacifico.
54. Stern, Nicholas, "Stern Review on the Economics of Climate Change", UK Office of Climate Change, gennaio 2007, citato in Beaven, Colin, *Un anno a impatto zero*, Cairo Publishing, Milano, 2010, pp. 181-182.
55. Ad esempio nel 1998 *Rainforest Action Network* dopo un boicottaggio di sette anni riuscì a far impegnare Mitsubishi Motors nello sviluppo di iniziative a tutela dell'ambiente e a farle sospendere l'utilizzo di legname secolare nei suoi impianti di produzione. Sulle dinamiche e il successo di questo e altri boicottaggi si veda la tesi di laurea di Previatello Serena, "Il boicottaggio dei consumatori. Analisi concettuale del fenomeno e indagine della pratica in Svizzera", Università della Svizzera Italiana, facoltà di Scienza della comunicazione, Lugano, anno accademico 2004-2005, relatore prof. dott. Francesco Lurati, cfr. pag. 60.
56. Hopkins, Rob, *Manuale pratico della transizione. Dalla dipendenza dal petrolio alla forza delle comunità locali*, Arianna Editrice, Bologna, 2009.
57. Petrini, Carlo, *Terra madre. Come non farci mangiare dal cibo*, Giunti-Slow Food, Firenze-Bra, 2009, p. 151.
58. Si veda per un approfondimento del tema: http://www.federesco.org, il sito Internet ufficiale della Federazione Nazionale delle ESCo.
59. Il 60% del patrimonio edilizio è costruito prima del 1970 e ha bisogno di urgenti interventi di riqualificazione energetica. «Dei circa 137 milioni di finestre esistenti in Italia al 2008, il numero degli infissi potenziale oggetto di sostituzione nei prossimi 5-10 anni è di quasi 23 milioni di unità; dei circa 3

miliardi di metri quadri che al 2008 costituiscono la superficie complessiva delle pareti esterne degli edifici, circa 140 milioni potranno essere oggetto di intervento di riqualificazione energetica nei prossimi 5-10 anni; dei circa 831 milioni di metri quadri di coperture e falda esistenti al 2008, il potenziale di interventi nei prossimi 5-10 anni è di circa 300 milioni di metri quadri, mentre per quello che riguarda coperture piane, sottotetti e primi solai, a fronte di oltre 2,7 miliardi di metri quadri complessivi, il potenziale di intervento è di circa 424 milioni di metri quadri; dei quasi 25 milioni di abitazioni servite da caldaie fisse, centralizzate o autonome, quasi 15 milioni è il potenziale di intervento per la sostituzione o dismissione di vecchi impianti», Rapporto Cresme-Saienergia 09, *Primo rapporto su energia e costruzioni. L'efficienza energetica in edilizia fra benessere, risparmio e ambiente. Gli scenari del mercato*, 2010, cfr. http://www.cresme.it/ftp/rapporti/ANNUARIO-CRESME-RICERCHE-2010.pdf

60. Sasso, Cinzia, "Viaggio nell'utopia di Güssing il paese a emissioni zero", in *La Repubblica*, 17 ottobre 2007, p. 27.

Analisi sociale

Riflettere sulla società occidentale oggi è sicuramente una delle attività più deprimenti e immunosoppressorie che si conoscano. Per quanto si tenti di analizzare le dinamiche sociali con generosità, non sfuggono a chi ha un minimo di memoria storica, di spirito critico e di osservazione le drammatiche condizioni socio-relazionali in cui devono crescere i nostri figli e a cui noi adulti dobbiamo adattarci, restringendo di anno in anno i nostri "programmi" e aspettative ideali rispetto a normali situazioni di vita come relazionare con i vicini di casa, prendere un treno, fare un colloquio di lavoro, frequentare una scuola, discutere di politica o di ambiente al bar di quartiere.

Ogni anno che passa è possibile notare il peggioramento della società in cui viviamo da molti punti di vista. Se il PIL cresce inesorabilmente da decenni (o almeno è quello che si vorrebbe a tutti i costi) è anche vero che il benessere reale effettivo in cui la gente vive è andato sempre più diminuendo, sia da un punto di vista della salute psicofisica che relazionale. Ad esempio, l'aumento dei consumi pro-capite negli Stati Uniti dal 1970 alla fine del secolo è stato del 62%[61]. La diminuzione nella qualità della vita nello stesso paese, sempre dal 1970 all'ultimo decennio del Novecento, così come è stato misurato dall'*Index of Social Health* americano, è del 51%. Molti americani affermano di essere stati felici più nel 1957 che non nel 1994. Eppure l'aumento di nuovi prodotti sul mercato tra il 1990 e il 1997 è stato del 63%. In quest'ultimo decennio le cose non sono andate in modo diverso se non addirittura peggio[62].

All'aumento della disponibilità di merci (sebbene non per tutti raggiungibile) non è conseguito un altrettanto ed equivalente aumento della disponibilità e usufrutto di beni. Anzi, le prime sono tornate a discapito di questi ultimi.

In questa dicotomia socio-economica messa in rilievo da Maurizio Pallante nei suoi libri[63] c'è un po' tutto il significato di questo deterioramento degli elementi vitali che caratterizzano l'esistenza su questo pianeta: gioia di vivere, ricchezza di relazioni, convivialità, condivisione, vicinanza con la natura, arte, salute, equilibrio mentale e slanci idealistici.

Per la maggior parte delle persone occidentali, l'esistenza quotidiana è infatti ormai solitamente compressa in tempi stretti e stressanti, vuoti relazionali, scarsa disponibilità economica rispetto ai desideri o addirittura alle necessità e alle illusioni materiali evanescenti come fumose proiezioni olografiche.

Il trinomio crescita, innovazione e progresso è la deità che ha preso il sopravvento e cui si prostrano governi, partiti e nazioni. Questa crescita a tutti i costi, in un certo senso imposta con un progressivo mutamento di valori e di griglia interpretativa della realtà, non necessariamente comporta però per i singoli individui un aumentato o migliorato tenore di vita dal punto di vista relazionale, familiare, lavorativo o persino economico. Anzi.

«Se abbiamo un'automobile a testa e ogni mattina ci sono code interminabili di automobili con una sola persona a bordo, non vuol dire, come sostiene il presidente del consiglio, che siamo un popolo ricco. Vuol dire che abbiamo abdicato alla facoltà di pensare e siamo stati anestetizzati in modo irreversibile. Non ci rendiamo più conto di quanto sia assurdo incolonnarsi in code interminabili ogni mattina e non sentiamo più la sofferenza che genera[64]».

Certo, non si tratta di distruggere in toto quello che di buono è stato fatto in questi decenni. Tuttavia siamo arrivati al punto in cui le scelte vanno operate con grande discernimento. Non possiamo più girare a ruota libera inseguendo i fantasmi della felicità da ipermercato. Come precisa Maurizio Pallante: «In base a quali parametri si può scegliere di volta in volta cosa è meglio conservare del passato e quali cambiamenti accettare? Il parametro in grado di orientare in queste scelte non può che fare riferimento alla vita. La vita è proiezione nel futuro. Per scegliere cosa cambiare, cosa conservare e come conservare cosa si ritiene di conservare, occorre valutare le potenzialità di futuro insite in ogni alternativa»[65].

Avere sempre presente la differenza tra bene e merce è fondamentale. Chiarisce ancora Pallante: «Il lavoro salariato è un fattore di emancipazione? A parte le professioni con un contenuto di creatività, il lavoro salariato, il lavoro non finalizzato alla produzione dei beni di cui si ha bisogno per soddisfare le necessità vitali della propria famiglia, ma alla produzione di merci in cambio del denaro necessario ad acquistare le merci sostitutive dei beni che non si ha più il tempo e non si è più capaci di produrre, è una forma di lavoro che invece di emancipare le persone le rende dipendenti in tutto e per tutto dal mercato. Chi produce i beni di cui ha bisogno, sa e sa fare. Conosce l'ambiente in cui vive e le risorse che offre. Sa come utilizzarle senza esaurirle e senza guastarle. Il fine del suo lavoro è migliorare il contesto in cui vive per poterci vivere sempre meglio. Il suo fare è connotato qualitativamente. È un fare bene. Chi produce merci in cambio di denaro è inserito in un meccanismo finalizzato a produrne sempre di più, che non ha legami col territorio in cui si svolge, e non sa fare nulla oltre ciò per cui viene pagato. Non deve saper fare nient'altro, perché col denaro che riceve può comprare tutto ciò che gli serve, e perché se non sa fare nient'altro non gli resta altra scelta che comprare tutto. Quindi non può fare a meno di continuare a produrre merci in cambio di denaro. È sottomesso a un fare privo di qualità che ha come scopo la mercificazione totale della vita umana»[66].

Questo è quello che abbiamo conseguito oggi: mercificazione dei rapporti personali, delle amicizie, della solidarietà, della politica, dell'amore, della salute e finanche dell'avvenire, così come tutte le conferenze mondiali sul clima e i vari trattati internazionali in materia ambientale (come il protocollo di Kyoto) hanno dimostrato.

L'immigrazione

Alla disperata ricerca di un futuro che possa innanzitutto esistere e che abbia pure un senso filosofico non ci siamo solo noi, ricchi cittadini di questo mondo industrializzato disastrato. Da ogni angolo della terra approdano a questa falsa Mecca della felicità migliaia di persone ogni giorno.

Infatti, finché il corrente sistema economico fondato sulla crescita sarà preponderante, non potranno che esserci sempre più grandi e imponenti ondate migratorie verso i cosiddetti paesi ricchi. Se da una parte si mostra il nostro sistema liberista e consumista a tutto il mondo come il migliore da desiderare, il più scintillante e pieno zeppo di oggetti da acquistare, dall'altra si sottopongono i cosiddetti paesi del terzo mondo a sfruttamento e rapina per mantenere alto il nostro livello di produzione e consumo di materiali da discarica, quali sono appunto in massima parte gli oggetti oggi prodotti nei paesi occidentali, vista la loro vita effimera.

La conseguenza è quindi che le nazioni "povere" (di economia, ma forse non ancora di contenuti umani) sono a noi legate da una corda con nodo scorsoio che impedisce loro di affrancarsi in maniera diversa dal percorso suicida che abbiamo scelto e che stiamo perpetrando noi "ricchi" (di merci, ma certamente non di contenuti umani).
A questa trappola di sfruttamento imposta ai paesi poveri si aggiunge il fatto che, a causa della nostra crescita economica senza limiti, i problemi ambientali si aggravano sempre di più e le maggiori conseguenze le subiscono proprio quei paesi che sono i minori responsabili della catastrofe ecologica. In tal modo, si determina ancora di più una situazione di disagio e di aumento dell'immigrazione. Come si è già anticipato in apertura, in molte zone in cui vi è già grande miseria, i profughi ambientali, per l'aumentare dei fenomeni di desertificazione e sommersione di isole o territori a causa dell'innalzamento del livello dei mari, sono destinati a crescere in maniera esponenziale. Sono infatti circa 6 milioni l'anno le persone costrette a lasciare il proprio territorio a causa dei cambiamenti climatici. Un dato che per il 2050 potrebbe riguardare 200-250 milioni di persone[67]. Un bel lavoro per la guardia costiera.
Non dimentichiamoci poi delle immancabili guerre internazionali e/o scontri tra fazioni all'interno di alcune nazioni, alimentati e foraggiati dai paesi ricchi per il controllo delle risorse: anche queste sono foriere di ulteriori fughe ed emigrazioni.
Negli ultimi anni si sta inoltre cercando di superare il livello di rapina tout court per approdare a uno stadio di furto più raffinato: i paesi ricchi o anche alcuni di quelli denominati "in via di sviluppo" comprano direttamente migliaia e migliaia di ettari dai vari Stati nazionali, soprattutto in Africa e Asia, proprio per cercare di assicurarsi risorse di cui non dispongono o che stanno già scarseggiando nei rispettivi territori.
Nell'aprile del 2009 fece notizia la dichiarazione del presidente della Coldiretti Sergio Marini che chiedeva ai G8 di prendere provvedimenti di fronte a questo nuovo tipo di espansione coloniale. Vennero infatti forniti alcuni dati di questo fenomeno: stati asiatici in forte crescita demografica e industriale come Cina, Giappone e Corea del Sud, ma anche paesi arabi con sistemi economici sempre più "sviluppati" come Qatar, Bahrein, Arabia Saudita, Emirati Arabi Uniti, Kuwait vanno acquistando ampie superfici di terreni coltivabili in paesi poveri sia africani (i primi) che asiatici (i secondi) mettendo in condizione di dipendenza alimentare e squilibrando la bilancia del commercio estero di interi paesi che a causa dell'estrema povertà si

svendono in cambio di presunti aiuti tecnologici di tipo agricolo. Questi, però, poi si condensano in esportazione delle derrate alimentari prodotte nei paesi che possiedono le aziende agricole stesse. E le cifre di questo affare non sono piccole. Secondo alcuni calcoli gli agricoltori cinesi stabilmente insediati in Africa sono arrivati ad un milione nel 2010. Sono 14 le aziende agricole africane della Repubblica Popolare Cinese ripartite in vari paesi come Uganda, Zambia, Zimbabwe, Tanzania.

Sono invece 7,6 i milioni di ettari acquistati dai paesi "colonizzatori" all'estero nel 2008, pari a circa la metà della superficie coltivabile italiana.

La motivazione più evidente di questa moderna politica coloniale è quella di far fronte alla crisi mondiale con adeguate riserve alimentari, dato che molti di questi paesi dipendono in proporzioni diverse, ma comunque elevate, dall'importazione di generi alimentari (la Corea del Sud ad esempio vi dipende per più del 60%). Ovviamente la forte crescita demografica di alcuni di essi è un fattore altrettanto valido di spinta in questo senso. E poi ci sono altre motivazioni di carattere economico che mirano al recupero di altre risorse o materie prime.

Molti paesi in via di sviluppo hanno infatti già visto chiaramente che non riusciranno a sostenere la crescita economica con le sole risorse di cui dispongono nei loro territori. E si badi bene che in molti casi la preoccupazione principale dei nuovi colonizzatori non è solo quella di garantire la sussistenza delle proprie popolazioni, bensì la crescita economica in cui si sono lanciati e che spesso non ha addirittura nulla a che vedere con lo stato effettivo di sostentamento degli abitanti.

Oggi si può dunque anche scegliere di non occupare militarmente nazioni o regioni. L'occupazione, in effetti, costa parecchio e a volte può dare nell'occhio... Basta invece avere denaro per acquistare terreni (costa molto meno) e accordarsi con i governi locali per la repressione, in modo che non si venga ostacolati da elementi disturbanti nell'opera di sfruttamento delle risorse.

In questo modo, alcuni Stati si comprano direttamente altri paesi. Questo è in sostanza l'apice del sistema di mercato, la sublimazione del concetto di colonialismo, o, se vogliamo, colonialismo in guanti bianchi. Esso crea le stesse problematiche e lo stesso sfruttamento del colonialismo storico, ma con il fioretto, non con la sciabola. Le popolazioni sottomesse muoiono e vengono sfruttate ugualmente, ma con meno clamore (sebbene normalmente non è che se ne faccia molto anche rispetto a situazioni di guerriglia sfrontata per l'utilizzo di alcune risorse come ad esempio per il coltan[68] in Congo e Rwanda).

Pensare di fermare l'immigrazione in un quadro complessivo di questo genere è solo cabaret. Per quante leggi del tutto incuranti della dignità della persona, repressive e razziste si vogliano fare, non sarà possibile fermare quest'onda umana.

Non rimane che ragionare e agire in maniera seria, razionale e altruistica, affrontando il problema alla radice e da tutti i punti di vista, bandendo sempre e comunque ogni forma di razzismo e di discriminazione.

Il nostro modello socio-economico non può più essere considerato il migliore in assoluto. Siamo una vetrina splendidamente allestita e luccicante, ma piena di oggetti insulsi e di poco conto. Oggetti che hanno preso il posto dei nostri sentimenti più puri e umanitari. Dovremmo fare una forte autocritica, dato che il nostro modello si basa sullo sfruttamento e la rapina anche di quei popoli (e singoli individui) che poi vogliamo mandare via a calci, quando reclamano qualche briciola del banchetto al quale ci abbuffiamo quotidianamente. E non è solo senso figurato. Basti pensare alla crescita esponenziale degli obesi nelle nostre società[69].

Non dimentichiamoci poi che l'immigrato, per gli italiani che ne sanno approfittare (e sono una lunga fila) è una autentica opportunità. Esso viene sfruttato nel mondo del lavoro, lo si spreme con affitti esorbitanti ammassandolo in spazi angusti insieme ai suoi compagni di sventura. Stipati in appartamenti fatiscenti costoro si adattano alla parola d'ordine dei proprietari: più ce ne stanno e meglio è. Infine, data la sua disponibilità a lavorare per compensi minimi, l'immigrato si usa per ricattare gli altri lavoratori, nell'intento di abbassare il costo del lavoro, ossia le buste paga.

Ma non è ancora tutto. Gli operatori finanziari ricavano guadagni altissimi dalle rimesse degli immigrati nei loro paesi di origine. Immigrati che sono divenuti indispensabili per le industrie o per i lavori più umili e pesanti che gli italiani non fanno più o non vogliono più fare. È il caso, solo per fare qualche esempio, di saldatori, conciatori, braccianti agricoli e badanti. Immigrate queste ultime con il pedigree a posto: se venisse a mancare il loro apporto, nel giro di pochi minuti l'Italia sarebbe socialmente in ginocchio.

L'immigrato poi viene buono anche sul fronte politico e della criminalità organizzata (che talvolta non differiscono). In occasione di ogni campagna elettorale gli immigrati vengono usati per chi cerca voti pavoneggiandosi quale cultore e difensore delle democrazie multiculturali, nonché, d'altro canto, sono vittime preferite per il linciaggio mediatico inscenato da coloro che puntano a mantenere alto nella popolazione il quoziente razzista, ottenendo il massimo dei consensi e del sostegno sbandierando notizie di

stranieri che si sono dati alla delinquenza o che vengono usati dalla malavita (a volte perché senza alternative reali di inventarsi una vita normale).
Per il sistema economico attuale l'immigrato è dunque una gallina dalle uova d'oro e ciò a prescindere dalle dichiarazioni di facciata dei politici che lo strumentalizzano per accaparrarsi consenso elettorale, in un modo o nell'altro.
Tutto questo se consideriamo il problema immigrazione dal nostro punto di vista, ossia sul lato pratico dello sfruttamento. Dal punto di vista degli immigrati sicuramente ci sono altre dinamiche di cui bisogna tener conto.
Non possiamo nasconderci, infatti, che nella maggior parte dei casi l'immigrato è una persona che ha come obiettivo quello di aderire al nostro modello di mercato e quindi è un ottimo consumatore, così come lo siamo noi e come lo sono stati un tempo i nostri immigrati dal sud al nord dell'Italia e dall'Italia al nord dell'Europa o verso altri paesi.
Per avere riscontro di questa affermazione è sufficiente andare in un qualsiasi ipermercato per rendersi conto dell'enorme importanza dell'immigrato per l'economia della crescita infinita. Tutti coloro che ce l'hanno fatta, spesso a prezzo di sacrifici e umiliazioni durissime, adesso si godono la loro vittoria comprando montagne di prodotti (che ormai si vendono a prezzi irrisori), perché è così che si entra nelle civiltà superiore dell'Occidente opulento: comprando di tutto. In tal modo essi diventano e si sentono finalmente uguali a tutti noi. Il ciclo chiuso del "produrre-consumare-produrre" si "multiculturalizza" ma rimane sempre tale. E con esso proliferano in territori umani prima sconosciuti i virus dell'opulenza che rappresentano il drammatico rovescio della medaglia delle nostre società.
È infatti sempre meno raro notare come gli immigrati "sistemati" aderiscano alla stessa politica razzista che hanno i loro nuovi concittadini. Questo è quanto è già successo a suo tempo agli operai quando sono diventati benestanti. È risaputo che molti di coloro che una volta votavano PCI ora votano Lega Nord o direttamente il partito di Silvio Berlusconi. La legge della cupidigia non ha confini.
Dopo le elezioni politiche del 2008, si leggevano interviste sui giornali riguardanti il fenomeno della Lega. Analizzando l'ennesimo successo del partito di Umberto Bossi, i giornalisti scoprivano che anche degli immigrati, che avevano acquisito la cittadinanza italiana, l'avevano votato. Con ammissioni chiare, costoro sostenevano che adesso che loro e la loro famiglia si erano inseriti, gli altri potevano e addirittura dovevano starsene a casa propria.

In un sistema dove "cane mangia cane" è ovvio che succeda tutto ciò. È il millenario imperativo *mors tua vita mea*. Dove la comunità e la solidarietà sono state spazzate via in cambio di un vestito Dolce & Gabbana, cosa deve mai succedere? Quando mancano la comunità e la solidarietà non importa che pelle indossi o che lingua parli, l'importante è che gli altri non ti vengano a portare via il gruzzolo tanto faticosamente guadagnato e la possibilità di riempirti il carrello al tempio del consumo.
Siamo convinti che con il passare del tempo avremo sempre più esempi di intolleranza e chiusura sociale slegati da connotazioni razziali o religiose[70]. La differenza la farà semplicemente il grado di integrazione nella centrifuga consumistica e nelle gerarchie socio-economiche riconosciute. Non abbiamo grandi illusioni che gli immigrati portino una ventata di giustizia e di solidarietà. Non se il loro punto di partenza è l'adesione entusiastica al paradiso virtuale che il capitalismo liberista offre dalle vetrine dei suoi negozi scintillanti.
Chiunque aderisca al mondo dei balocchi non può che diventare un consumatore perfetto e farsi comprare dal miglior offerente. Questo è ciò che è accaduto anche ai lavoratori e ai contadini del nostro recente passato. Questo è quello che accade agli ex contadini del cosiddetto Terzo Mondo, che sono esattamente coloro che arrivano nelle nostre società industrializzate. Come ha ben delineato Jean Giono: «I due grandi sistemi sociali – il capitalismo e il comunismo – sono sistemi di dismisura. Entrambi distruggono la piccola proprietà contadina. Il contadino non può accettare l'uno o l'altro senza diventare da una parte capitalista e dall'altra parte un operaio. In entrambi i casi, egli smette di essere un contadino»[71], e quindi smette di essere indipendente, di vivere direttamente del suo lavoro (e non per un salario), quasi completamente svincolato dal denaro. Quel denaro che è invece l'unico vero dio nei nostri sistemi politico-economici.
Altro elemento da considerare è la cosiddetta integrazione culturale, di per sé sconfitta in partenza, soprattutto in un paese come l'Italia che ha delle strutture che non riescono a integrare nemmeno gli italiani (pensiamo alle mai sopite contrapposizioni Nord-Sud), figuriamoci degli immigrati.
Ma analizziamo cosa si intende davvero per integrazione in un sistema basato su "valori" come crescita, accumulo, arrivismo, competizione e consumismo. Con questo pomposo termine sociologico si intende in realtà una cosa molto semplice: si richiede che le persone si adeguino al sistema e diventino come noi, in primis "grandi lavoratori" e ovviamente di conseguenza consumatori in tutto e per tutto.

Più che di integrazione si deve dunque parlare di omologazione alla religione del consumo. Gli immigrati sono invitati a cancellare le loro culture e le loro usanze per adeguarsi al modello occidentale, enorme bazar socio-economico dove tutto si compra e tutto si vende, dove non c'è più cultura né tradizione ma solo merce che si scambia con denaro. Prostituzione globale. Anche dei sentimenti, delle emozioni e delle credenze[72].

Gli immigrati devono vestire come noi, devono parlare come noi, devono avere le nostre stesse idee, mangiare i nostri stessi cibi e credere negli stessi "valori democratici" (che oggi non sono altro che postille di supporto al contratto capestro che il liberismo impone agli Stati nazionali e alle popolazioni[73]). Di fronte a questa resa totale allora sì, finalmente, essi sono considerati "integrati".

È palese, quindi, come in verità non sia corretto parlare di integrazione, ma sarebbe più esatto usare termini come omologazione e assorbimento. A livello individuale, poi, si dovrebbe riesumare il termine accettazione che nella sua disperata accezione legata allo stato di miseria di molti stranieri che giungono in Occidente rende il senso di resa, di speranza in un dio minore. Un'accettazione che deve essere il più possibile entusiasta del magico mondo del consumismo e delle sue regole. E va rilevato che non è necessario affannarsi troppo nell'opera di convincimento in tal senso dei nuovi venuti, visto che comunque è purtroppo quello cui spesso aspirano queste persone.

All'interno di questo processo forzato/anelato di omologazione possono comunque permanere delle modalità di comportamento di individui appartenenti ad altri popoli che possono essere anche molto diverse dalle nostre. Pensare o illudersi che queste diversità possano essere tutte livellate sul modello occidentale è decisamente irrealistico. Senza contare che ciò sarebbe pure controproducente per l'umanità nel suo insieme, visto che siamo la civiltà che in assoluto, e a più grande velocità di tutti, sta viaggiando per gettarsi nel baratro della distruzione ambientale e sociale trascinando tutto e tutti con sé.

In qualsiasi caso, a livello di integrazione, ci saranno quindi problemi, forzature, difficoltà da ambo le parti. Non è dato sapere, a nostro avviso, cosa comporteranno per le società occidentali le future migrazioni di popoli interi, causate anche dalle catastrofi climatiche sempre più frequenti. Tutto è possibile. Dalla pacifica e fraterna condivisione dell'esistente alla guerra fratricida per le risorse. Molto dipenderà dal livello di consapevolezza che vogliamo conseguire e fare nostro, e da quanto saremo disposti a seguire le

direttive della nostra comune umanità (in tutte le accezioni del termine) e non quelle interessate di politici, banchieri e simil genia.
Certo, nell'immediato, pensare che sia possibile una convivenza serena non è plausibile ed è anzi addirittura un comportamento irresponsabile. In questo modo si creano infatti le basi e i presupposti per autentici scontri di civiltà. E forse a livello politico l'obiettivo è proprio questo, ossia mantenere alta la diffidenza e l'ostilità verso lo straniero per giustificare crociate e soprattutto croci sulle schede di partiti dichiaratamente xenofobi e difensori della razza bianca e cristiana. Sarebbe puro non senso, tuttavia, negare che far convivere culture al momento così dissimili sia una passeggiata come la intendono, seppur in buona fede, certi autori equipaggiati di buonismo a tutti i costi. Basterebbe pensare a come alcune tradizioni culturali e religiose considerano e trattano la donna.
Crediamo che un insegnamento storico di grande valore che dovremmo aver assimilato è quello per cui ogni cultura deve avere il rispetto della persona e la tolleranza degli altri fra le sue regole ineludibili. Ma la tolleranza non può essere ad esempio quella di tollerare che le donne siano viste e trattate come animali (od oggetti) privi di libertà o che qualsiasi aspetto dell'esistenza individuale sia regolato da precetti religiosi spesso oggettivamente incomprensibili. Nell'ambito delle libertà individuali e dell'organizzazione sociale, il percorso filosofico occidentale di stampo libertario ha, a nostro parere, ancora molto da insegnare[74].
Peccato che il liberismo economico abbia in pratica stroncato sul nascere riflessioni morali, teoretiche e politiche che potevano sicuramente aprire per l'umanità orizzonti molto più vasti e promettenti in quanto a qualità della vita e condivisione comune.
In ogni caso, se vogliamo allargare la visione oltre il nostro naso e la nostra cerchia di amici, in uno slancio di condivisione più onnicomprensivo, non facciamoci intimidire da coloro che soffiano sul fuoco della paura e dell'egoismo. L'affermazione per cui non ci sono risorse sufficienti per aiutare in maniera efficace le nazioni povere e in difficoltà è in fin dei conti solo un altro luogo comune privo di realismo.
Come hanno dimostrato progetti come Sekem in Egitto[75] o il Barefoot College in India, con poche risorse è possibile costruire grandi avventure. Se si puntasse su progetti di sussistenza agricola/alimentare come azione prioritaria, e certo non su monocolture suicide, si otterrebbero risultati straordinari e duraturi. Lo stesso si può dire in caso ci si impegnasse in campagne di diffusione di fonti energetiche rinnovabili semplici e

utilizzabili da chiunque, tecnologie artigiane riscoperte e applicate a criteri di sussistenza e rivalorizzazione dei saperi locali.
Per stroncare poi l'elargizione a cascata di denaro pubblico a mafie e potentati o governi corrotti si potrebbero avviare azioni diplomatiche di chiusura dei rapporti con amministrazioni clientelari o etnocentriche e stabilire relazioni dirette con le comunità locali. I progressi dei progetti che si seguono potrebbero essere ampiamente monitorati. Questo permetterebbe di ricreare in quei paesi condizioni socio-economiche tali da arginare veramente la tragedia delle ondate migratorie dovute alla miseria, nell'ottica di ridare a quei popoli almeno una piccola parte delle enormi ricchezze che abbiamo loro sottratto e per cui saremo per secoli responsabili e debitori.
Per fare tutto ciò, l'intero sistema di sfruttamento di cui siamo trainanti complici deve essere progressivamente eliminato, nuovi paradigmi educativi devono essere applicati nelle scuole e una nuova consapevolezza basata sul riconoscimento del fatto che siamo tutti uno deve essere fatta filtrare tra i nostri giovani affinché riacquistino un più profondo senso dell'esistere.
Se ci sarà un futuro per l'umanità esso passerà dalla condivisione pacifica del pianeta e delle sue risorse, nel rispetto di tutti gli esseri viventi che lo abitano.
Disdegniamo i totem della religione videotecnologica e recuperiamo la nostra vera natura umana.
«Non c'è umanità senza techne – ma non c'è techne che valga più della mia umanità»[76].
La soluzione quindi, a maggior ragione, non può che essere un'inversione di rotta del nostro modello creando un mondo in cui valori e obiettivi saranno completamente diversi rispetto a quelli del denaro, del consumismo e dell'apparenza. Il nuovo modello societario dovrà essere quello in cui chi vuole si potrà inserire in progetti che hanno come obiettivo principale la sussistenza, la salvaguardia della natura e degli esseri umani, il rispetto della persona e la realizzazione individuale.
Attraverso l'insegnamento di tecniche, conoscenze e mestieri artigianali si potrebbe poi donare alle persone un bagaglio di informazioni utili da riportare nei propri paesi che permetta loro di avere nella propria terra una vita dignitosa, facendo in modo che in futuro gli spostamenti internazionali si verifichino perché si ha il desiderio di visitare altri paesi e non perché si è costretti dalla miseria, dalla guerra o perché si rimane abbagliati dalle luci del nostro casinò mediatico ed economico.
Allo stesso tempo andrebbero attuate politiche di supporto dei cosiddetti

paesi poveri (del Sud ma anche dell'Est del mondo) esclusivamente in vista di una loro sussistenza e autonomia. L'entrata di questi paesi nel mercato mondiale è il modo migliore per distruggerli completamente e renderli legati a doppio nodo (sempre scorsoio) ai sistemi produttivi occidentali. Mediante le monocolture e relative esportazioni imposte, questi paesi diventano ostaggi di prezzi ed economie determinate dalle nazioni ricche e finiscono per indebitarsi in una spirale senza fine[77].

Il disagio giovanile: droga e alcol

I ragazzi occidentali hanno oggi ben poche occasioni di provare una vera gioia di vivere, motivata da ragioni profonde e di un certo spessore filosofico e psicologico. I giovani immigrati che arrivano in questa babele cosa possono imparare dai loro coetanei autoctoni?

I dati sulla diffusione di droghe e alcol e sull'ampiezza del fenomeno di utilizzo di psicofarmaci a uso "ricreativo" (o antidepressivo) sono a dir poco allarmanti. Forse è il caso di affermare in uno slang giovanile che il numero di "sconvolti" in circolazione è così "sconvolgente" che origina una società "sconvolta" in ogni senso e in ogni ambito.

Secondo un documento del centro studi *Prevo.Lab* di Milano pubblicato in collaborazione con l'ASL e con la Regione Lombardia, nel 2012 in Italia, i consumatori di droghe "da discoteca" arriveranno a 1 milione, 700.000 snifferanno cocaina e 250.000 utilizzeranno ecstasy e altre amfetamine. Gli eroinomani nel triennio 2009-2012 saranno 160.000, ossia il 40% in più rispetto a ora. La diffusione di marijuana e hashish riguarderà invece 5-6 milioni di italiani[78].

La percentuale di popolazione italiana che beve alcol quotidianamente in quantità non moderate è del 9,4% circa. La popolazione maschile con età compresa tra i 18 e i 24 anni che pratica il *binge drinking* (abbuffate di alcol fino all'ubriacatura) è del 22,1% (per le femmine è del 16,9%). Gli incidenti automobilistici mortali correlati all'uso di alcol sono il 30% del totale[79].

Il livello di disperazione e alienazione in questa società è dunque altissimo, e tanto più tra le giovani generazioni.

È ormai appurato e sotto gli occhi di tutti che una società fondata sull'arrivismo, sul puro benessere materiale e sull'esposizione mercenaria del proprio corpo ha un impatto rovinoso sui giovani che si ritrovano spesso sperduti in un deserto di valori dove anche le speranze lecite dell'età divengono miraggi irraggiungibili.

Alcune ricerche mediche sentenziano che nei prossimi vent'anni la malattia più diffusa sarà la depressione. Già oggi è la prima causa di disfunzionalità nei soggetti di età compresa tra i 14 e i 44 anni, precedendo patologie come le malattie cardiovascolari e i tumori[80]. Secondo l'OMS, entro il 2020 essa diventerà la patologia più diffusa a livello mondiale per tutte le età e per entrambi i sessi[81]. Ma non vivevamo nel migliore dei mondi possibili? Non ci mostrano costantemente un susseguirsi di feste sui panfili, gente che balla sui cubi e corse sfrenate in automobile che finiscono con champagne a profusione?

Rispetto ai dati allarmanti che si registrano sulle abitudini autodistruttive degli adolescenti e dei giovani in generale c'è grande preoccupazione. Tuttavia, non si riesce ad andare oltre lo strepitio retorico di qualche politico o la disperazione della singola famiglia colpita da una purtroppo sempre più ricorrente disgrazia, ossia la morte di un proprio figlio o figlia a causa di un incidente d'auto dopo una folle notte di droghe, alcol e discoteche.

Attualmente, in generale, non ci pare di ravvisare nella nostra società un soggetto politico o istituzionale che manifesti serie intenzioni di porre rimedio alla situazione andando alla radice delle cause del disagio giovanile. Disagio che, peraltro, onestamente, è più che comprensibile.

Come si fa infatti a non ubriacarsi o assumere stupefacenti in un ambiente spesso completamente artificiale, che non è per nulla stimolante, in cui la comunità è assente, dove ognuno combatte la sua lotta per la vita completamente solo, senza prospettive, dove si lavora solo per guadagnare senza alcun interesse o voglia di crescita che non sia quella economica?

Se *davvero* vogliamo *cambiare* la situazione, queste parole assumono una valenza insostituibile.

Un'organizzazione sociale dove l'arrivismo, l'ostentazione, l'apparenza e la competizione sono la legge dominante genera un contesto dove è assai probabile che l'alienazione che ne deriva sfoci poi in comportamenti autodistruttivi. E la repressione, per quanto pesante possa essere, non servirà di certo a migliorare la situazione.

Chi dovrebbe allora risolverla? Le istituzioni, la Chiesa, gli sponsor? Lo hanno fatto fino ad ora?

O forse possono riuscirci le persone se si mettono assieme con le loro capacità e qualità, e in base alle loro esigenze si aiutano reciprocamente,

creano realtà diverse dove i figli possono inserirsi e non essere preda di noia, disperazione e disagio?
Se nella scala dei valori, il vestito firmato è l'obiettivo principale a cui tendere, che tipo di persone verranno formate nelle nostre società? Con quali prospettive?
Solo qualcuno più motivato degli altri o supportato dal proprio ambiente relazionale riuscirà forse in qualche modo a superare le difficoltà più gravi come alcolismo e assunzione di droghe. Ma anche costoro finiranno per integrarsi comunque nel grande circo di trapezisti senza rete del consumismo e della competizione.
Ci si chiede (e non crediamo retoricamente) dove stia il bello nel collassare, nell'ubriacarsi fino ad andare in coma, nello stare male, nell'agire con incoscienza, quando di fronte a noi, volendo, abbiamo una vita meravigliosa da esperire con tutte le opportunità che ne derivano.
E quando si parla di opportunità non ci si riferisce di certo a diventare un "tronista" famoso o la escort di presidenti istituzionali vari, ma di opportunità di crescita interiore e morale (queste sì), ossia del riuscire a dare alla propria esistenza quel senso e quella pienezza che dà la soddisfazione di non stare sprecando la propria vita e invece di stare facendo qualcosa di utile e bello per se stessi e gli altri.
Purtroppo, invece, oggi quando si parla di opportunità, se non si parla di diventare una star della televisione, si parla della carriera, ossia se si diventerà dottori di successo, professionisti o manager che guadagnano molto denaro, persone con una posizione. Persone che, come sappiamo, sono le stesse che ad esempio figurano tra i maggiori consumatori di cocaina. Persone "felici". Un sorriso un po' stirato, ma pur sempre un sorriso.
La realizzazione di un individuo non è una targhetta sulla porta, ma essa sta bensì nel compimento delle sue attitudini e qualità umane, a prescindere dal successo economico o dall'occupare un posto riconosciuto in società.
La vera capacità di vivere bene sta infatti nel capire cosa vogliamo profondamente e realizzarlo; per fare questo c'è bisogno di estrema lucidità e stimoli giusti, altrimenti l'esistenza sarà una dipendenza continua dai vari tipi di droghe, dallo shopping, dallo stadio, dalle telenovelas o dalle altre persone che vivono intorno a noi e nelle quali cerchiamo sicurezza.

La Grande Sorella

«Trovo che la televisione sia molto educativa. Ogni qualvolta qualcuno l'accende, vado in un'altra stanza e leggo un libro».
- Groucho Marx

Sicuramente su questa situazione di sofferenza e deviazione di massa ha influito moltissimo il prototipo per eccellenza della propaganda consumistica ossia la televisione. Fare oggi un'analisi sociale senza parlare o addirittura porre in primo piano la Grande Sorella è fuorviante.

I dati di permanenza di bambini e ragazzi davanti a schermi televisivi e/o a media elettronici sono impressionanti, sebbene nessuno tra gli esponenti delle varie istituzioni statali o delle associazioni mediche osi alzare il dito accusatorio contro qualcuno o qualcosa. La situazione è accettata come un dato di fatto irreversibile, come se non possa essere altrimenti che così: una società sintonizzata sui temi di massima pruriginosità e violenza che sono il livello più basso di coscienza.

Come dice acutamente George Gilder, un esperto di media e reti informatiche «La televisione [...] è un sistema di trasmissione che si fonda sull'idea che tutti gli esseri umani siano essenzialmente simili [...]. La tv non vuole riconoscere la rigogliosa diversità dei suoi utenti. La gente fa migliaia di lavori differenti, ha hobby variegati, legge centinaia di migliaia di differenti pubblicazioni. La tv ignora la realtà che gli esseri umani non sono patate lesse, ma reagiscono ai messaggi e interagiscono. Naturalmente la televisione, puntando a raggiungere il bersaglio al suo più basso denominatore comune, peggiora sempre di più ogni anno. [...] La tv morirà perché offende la vera natura umana: la tendenza verso l'automiglioramento e l'autonomia»[82].

Lo speriamo vivamente, ma nel frattempo siamo tuttavia costretti a subirne le conseguenze.

Alcuni dati per fare chiarezza:

- sei miliardi di euro l'anno vengono spesi per reclamizzare in tv cibo, snack e abbigliamento[83];
- tra il 1994 e il 2000 la presenza dei ragazzini nella pubblicità televisiva è triplicata;
- l'81,6% dei 12 e 13enni italiani afferma di acquistare o di farsi acquistare oggetti e alimenti visti nella pubblicità televisiva[84];
- il 58,7% dei 12-14enni dichiara di farsi influenzare dalla tv e di desiderare le cose che vede nella pubblicità televisiva[85].

Inoltre:
- in tv si ascoltano urla e insulti ogni 5 minuti
- ogni 9 minuti minacce
- ogni 20 minuti parolacce
- ogni 7 minuti in tv si vedono armi
- ogni 11 minuti atti violenti
- ogni 15 minuti scene di guerra
- ogni 18 minuti ferimenti
- ogni 20 minuti esplosioni
- ogni 35 minuti omicidi[86].

E ancora:
- un bimbo su 6 non riesce a esprimere parole compiute prima dei 3 anni a causa della tv e dello stress[87];
- secondo dati ISTAT il 96% dei bambini in età prescolare guarda la tv e il 91% lo fa tutti i giorni;
- l'Autorità francese, che è intervenuta sul tema il 22 luglio 2008, ha espresso un parere rigoroso sul tema. Nelle sue raccomandazioni finali ha sentenziato che «il consumo di immagini tv mette a rischio lo sviluppo dei processi di pensiero e di immaginazione», mentre favorisce «la passività e il ritardo nel linguaggio, il turbamento del sonno e della concentrazione».

E questi sono solo alcuni assaggi di una situazione che va peggiorando di anno in anno.
Gli studiosi dei mass media hanno confermato ormai da alcuni decenni che la televisione è un elemento di socializzazione in competizione con i fattori tradizionali della stessa quali la famiglia, la scuola, la chiesa e il gruppo di pari. Addirittura alcuni sociologi propendono per la predominanza di essa su tutti gli altri.
In effetti la tv è oggi la principale narratrice dei fatti della vita e del mondo. I bambini, in particolare, acquisiscono attraverso di essa informazioni e panoramiche sugli eventi più disparati dell'esistenza prima ancora di poterli pienamente comprendere e interpretare. Questa assimilazione passiva, ed eccessivamente precoce, crea anche aspettative precise rispetto agli avvenimenti futuri nonché stereotipi, realizzabili difficilmente nell'esistenza reale. Questa stessa esposizione al mondo adulto, erotico e violento televisivo porta quindi da una parte a quella che il critico delle comunicazioni statunitense Neil Postman ha definito "la scomparsa dell'infanzia" e in secondo luogo alla formazione di una futura umanità delusa dalla vita reale

e proiettata invece nella vita televisiva, unico luogo inesistente in cui è possibile ritrovare un senso all'esistere.
Questa trasposizione dal mondo materiale a quello elettronico è paragonabile all'estraniazione magica che si può provare sotto gli effetti di uno stupefacente di "buona qualità". Solitamente in questa situazione un adulto è quasi sempre consapevole di essere in uno stato alterato di coscienza sebbene controlli sempre meno il desiderio di ricorrervi quanto più spesso è possibile. Un bambino invece assomma a quest'ultima dipendenza anche la confusione tra quello che è veramente reale e quello che avviene solo nella mente di sceneggiatori e conduttori televisivi e che nella realtà proprio non esiste.
Se tutto ciò può sembrare esagerato si possono qui riportare alcuni conti che chiunque può fare.
Un bambino in età prescolare (da due a sei anni) che ha passato un quarto della sua giornata (a volte ne passano di più) a guardare la tv avrà passato almeno 5000 ore davanti a immagini di un improbabile mondo virtuale. Per un bambino che non l'avrà fatto queste stesse 5000 ore saranno tutte zeppe di altre attività cognitive. E, come qualsiasi educatore sa, non si può obiettare che questa non sia una differenza sostanziale, qualsiasi siano i programmi televisivi visti.
Ossia: «Il principale pericolo dello schermo televisivo non sta tanto in quello che esso fa fare (benché anche lì vi sia un pericolo) quanto in quello che impedisce di fare: i discorsi, i giochi, le festività e le discussioni familiari attraverso le quali avviene gran parte dell'apprendimento del bambino e si forma il suo carattere»[88]. Alcuni studiosi si spingono a spiegare l'esplosione statunitense della cultura delle droghe degli anni Sessanta con l'indigestione di tv dei ragazzini degli anni Cinquanta. Il distacco dalla realtà che caratterizza lo stato mentale delle due situazioni è infatti simile.
Il fatto che alcuni oppongano a questa visione la motivazione che la tv comunque aiuta i bambini a divenire più svegli e furbi che non un tempo, da un punto di vista pedagogico non regge. Essere smaliziati ed essere maturi non è esattamente la stessa cosa.
Bisogna poi trasferire l'attenzione dal cosa guardano i bambini al perché e al quanto guardano e al cosa stanno perdendo in conseguenza di questo.
Pretendere che tutte queste ore passate davanti alla baby-sitter elettronica non abbia conseguenze sulla vita sociale dei bimbi è veramente illusorio. Uno studio messo a punto in California all'inizio degli anni Novanta aveva appurato che il tempo massimo di attenzione consecutiva dei bambini delle

scuole elementari era di 7 minuti, ossia esattamente il tempo degli spot pubblicitari televisivi. Elaborare programmi educativi di un certo spessore con questi ritmi è davvero un'impresa eroica.
I bimbi rappresentano la più vasta audience televisiva rispetto alle altre classi di età. Essi sono i futuri adulti della nostra società. Se la percezione della realtà che essi hanno è deformata, la società che costruiranno ne sarà lo specchio. Vanno quindi messi a punto accorgimenti per proteggere i bambini da un'eccessiva esposizione a questo tipo di manipolazione mentale. Se questo può oggi sembrare un'affermazione estrema si può ricordare che in tempi in cui il comune buon senso non rientrava ancora tra le specie in via d'estinzione questa visione era un sentire comune e diffuso nella società.. Negli anni Cinquanta, in Italia e Gran Bretagna era stato proposto di inserire un'ora di silenzio dopo i programmi per bambini per disincentivarne la permanenza prolungata davanti alla tv.
Il fatto che il business non si possa permettere la perdita di una così vasta fetta di telespettatori ha probabilmente impedito un'evoluzione in questo senso. A ciò si deve affiancare la circostanza per cui, purtroppo, ai genitori fa comodo parcheggiare i bimbi davanti alla tv, perché questo permette loro di svolgere alcuni lavori in modo più tranquillo, oltre che rappresentare una facile e sicura soluzione alle crescenti difficoltà che essi incontrano nel prendersi cura dei bambini stessi.
Nel 2002, effettivamente, si è portato a termine un codice di autoregolamentazione per le emittenti radiotelevisive che mira a tutelare i giovani telespettatori risparmiando loro violenza e affini. Ma come tutti possono vedere in gran parte non viene rispettato. E comunque il nocciolo della questione, per quanto possa parere strano, non è la qualità di ciò che viene visto (seppur sia confermato che la visione ripetuta di atti di violenza condizioni comportamenti conseguenti nei bambini) ma più che altro la quantità di esposizione al "mezzo".
Come dice Postman: «[...] in ogni strumento è insito un pregiudizio ideologico, una predisposizione a costruire il mondo in un modo piuttosto che in un altro, a sopravvalutare una cosa rispetto a un'altra, a magnificare le proprie percezioni, le proprie capacità o atteggiamenti a svantaggio di altri. Il famoso aforisma di Marshall McLuhan, "Il medium è il messaggio", voleva dire proprio questo»[89]. E il mondo che vediamo uscire dalla tv è proprio quello che vogliamo per i nostri bambini?
È palese che la televisione non è per niente strutturata in modo da dare informazioni circa il mondo reale, ma che si propone essenzialmente come

obiettivo primario (se non unico oltre quello della manipolazione politica) quello di vendere merci. Possiamo quindi facilmente arguire che la tv è un mezzo di mercato e i valori che diffonde sono quelli commerciali.
Ecco un esempio lampante: «Fondamentalmente, il mestiere di TF1 [TeleFrance 1] è, ad esempio, aiutare la Coca-Cola a vendere il suo prodotto. Per far sì che un messaggio pubblicitario sia percepito, è necessario che il cervello del telespettatore sia disponibile. La vocazione delle nostre trasmissioni è proprio quella di creare tale disponibilità: facendo divertire il telespettatore, rilassandolo e preparandolo nello spazio tra due messaggi. Ciò che vendiamo alla Coca-Cola è tempo di cervello umano disponibile»[90].
Tali "valori" sono quelli che si stanziano poi nelle menti dei piccoli futuri cittadini del pianeta insieme a una concezione fortemente aggressiva della vita e a una sessualità immaginifica o chimerica. Facciamo in modo che questo non possa continuare nella nostra totale indifferenza. A cominciare da noi stessi e dalle nostre scelte di tutti i giorni. E non si dica mollemente che non è possibile o che è anacronistico. È solo una questione di consapevolezza di quello che iniettiamo nei cervelli dei nostri figli: «La maggior parte dei problemi di fronte ai quali si trovano i genitori non hanno a che fare direttamente con la tv stessa, ma col controllo esercitato su di essa. [...] Una soluzione immediata e a portata di mano ci sarebbe, ma sembra che molti non ci hanno mai pensato: spegnere il televisore. [...] Essi in realtà non vogliono risolvere il problema. [...] Permettete alla vostra bambina di tre anni di andare in giro con un coltello affilato? Le permettete di attraversare la strada da sola? [...] evidentemente il bambino capisce quando dite fermamente una cosa»[91].
E spegnere non sarebbe poi una gran brutta idea nemmeno per gli adulti. Le statistiche ci dicono che in media passiamo davanti alla tv dagli 11 ai 14 anni della nostra vita, complici i divani che il "vivere civile" ha posto in ogni casa. Ma grazie al cielo in quei 14 anni c'è chi fa tantissime altre cose. E poi dicono che la tv fa comunque conoscere il mondo. In 14 anni il mondo si può conoscere "dal vero", viaggiando, parlando, toccando, annusando, tutt'altra cosa rispetto a passare 14 anni nel salotto di famiglia a "voyeurizzare" la realtà degli altri con la scusa di farsi una cultura. Ma purtroppo siamo arrivati al punto in cui confondiamo cultura e informazione spazzatura. La vera cultura non è accumulo di informazioni dalla tv, dai nostri pc o da Internet. La vera cultura esiste alla condizione di interrogarsi sul senso dell'esistenza e di mettersi al servizio e alla ricerca dei valori che costituiscono il significato della vita umana sul pianeta e nella società.

Insomma, avvicinatevi, affrettatevi, c'è del vero là fuori! «"In diretta dalla realtà! Visitate questo strano mondo! Concedetevi il brivido del mondo reale!". [...] L'oggetto di antiquariato sembra già un oggetto reale per contrasto con gli oggetti industriali, ma non è che una prefigurazione del tempo in cui il minimo oggetto percepibile sarà prezioso quanto una reliquia egiziana»[92].

E ancora: «Quando migliaia di immagini si imprimono nel nostro profondo, nel nostro 'inconscio', e tutte portano lo stesso messaggio fondamentale, questo finisce per essere una componente determinante del nostro comportamento e delle nostre opinioni»[93]. Poi possiamo anche provare a fare politica, a costituire movimenti della società civile, a cercare/trovare lavoro, a stringere relazioni ecc. ma lo faremo sempre dai punti di vista e dalle prospettive che inconsciamente abbiamo fatto nostri[94].

Condensando in pochi punti il "delitto perfetto" della realtà da parte della tv[95] possiamo affermare:

- la tv, contrariamente a tutta l'"informazione" che ha la pretesa di dare, è il più influente mezzo di desensibilizzazione della coscienza degli esseri umani. Troppi stimoli contrapposti uguale zero coinvolgimento.
- Se non acquistiamo il controllo sulla tecnologia, parlare di democrazia è solo una illusione. L'innovazione tecnologica televisiva esercita sulla natura della nostra vita un condizionamento maggiore di quello mai raggiunto da qualsiasi leader o capo carismatico prima esistito. In questa ottica si capisce benissimo che il nostro voto elettorale significa ben poco.
- Il controllo del mezzo televisivo ci è impedito per la natura stessa della tecnologia che lo sottende, la quale richiede un elitismo di gestione e di potere. Sono infatti pochi quelli che si possono permettere di fondare e mandare avanti una rete televisiva, e sono pochi, anche in una tv di stato, coloro che tengono in mano le redini dei palinsesti delle onde tv. La televisione in sostanza è il peggior mezzo democratico che esista e anzi spinge verso il totalitarismo della società inducendo tra l'altro i suoi membri a credere il contrario. Il sogno di ogni dittatore del presente e del passato. Oggi quel dittatore l'abbiamo in casa. Speriamo che Internet offra possibilità di televisioni diverse. Se non verrà fermato prima o se il suo uso non degenererà in un semplice consumo sfrenato di volgari notiziole superficiali.
- La "realtà" della televisione va sostituendosi all'unica vera, per quanto sofferta, Realtà che è il mondo che ci circonda e nel quale siamo immersi. I giornali riportano le notizie date in tv, riprendono le polemiche nate

sullo schermo, commentano i fatti televisivi perdendo sempre più spesso il contatto con gli accadimenti del mondo reale. La virtualizzazione del mondo e la scomparsa da esso di quello che non compare in tv è l'unica realtà mutilata che ci rimane. I teleutenti sono trasportati ogni giorno in quel paradiso fittizio o inferno rosa che dir si voglia che è il mondo teletrasmesso oggi.

- La violenza, la competizione, il conflitto di sentimenti e la loro incarnazione in azioni sono più facilmente rappresentabili che non la serenità, la spiritualità, la disponibilità. Rendono di più, catturano il telespettatore con una serie infinita di accorgimenti tecnici studiati per non far cadere l'allarme dei suoi sensori che sarebbero terribilmente a riposo (per le imprese pubblicitarie!) nell'osservare rappresentazioni gaudenti di cooperazioni armoniose, sentimenti di concordia e di unità. Quelle vanno dipinte nei quadri fiabeschi del paradiso pubblicitario dei consumi (e adesso anche di quello politico) bombardando l'utente attonito al momento giusto con qualcosa di rassicurante e di distensivo cui egli possa poi ricollegare la propria serenità.
- La televisione produce dunque essenzialmente aggressività e come dice Karl Popper «la porta in case dove altrimenti violenza non ci sarebbe»[96]. L'assassinio, il crimine, non rappresentano più l'evento sensazionale, più unico che raro, ma diventano un aspetto normale del vivere quotidiano. Il quadro che ne esce è quello di una società educata alla violenza che si prepara a metterla in atto sempre più brutalmente.
- La televisione ci spinge alla passività dandoci l'illusione della partecipazione. Il nostro coinvolgimento televisivo è una grossa bolla di sapone come sa benissimo chi ha fatto un viaggio nella Turchia orientale e vede poi un documentario sulla stessa. La realtà che ci viene venduta è di plastica e senz'anima. E qui si parla di vendite in senso stretto e non figurato.
- Certe tecnologie vanno in un'unica direzione che non è possibile cambiare. La televisione non è riformabile perché come afferma Jerry Mander «i suoi problemi sono intrinseci alla stessa tecnologia nella stessa maniera in cui la violenza è intrinseca alle armi da fuoco»[97].
- Perché allora non rimettere in auge l'uso tribale ormai dimenticato del tabù? Una follia? Un'usanza selvaggia? Eppure i "sistemi tabuistici" delle culture antiche spesso non erano le organizzazioni oscuramente irrazionali che riteniamo fossero. Il loro scopo era quello di preservare l'equilibrio naturale in una data area e fissavano una volta per sempre quando il troppo

era troppo. Per avere conferma di esserci arrivati basta accendere la tv in qualsiasi momento: ci si troverà dentro quella omologante, asettica, impalpabile giornata elettronica televisiva, ben diversa da quella reale, personalizzata, odorosa e zeppa di vibrazioni concrete di ognuno di noi.

Ma guardiamo veramente negli occhi questi poveri disperati personaggi della tv, dello spettacolo o dei rotocalchi rosa, sempre in lotta l'uno con l'altro per apparire, per non essere dimenticati, sempre in lotta con la loro immagine, contro la cellulite, le rughe, l'età che avanza. Sempre alla ricerca di consenso e approvazione, come chiunque sia intrinsecamente debole e immaturo, e ha bisogno della continua approvazione degli altri, usando esclusivamente la sua seduzione e la sua apparenza.

Persone fragilissime e instabili, erette a modello a cui giovani e non, aspirano, in una gara di emulazione che crea effetti rovinosi, sia perché alla fine passa il concetto per cui solo apparendo si ha valore o si è in qualche modo considerati, sia perché chi non riesce ad aderire a quel modello o comunque non ha quelle sembianze, è destinato a essere emarginato, con la conseguenza dell'avvio di un circolo vizioso personale di disistima e frustrazione. In realtà, è palese che non importa essere belli, alti e biondi poiché ognuno ha qualità e capacità che lo differenziano dagli altri e su quelle si costruisce l'esistenza, non su di un gel per capelli, sul colore dei propri occhi o sulle fattezze del proprio lato b.

L'esempio più alto dell'apparenza eretta a sistema è proprio quello della politica italiana, dove non importa l'intelligenza, il valore, la capacità delle persone. Basta essere scaltri, piacenti e famosi in televisione. Basta essere vallette, veline, amici e amiche di questo o quel barone televisivo et voilà... le porte del governo e della politica si aprono magicamente. E dopo tutto questo teatrino ci vorrebbero ancora far credere che la politica istituzionale ha un senso?

Questa politica ha generato i mostri attuali e porta il paese solo alla inevitabile devastazione materiale e culturale.

Note al capitolo

61. Per una panoramica sui consumi, cifre e tematiche associate si veda Worldwatch Institute (a cura di), *State of the World 2004. Consumi*, Edizioni Ambiente, Milano, 2004.
62. Loc. cit.

63. Si vedano: Pallante, Maurizio, *La decrescita felice. La qualità della vita non dipende dal PIL*, Editori Riuniti, Roma, 2005; Pallante, Maurizio, *Ricchezza ecologica*, Manifestolibri, Roma, 2003; Pallante, Maurizio, *Un futuro senza luce*, Editori Riuniti, Roma, 2004; Pallante, Maurizio (a cura di), *Un programma politico per la decrescita*, Edizioni per la decrescita felice, Roma, 2008.
64. Pallante, Maurizio, *La decrescita felice*, cit., p. 112.
65. *Ibid.*, pp. 83-84.
66. Pallante, Maurizio, "Cara Delfina", undicesima lettera, in www.decrescitafelice.it, 8 agosto 2008.
67. Stime dell'Alto Commissariato delle Nazioni Unite per i Rifugiati (UNHCR), Dossier sui profughi ambientali a cura del Dipartimento Internazionale di Legambiente, dati aggiornati al 31 luglio 2009.
68. Il coltan è una miscela complessa di minerali (tantalite e columbite) che si trova in natura molto raramente. Viene utilizzato in quantità enormi nell'industria dei telefoni cellulari e dei computer. Il Congo e il Rwanda sono i paesi più ricchi al mondo di questo minerale e intorno alla sua estrazione e commercio paralegali ruotano diversi movimenti di guerriglia nei due paesi che concorrono a rinfocolare la guerra civile.
69. Nel 1997 l'Organizzazione mondiale della sanità ha formalmente riconosciuto l'obesità come un'epidemia globale. Nel 2005 l'OMS ha stimato che nel mondo ci sono circa 400 milioni di adulti obesi (il 9,8% della popolazione), cfr. World Health Organization, *Obesity and overweight*, retrieved, 8 aprile 2009. Anche in Italia si parla di un 9,8% della popolazione in condizioni di obesità e del 34,2% in sovrappeso. Cfr. ricerca a cura dell'ISTAT, *Condizioni di salute, fattori di rischio e ricorso ai servizi sanitari - Anno 2005*, ISTAT, Roma, 2 marzo 2007. Negli Stati Uniti invece l'obesità tra gli adulti supera il 25%, cfr. Centers of Disease Control, *U.S. Obesity Trends 1985-2008*, 8 luglio 2009.
70. Un altro esempio recente è quello di un'amministratrice di colore (Sandy Cane, ora sindaco di Viggiù in provincia di Varese) diventata tale grazie alla Lega. Se da una parte ciò viene strumentalizzato come dimostrazione di assenza di razzismo da parte di quella che è invece la componente più xenofoba della società italiana, dall'altro davvero dovrebbe farci meditare sui possibili sviluppi di un'immigrazione "regolarizzata" nel modello dominante.
71. Giono, Jean, *Lettera ai contadini sulla povertà e la pace*, Ponte alle Grazie, Milano, 2004, p. 48.
72. È illuminante in merito il documentario di Erik Gandini, *Videocracy*, 2009.
73. Basti vedere a questo riguardo le eccellenti analisi che sono state fatte sul Trattato costituzionale europeo bocciato nel 2005 con i referendum francese e olandese e sul cosiddetto Trattato di Lisbona, anch'esso bloccato dopo la bocciatura irlandese del giugno 2008. Questi trattati, di difficilissima lettura, sono chiaramente stati impostati per favorire i processi di liberalizzazione, privatizzazione dei servizi pubblici e ridefinizione del modello sociale europeo in funzione delle necessità gestionali e di concorrenzialità delle multinazionali europee. Basti pensare che il Trattato costituzionale europeo, presunto trattato di unione di popoli, non

riportava nemmeno una volta il termine "fratellanza". Conteneva però il termine "banca" 176 volte, "mercato" 88 volte, "liberalizzazione" o "liberale" 9 volte, "competizione" o "competitivo" 29 volte, "capitale" 23 volte. Nelle costituzioni nazionali dei paesi europei questi termini a volte nemmeno compaiono. Anche il Trattato di Lisbona è largamente basato sugli stessi concetti e contiene numerosi emendamenti al Trattato di Roma del 1957 che fondò la Comunità europea, al Trattato di Maastricht del 1992 che stabilì le regole economiche cui i singoli stati dovevano sottostare (nonché base dell'accordo sulla moneta unica europea) e altri 12 protocolli e ulteriori dichiarazioni. Cfr. Ciccaglione, Bruno, "Lavoro in Europa: sfide e opportunità", in *Guerre&Pace*, numero 152, Torino, s.d. ma 2010; Cassen, Bernard, "Trattato europeo, l'Unione dei capitali", in *Le monde diplomatique*, febbraio 2005.

74. Per una prima panoramica sul tema si veda Berti, Giampietro N., *Un'idea esagerata di libertà. Introduzione al pensiero anarchico*, Elèuthera, Milano, 1994.
75. Sekem è una comunità di più di duemila persone nel cuore del deserto del Sahara. Le persone residenti lavorano nell'ambito di sei imprese economiche che comprendono orticoltura, produzione di cotone, agricoltura, trasformazione di prodotti alimentari, industria tessile e produzione farmaceutica. Il tutto precisamente inserito in un percorso di produzione biologica e biodinamica. Col metodo biologico vengono anche coltivate erbe officinali che sono poi trasformate in fitopreparati. I profitti delle imprese sono in parte accantonati in un fondo pensione e in parte investiti nei settori dell'educazione e della cultura. A Sekem ci sono scuole materne ed elementari e una di formazione professionale che prepara operai specializzati. Vengono anche organizzati tirocini aziendali nelle diverse professioni e istituzioni socio-culturali per i collaboratori. E la religione islamica di molti aderenti non è affatto di ostacolo. Sono situazioni reali, esistono. Cfr. Abuleish, Ibrahim, *Sekem. Un'iniziativa biodinamica cambia il volto del deserto egiziano*, Editrice Antroposofica, Milano, 2007.
76. Bey, Hakim, *T.A.Z. Zone temporaneamente autonome*, ShaKe Edizioni, Milano, 1997, p. 80.
77. Ad esempio, l'associazione internazionale no-profit Slow Food ha avviato un progetto che prevede la realizzazione di mille orti da impiantare direttamente in 20 paesi africani entro il 2011. L'obiettivo è proprio salvaguardare la biodiversità locale, raggiungere la sovranità alimentare e arginare l'espansione delle monocolture.
78. Regione Lombardia - Famiglia e solidarietà sociale e ASL Milano - Dipartimento dipendenze, Prevo.Lab "Previsione dell'evoluzione dei fenomeni di abuso", *Bollettino previsionale 2012*, Laboratorio Previsionale 14-15 novembre 2009.
79. Per tutti questi e altri dati altrettanto significativi sul consumo di alcol nel nostro paese si veda: Ministero della Salute, Dipartimento della prevenzione e della comunicazione – Direzione generale della prevenzione sanitaria - Ufficio VII, Relazione del ministro della Salute al parlamento sugli interventi realizzati ai sensi della legge 30.03.2001, n. 125 "Legge quadro in materia di alcol e

problemi alcolcorrelati" anni 2007-2008, Roma, 16 dicembre 2009. Cfr. http://www.salute.gov.it/imgs/C_17_pubblicazioni_1180_allegato.pdf.

80. World Health Organization, *Multiaxial Classification of Child and Adolescent Disorders*, Cambridge, Cambridge University Press, 1996; trad. it. *Classificazione multiassiale dei disturbi psichiatrici del bambino e dell'adolescente*, Milano, Masson, 1997.
81. World Health Organization, "Depression", in http://www.who.int/mental_health/management/depression/definition/en/.
82. Gilder, George, *La vita dopo la televisione*, Castelvecchi, Roma, 1995, p. 9.
83. Dati di uno studio dell'Osservatorio sull'immagine dei minori in collaborazione con l'Università La Sapienza di Roma e l'Università di Bergamo, 2005. Cfr. Rota, Alessandra, "Spot senza freni, la tv cattiva maestra", in *La Repubblica*, 2 febbraio 2005, p. 25.
84. Secondo un'indagine della Società italiana di pediatria su 1200 adolescenti dai 12 ai 14 anni su campione nazionale, interviste di maggio e ottobre 2004, reperibile su http://www.agcom.it.
85. *Loc. cit.*
86. Cfr. lo studio dell'Osservatorio di cui sopra a cura di Maria D'Alessio dell'Università La Sapienza di Roma. Cfr. Rota, Alessandra, "Spot senza freni...", op. cit.
87. Si tratta di una ricerca realizzata da YouGov per la BBC. Cfr. Schiavazzi, Vera, "Un bimbo su sei non parla a 2 anni. Colpa della tv e dello stress", in *La Repubblica*, 20 gennaio 2010, p. 53.
88. Winn, Marie, *La droga televisiva*, Armando, Roma, 1978, p. 123.
89. Postman, Neil, *Technopoly. La resa della cultura alla tecnologia*, Bollati Boringhieri, Torino, 1993, p. 20.
90. Così il direttore di TF1, il più importante canale televisivo francese, in Le Lay, Patrick, *Les Dirigeants face au changement*, Les Editions du Huitième Jour, 2004, citato in Gruppo MARCUSE, *Miseria umana della pubblicità*, Elèuthera, Milano, 2006, p. 35.
91. Winn, Marie, *La droga televisiva*, cit., pp. 177-178.
92. Baudrillard, Jean, *Il delitto perfetto. La televisione ha ucciso la realtà?*, Raffaello Cortina Editore, Milano, 1996, p. 49.
93. Così Jacques Ellul citato in Porquet, Jean-Luc, *Jacques Ellul, l'uomo che aveva previsto (quasi) tutto*, Jaca Book, Milano, 2008, p. 167.
94. Per prendere coscienza di quello che un sistema televisivo può fare alla società e alla cultura di un'intera nazione si consiglia di visionare il già citato documentario di Erik Gandini, *Videocracy*, 2009.
95. Dal titolo di un libro di Jean Baudrillard, *Il delitto perfetto. La televisione ha ucciso la realtà?*, cit.
96. Popper, Karl e Condry, John, *Cattiva maestra televisione*, Reset, Milano, 1994, p. 20.
97. Mander, Jerry, *Quattro argomenti per eliminare la televisione*, Dedalo, Bari, 1982, p. 328.

Analisi filosofica

Perché cambiare?

Spesso si sente dire che cambiare è difficile, che non si può fare molto, che tanto non c'è speranza.
Noi crediamo, invece, che cambiare la realtà sia meno difficile di quanto si pensi. A volte basta volerlo. Perlomeno cambiare la propria di realtà, che poi è la prima e più importante cosa da fare se si vuole cambiare anche il resto.
Nel nostro paese si vive con un retaggio culturale per il quale fare del bene e, come si suol dire, "impegnarsi", è giusto, fa bene, soprattutto alla coscienza. Ecco perché, spesso, chi fa del bene o vuole appunto impegnarsi è poco tranquillo nelle scelte che fa o le attua in maniera poco convinta, come se dovesse fare uno sforzo, un sacrificio, qualcosa che si fa perché si deve, perché "è giusto".
Azioni come l'invio di sms per questo o quel progetto in Africa, o la partecipazione a un gruppo di volontariato e così via, sono tutte attività magari lodevoli, ma sempre più confinate alla buona volontà del momento, mentre il cambiamento dovrebbe essere reale, sentito, duraturo e di ampia visuale. Esso peraltro dovrebbe far parte della normalità, senza che abbia un manto di sacrificio, di rinuncia, di tensione, di sforzo, di fioretto.
Un reale, convinto, profondo ed efficace cambiamento si può realizzare se si ha come obiettivo il miglioramento della propria qualità della vita, che non significa solo un ambiente migliore ma un miglioramento complessivo delle proprie condizioni di esistenza e non ultimo degli aspetti relativi a un accrescimento "spirituale" della stessa. Non cambiare per qualcosa o qualcuno, ma perché si è convinti e si crede che si starà meglio, perché è la propria strada, perché è quello che si sente profondamente, perché lo si ama fare. Possiamo fare alcun esempi.

Attuo la raccolta differenziata, l'isolamento termico dell'abitazione o la riduzione dei miei consumi non solo perché così sarò un bravo ambientalista. Faccio queste scelte perché le conseguenze di questi miei atti saranno un maggiore comfort in casa, una diminuzione degli oggetti a cui dovrò badare, un effettivo risparmio di denaro e, a cascata, un minor bisogno di lavorare per procurarmelo. *Inoltre*, diminuirò certamente le emissioni inquinanti e avrò meno bisogno di materie prime che non voglio più rapinare alle genti di qualche paese cosiddetto povero. Insomma farò delle scelte che oltre che migliorare la qualità della mia vita andranno a influenzare e migliorare la qualità della vita degli altri. Tutto questo mi fa stare meglio e non lo vivo come un fioretto fatto in nome dell'ambiente o della cooperazione fra i popoli; aspetti degni di considerazione ma che diventano talvolta delle scusanti per altri reali intenti di fondo.

Non sarà un caso se sono ormai infinite le schiere di persone che si impegnavano per qualcosa di "giusto e lodevole" e che sono poi passate a situazioni di vita e di impegno completamente opposte, a lavorare o appoggiare chi contribuisce direttamente alla devastazione, limitandosi magari a fare dei sottili distinguo fra quello che credevano in passato e le scelte successive.

Il nostro dubbio è che forse, quando ci si impegnava per una "giusta" causa non era stato intrapreso questo passaggio di mentalità. Forse era solo soddisfare l'esigenza di sgravarsi in qualche modo la coscienza, fare del bene in maniera plateale, apparire, sentirsi i migliori agli occhi di se stessi o degli altri.

È invece importante valutare sempre l'intento profondo di un'azione, non la motivazione che viene addotta in superficie.

Pensiamo che qualsiasi cambiamento che non venga innescato dalla spinta di una profonda coscienza e desiderio di mutamento personale è potenzialmente foriero di conseguenze negative, e in qualsiasi momento ci si può trovare di fronte alla possibilità di abbandonare i propri nobili intenti. Avere realmente coscienza significa anche e soprattutto possedere una visione il più completa possibile di quelli che sono i nostri limiti e le nostre esigenze più vere.

Un'intensa trasformazione interiore rende immuni rispetto al richiamo delle sirene del paese della Cuccagna e alle risultanti proposte di mettersi in vendita al miglior offerente. Vendita del corpo, della mente o dell'Io.

Possiamo fare un altro esempio: perché fare il pane in casa è meglio che acquistarlo? Fare il pane in casa con le proprie mani significa riscoprire il piacere di fare qualcosa che ci nutre in prima persona. E poi si inquina di

meno, si perde meno tempo che andarlo a comprare, dura più giorni del plasticone omologato commerciale, non si hanno rifiuti, si risparmia denaro, non si ingeriscono sostanze chimiche, diminuisce il PIL, ma soprattutto farlo ci rende normalmente molto più contenti e realizzati che non comprarlo. Spesso, tuttavia, le persone che si dedicano a queste attività le sbandierano ai quattro venti come atti di eroismo. Dall'alto del loro impegno eco-culinario considerano espletato sino in fondo il proprio dovere. Questi atti sono cioè vissuti in molte "conversioni" posticce come uno sforzo considerevole e non per quello che sono, ossia azioni di vita normale, serena, quella che ci siamo dimenticati di vivere. Quando dobbiamo dimostrare qualcosa agli altri cadiamo nell'autoreferenzialità, come il bambino che esige gli elogi della mamma per quanto è stato bravo nel finire la minestra.
Il cambiamento, quindi, per essere tale, deve avere sempre se stessi come punto centrale di partenza. Questo atteggiamento non può essere accusato di egocentrismo perché in effetti, anche se può infastidire l'interpretazione corrente cattolica di impegno sociale e di dedizione all'altro, è ovvio che quando ci si preoccupa di se stessi per un concreto avanzamento nella qualità della vita in senso etico e filosofico (e non meramente economico o consumistico) è inevitabile che le scelte derivanti siano a favore anche del prossimo e del pianeta.
La questione, posta in questi termini, potrebbe dunque essere vista come un eccesso di individualismo. E potremmo essere d'accordo se la griglia concettuale entro cui si dovesse svolgere questo ritorno a un ritmo di vita più umano dovesse dipanarsi solo all'interno di una concezione meramente materialistica. La vicenda invece è diversa se pensiamo che il cambiamento materiale (organizzazione quotidiana, lavoro, orto, relazioni, alimentazione, autoproduzione, graduale distacco dal sistema liberistico ecc.) non è che uno strumento per un percorso di crescita a livello interiore, relazionale e culturale. Si potrebbe usare la parola "spirituale" se non dovessimo proteggerci poi da abusi e mutazioni di significato cui questo termine si presta in virtù dell'attribuzione di nuove accezioni istituzionalizzate che gli sono state appiccicate nel corso dei secoli.
La necessità di un mutamento di rotta della propria esistenza consumistica (o meglio, rispetto al consumo della propria esistenza) viene cioè secondo noi da un'esigenza interiore molto profonda che ha a che fare con le domande ultime sul senso della vita: che ci facciamo qui? Perché siamo nati? Cos'è che dona veramente la felicità? Perché esistono il male e la sofferenza sulla terra? Come possiamo ovviarvi? E via di seguito.

Queste sono domande che tutti prima o poi nel corso della propria esistenza si fanno. Esprimono appieno la condizione umana e il fatto che, non sia facile rispondervi, non giustifica la loro messa al bando. Anzi, ciò dovrebbe essere di stimolo per la nostra creatività e intelligenza. Di certo molto di più che non: come faccio a far saltare il collega perché voglio io la sua posizione in azienda?... Alla fine dell'esistenza, di fronte alla morte, crediamo sia difficile ricordare con orgoglio un simile "sgambetto" amichevole. Un individuo spregevole e disonesto di fronte a se stesso rimane sempre tale. Non esiste un tribunale più rigoroso della propria coscienza. Eppure il mondo ormai è zeppo di "bastardi dentro" come dice un noto comico. Anzi fa trend esserlo. La percezione è allora che si stia perdendo qualcosa di molto sottile ma vitale.

La progressione del consumo di farmaci e psicofarmaci, il tasso di cause civili nella società, il numero di "divisioni" a tutti i livelli della convivenza civile (separazioni ecc.), il tasso di suicidi, di tossicodipendenza varia (alcol, stupefacenti, gioco d'azzardo, video ecc.) e altri indicatori sociologici fanno propendere per una interpretazione non proprio ottimistica dello stato di felicità e serenità del cittadino medio occidentale oggi[98].

A fronte di uno sviluppo materiale vertiginoso le risposte dei lettori ai questionari sulla propria felicità che si leggono talvolta sulle riviste di psicologia, per quello che possono valere, lasciano tuttavia sempre stupiti. Come hanno affermato già secoli or sono antichi filosofi la serenità sta in uno stato dell'essere e non dell'avere[99]. E in virtù di una giustizia universale, le condizioni che permettono di raggiungere perlomeno lunghi momenti di serenità nel corso delle proprie esistenze tribolate sono raggiungibili da tutti e non comportano la necessità di investimenti in denaro o carriera.

Ci sono delle attività legate alla natura dell'essere umano che di per sé permettono di entrare in uno stato di maggiore vicinanza con l'universo, i suoi ritmi e i suoi variegati abitanti.

Camminare, coltivare, contemplare, relazionare con gli animali, confrontarsi con gli altri sui massimi sistemi, aiutarsi l'un l'altro, ridere, amare ed essere amati, fare arte sono alcune delle "attività" essenziali per il raggiungimento di uno stato accettabile di sofferenza misto a serenità secondo quello che ci è permesso su questo pianeta. Sono tutte azioni che non necessitano di un conto in banca né di raccomandazioni particolari. Il fatto che su questa terra tutto sia impermanente è una realtà oggettiva, che si sia credenti o no. Oggigiorno invece si vive come se i nostri corpi e le nostre esistenze fossero eterni. Siamo continuamente impegnati nel rimandare a un improbabile

futuro soluzioni individuali di esistenza tranquilla (la pensione?) o di cambiamento sociale (la rivoluzione?).
Se questo addolora e addormenta l'animo, di certo non fa nemmeno bene all'etica sociale e individuale. L'organizzazione collettiva dovrebbe essere invertita. Del tipo: la "pensione" adesso. Tempo libero per tutti da dedicare alle proprie attività artistiche e culturali e alla contemplazione e comprensione dell'esistente. Il noto "lavorare per Vivere" al posto del "vivere per Lavorare".
Una società con questi valori in testa alla classifica delle sue priorità sicuramente permetterebbe una condivisione delle risorse materiali ed energetiche a livello planetario più equanime. La percezione e la consapevolezza di un destino comune sarebbe di ovvio aiuto nella risoluzione dei conflitti tra gruppi umani (popoli, classi ecc.).
Quando di fronte a queste analisi si viene liquidati con la parola "utopisti" si nota in effetti una contraddizione. La vera utopia ci pare sia quella di continuare a credere che la mercificazione di tutti gli aspetti dell'esistenza e lo sfruttamento planetario lascino spazio per un possibile qualsiasi futuro. E gli studi sul cambiamento climatico e la situazione critica a livello ambientale sono qui a dimostrarlo. Chi sono allora i veri utopisti?
Quello che ci è richiesto è un salto etico-interiore individuale prima e collettivo poi. Il primo lo possiamo fare subito, almeno nell'intenzione. Poi, nei mesi e anni successivi, adatteremo la nostra esistenza ai nuovi valori che abbiamo voluto abbracciare in vista di una conversione dell'esistente proficua e gioiosa. Questa è l'unica motivazione che ha un valore. In ultima analisi, si tratta dell'amore: di vivere, di fare quello che ci piace fare, di condividere, di gioire insieme agli altri ecc. È tutto dentro di noi.
Invece la rincorsa all'identificazione con qualcosa di esterno porta alla delusione e alla sofferenza.
Come ha sottilmente notato J. Krishnamurti:

> «Si può vivere al mondo senza desiderare il potere, senza voler attingere una posizione, un'autorità? Senza dubbio, si può. E lo si fa quando non ci si identifica con qualche cosa di più grande. Quest'identificazione con qualcosa di più grande di noi – un partito, un paese, una razza, una religione, Dio – è perseguimento del potere»[100].

Ma se da un lato vogliamo evitare le trappole del potere, dall'altro spesso vogliamo combatterlo sostenuti da tutto un retaggio storico di buone intenzioni. I risultati sono però sotto i nostri occhi: non dobbiamo "dicotomizzare" brutalmente la realtà. Nell'opporsi a un qualcosa c'è un intrinseco riconoscimento. Questo riconoscimento dà forza al nostro antagonista anziché togliergliela.

Il mantenersi al di fuori della coppia di opposti (dentro il sistema, contro il sistema) può essere la terza via che ci libera, prima individualmente e poi collettivamente[101].

Mantenersi al di fuori significa creare una propria realtà (economica, sociale, familiare, professionale ecc.) "altra".

Non aspettiamo un'improbabile futuro per vedere un mondo leggermente migliore. Quel mondo nasce adesso, dalle nostre azioni di tutti i giorni. «Il passato esiste solo nella nostra memoria, il futuro solo nei nostri progetti. Il presente è la nostra unica realtà»[102].

Infine un'ultima citazione su cui riflettere: «La vita non è feconda né ricca di emozioni se non risponde a questa sensazione dell'ideale. Se agite in modo opposto, sentirete la vostra vita sdoppiarsi. Disubbidite al vostro ideale e finirete col paralizzare la vostra volontà, la vostra forza d'azione, e presto non ritroverete più quella spontaneità di decisione che una volta vi era familiare. Sarete degli esseri divisi»[103].

Note al capitolo

98. Basti ricordare che secondo i dati riportati dalla psicoterapeuta americana Harriet Fraad (nota radicale femminista fondatrice della rivista *Rethinking Marxism*) nel 2006 la popolazione degli Stati Uniti (la popolazione più ricca per eccellenza) che rappresentava circa il 6% della popolazione mondiale, consumava il 66% dell'offerta di antidepressivi del mondo. Fraad, Harriet, "American depression", in *Tikkun Magazine*, gennaio-febbraio 2010.
99. Il filosofo greco Epicuro già nel III secolo a.C. affermava che solo il circondarsi di beni immortali allontana l'uomo dalla sua mortalità.
100. Krishnamurti, Jiddu, *La prima ed ultima libertà*, Astrolabio-Ubaldini, Roma, 1969, p. 86.
101. Watzlawick, Paul (a cura di), *La realtà inventata*, Feltrinelli, Milano, 1988, p. 151.
102. Pirsig, Robert, *Lo zen e l'arte della manutenzione della motocicletta*, Adelphi, Milano, 1984, p. 242.
103. Kropotkin, Pëtr A., *La morale anarchica*, Stampa Alternativa, Roma, 1999, p. 51.

La situazione sanitaria

Si sentono spesso voci del coro dominante che idolatrano i magnifici risultati raggiunti dalla medicina scientifica negli ultimi decenni. La speranza di vita si dice ampliata, la durata media dell'esistenza quindi prolungata, le diagnosi sempre più precoci, i medicinali debordanti, la vecchiaia rintuzzata e riplastificata quanto basta per sembrare tutti giovani affascinanti in carriera Ma quanti di questi dati e affermazioni corrispondano alla realtà e rispecchino una situazione concreta non è dato di sapere nell'immediato. I media ufficiali non aiutano. O meglio, il dubbio viene immediatamente quando ci si guarda attorno nel proprio quotidiano, facendo un confronto con quella che era la situazione sanitaria di qualche decennio fa. Se poi si scorre qualche dato reperito con qualche piccola fatica il dubbio diventa certezza.
Negli Usa, gli statunitensi spendono attualmente 200 miliardi di dollari all'anno in medicinali prescritti. L'aumento annuo in questo ambito è del 12%[104]. La salute rappresenta il comparto economico più importante del mercato statunitense. Ma l'Italia non è da meno. Nel nostro paese nel 2005 si sono spesi circa 125 miliardi di euro per la salute[105].
Eppure Silvio Garattini, una delle figure più autorevoli del sistema sanitario nazionale[106], ha dichiarato nel 2005 in una intervista al *Messaggero* che su 8.500 farmaci in commercio nel nostro paese solo 100 sono efficaci[107].
E se ai farmaci inutili (e spesso nocivi) aggiungiamo le non-malattie abilmente create da mass media e multinazionali farmaceutiche, e la medicalizzazione forzata e galoppante della quotidianità che ne deriva, abbiamo il quadro complessivo entro cui si muove l'uomo occidentale oggi. Come diceva già Ivan Illich alcuni decenni fa, e come confermano oggi eminenti medici e studiosi dei sistemi sanitari, la medicina è in pratica divenuta la principale minaccia alla salute degli esseri umani[108]. Tre sono

le forme di iatrogenesi[109] che possiamo riscontrare abitualmente: clinica, sociale, culturale. Gli individui sono privati o demotivati rispetto al controllo della propria salute e originano una dipendenza interiore dallo sviluppo di mezzi tecnologici diagnostici e curativi sempre più sofisticati e perlopiù inefficaci se non nocivi per loro stessi e per l'ambiente.
Se ci si guarda attorno si vedono solo persone malate di qualcosa. Così come previsto dal marketing farmaceutico di questi ultimi tre decenni.
Le allergie sono in costante crescita a ogni età, così come le patologie degenerative (diabete, cancro ecc.). Gli anziani soffrono sempre più spesso di malattie mentali (morbo di Alzheimer, demenza senile ecc.) e finiscono i loro giorni nelle case di riposo. Lunghe vite all'insegna della disperazione e della solitudine.
C'è una sete inestinguibile di medicalizzare, patologicizzare e terapeutizzare qualsiasi aspetto dell'esistenza, anche di quelli che fino a poco tempo fa si riteneva entrassero in altre categorie di pensiero come la religione, la filosofia, la morale, la sessualità, il piacere di vivere, l'alimentazione, la disobbedienza civile.
Il meccanismo pubblicitario-farmaceutico tende a convincere ("educare") le persone di essere malate e di aver bisogno dei servizi specialistici forniti dall'assistenza sanitaria e ospedaliera. I confini tra malattia e salute vengono abilmente confusi, la definizione di malattia e trattamento sono in ultima analisi affidate ai politici che le fissano in leggi e regolamenti sanitari *ad hoc*. Le persone abilitate a esercitare la medicina sono tali solo in virtù del riconoscimento dello Stato, che fissa anche quali farmaci sono regolarmente considerati tali e quali condanne si rischia in caso di non ottemperanza dei comportamenti previsti.
I danni iatrogeni che derivano dall'attuale organizzazione del marketing farmaceutico sono in effetti stati descritti a partire dagli anni Settanta del secolo scorso. Senza escludere i vari Ivan Illich, Thomas McKeown ecc. del recente passato possiamo ad esempio avere numerosi dati in questo senso dagli studi poderosi di odierni esponenti autorevoli della medicina ufficiale come Thomas Szsaz[110] e Marcia Angell[111]. Quest'ultima, ad esempio, afferma chiaramente che «la maggior parte delle ricerche cliniche sui farmaci sono finanziate dalle aziende che li fabbricano. Di per sé la sponsorizzazione dell'industria non indica che la ricerca sia truccata, ma che le case farmaceutiche oggi esercitano un controllo considerevole sul modo in cui la ricerca viene condotta e riferita, cosa che in precedenza non accadeva. Fino agli anni Ottanta, i ricercatori erano largamente indipendenti

dalle aziende che finanziavano il loro lavoro. Le case farmaceutiche davano una sovvenzione a un centro di medicina universitaria, poi si mettevano da parte e aspettavano che i ricercatori della facoltà rendessero noti i risultati. Speravano che il loro prodotto risultasse efficace, ma non potevano averne la certezza. Di sicuro non cercavano di indicare ai ricercatori il modo in cui dovevano condurre i loro trial clinici. Oggi, invece, le aziende sono coinvolte in ogni dettaglio della ricerca, dalla progettazione dello studio all'analisi dei dati, fino alla decisione se pubblicare o meno i risultati. Questo coinvolgimento ha reso non solo possibili, ma estremamente probabili, i trucchi. I ricercatori non controllano più i trial: lo fanno gli sponsor»[112].

La cosiddetta "ricerca", di cui tanto si sbandiera la necessità e l'autorevolezza, è insomma strumentalizzata brutalmente e palesemente. Ma non è l'unico aspetto deprimente della vicenda. Il marketing travestito da studio scientifico, i giochi di brevetto, l'infiltrazione delle multinazionali farmaceutiche negli istituti nazionali preposti al controllo e all'approvazione dei farmaci, i loro contributi generosi alla "persona giusta nel posto giusto" per oliare il sistema, la formazione medica pilotata (più che formare si potrebbe dire plasmare) sono le altre chiavi che, più che aprire, scardinano completamente la porta della sanità verso la più totale libertà di manipolazione da parte dei poteri forti che operano in questo ambito: case farmaceutiche ed enti di controllo corrotti.

Si rimanda comunque ai testi degli autori citati poco sopra che rimangono di indiscutibile affidabilità e con tutte le credenziali in regola per gli eventuali scettici che volessero approfondire il tema. Quel che preme qui sottolineare è che persino il concetto di autogestione della salute sembra essersi ormai ridotto a un'idea pericolosa e "rivoluzionaria" che le istituzioni sanitarie e gli Ordini dei medici aborrono.

Come diceva già Illich «La nemesi medica resiste ai rimedi medici. Può essere rovesciata solo con un recupero, da parte dei profani, di farsi carico di se stessi, e attraverso il riconoscimento giuridico, politico e istituzionale di questo diritto di salvaguardarsi, che stabilisce dei confini al monopolio professionale dei medici»[113].

Necessita quindi operare in prima persona per la conquista della propria libertà di scelta terapeutica e per l'autogestione della salute. Solo ognuno di noi può stabilire cosa sia meglio per se stesso e quale sia il concetto di salute che gli interessa fare proprio. Rispetto a ciò, sempre più autori coscienziosi sottolineano la confusione che viene abitualmente fatta tra malattia e malessere. Questa mancanza di chiarezza in merito a questi due termini

favorisce la medicalizzazione galoppante della società e dei comportamenti dei pazienti-cittadini. Secondo D. Jenning circa la metà dei pazienti consulta i medici di base per motivi maggiormente legati a un malessere esistenziale o psicoemotivo che non per patologie vere e proprie[114]. Da questi ricevono invece medicine (naturali o meno che siano) per malattie praticamente inesistenti o non ancora tali a pieno titolo.
Ma nessuno ha il diritto di imporre le sue medicine ad altri e tanto meno le sue credenze, siano pur considerate "scientifiche". Si tenga presente che, per quanto possa parere strano, i mezzi clinici disponibili, il numero di letti nell'ospedale delle nostre città o la densità di medici praticanti per numero di abitanti non sono indicatori del miglioramento della salute e della speranza di vita o della riduzione della morbosità[115].
E se nell'attuale organizzazione sanitaria non c'è spazio per la libertà di scelta terapeutica, per il diritto a una salute migliore e autogestita... beh, facciamocelo.

Note al capitolo

104. Angell, Marcia, *Farma&Co. Industria farmaceutica: storie straordinarie di ordinaria corruzione*, Il Saggiatore, Milano, 2006, p. 19. Si noti che questa cifra, pur enorme, non comprende i farmaci somministrati in ospedali, case di cura, studi medici (come avviene ad esempio per molti farmaci antitumorali). Cfr. *ibid*. p. 28. Nel mondo, secondo le statistiche dell'IMS Health, la fonte più citata dalla stessa industria farmaceutica, il fatturato dei farmaci prescritti è un affare da 400 miliardi di dollari (dati riferiti al 2002).
105. Così Domenico Gallo nella prefazione al testo di Angell, Marcia, *Farma&Co*, cit., p. 9.
106. Fondatore e direttore dell'Istituto di Ricerche Farmacologiche Mario Negri di Milano nonché membro di vari organismi istituzionali in ambito sanitario.
107. *Il Messaggero*, 30 ottobre 2005.
108. Dean, Carolyn, Null, Gary et al., *Death by medicine*, dicembre 2003, versione scaricabile alla pagina: http://www.lef.org/magazine/mag2004/mar2004_awsi_death_01.htm. Da questo lavoro si evince che negli Usa annualmente i morti per cause iatrogene sono più di 780.000. Per fare un confronto con altre cause di morte, nel 2001 i morti per patologie cardiache sempre negli Usa sono stati 699.697 e quelli per cancro 553.251.
109. Con questo termine si intende la genesi di malattie da effetti secondari di farmaci o pratiche mediche.

110. Thomas Szasz, medico, psichiatra e fisico è stato professore dal 1956 alla Syracuse University (N.Y.) e ha scritto numerosi testi sul totalitarismo medico. Cfr. Szasz, Thomas, *Farmacrazia. Medicina e politica in America*, Spirali, Milano, 2005.
111. Marcia Angell, medico specializzato in medicina interna e patologia, è stata direttrice del *New England Journal of Medicine*, una delle riviste mediche più prestigiose al mondo e insegna alla Harvard Medical School. Cfr. Angell, Marcia, *Farma&Co.*, cit.
112. Angell, Marcia, *Farma&Co.*, cit., pag. 98.
113. Illich, Ivan, *Nemesi medica. L'espropriazione della salute*, Boroli Editore, Milano, 2005, p. 30.
114. Jenning, D., "The confusion between disease and illness in clinical medicine", in *Can. Med. Ass. J.*, vol. 135, 1986, pp. 865-870.
115. Stewart, Charles T. jr., "Allocation of Resources the Health", in *Journal of Human Resources*, vol. 6, n. 1, 1971, pp. 103-121.

Psicanalisi dell'alienazione di massa: la realtà virtuale

In quale mondo viviamo oggi? Quello fatto di terra da toccare, nuvole da rincorrere, aria frizzante da respirare, fiumi e laghi in cui nuotare, animali da accarezzare, alberi su cui arrampicarsi ed erba da calpestare? O più costantemente siamo circondati da schermi elettronici, parabrezza, finestrini, oblò, tabelloni e video? La vista ha sostituito quasi completamente gli altri sensi. Il cervello va assumendo le sue informazioni per l'interpretazione della realtà sempre più solamente attraverso questo tipo di apprendimento, coi limiti oggettivi e le infinite possibilità di fraintendimento e di errore che esso comporta. Chiunque abbia visionato le fotografie di una casa da acquistare su Internet e poi abbia visitato *personalmente* la stessa casa, sa quali grandi differenze ci possano essere tra realtà e sua rappresentazione. Figuriamoci chi cerca l'anima gemella in rete. Chi ha già trascorso su questo pianeta qualche decennio ha comunque una serie di anticorpi ormai inseriti nei propri neuroni cerebrali che gli permettono talvolta di avere delle intuizioni sulle diverse situazioni concrete. Ma chi sta formando ora il proprio bagaglio di consapevolezza e istruzioni per l'uso della vita?
Un questionario che è circolato ultimamente nelle scuole elementari, all'interno di un progetto dell'Unione Europea sull'alimentazione sana, riportava domande agli alunni che chiariscono la nuova difficile condizione umana. Ai bambini veniva richiesto, ad esempio, qual era la fonte di provenienza della frutta, a scelta tra orto (nemmeno frutteto!), scaffale del supermercato e/o altra fonte. Dover riaffermare che i frutti sono il risultato della vita biologica degli alberi e che non sono il risultato di una trasformazione di laboratorio di sostanze chimico-industriali reperibili solo all'interno di un supermercato ha un qualcosa di drammatico. E in effetti

è veramente tale. Se si fermassero domani la produzione industriale e il commercio mondiale a causa della ventilata crisi globale, i bimbi (futuri adulti) non potrebbero certo seminare scaffali di frutta per saziarsi. Senza contare lo scollamento che ciò significa a livello antropologico e metafisico. A nostro parere non abbiamo la totale consapevolezza di quello che la realtà virtuale ha sottratto (e continua a sottrarre) alla realtà vera e propria. Il problema è infatti che davvero si va verso una complessiva virtualizzazione del mondo. La frutta ogm, per rimanere nello stesso esempio, assomiglia molto di più a quello che pensa un ragazzino di una metropoli su questo alimento che non a un frutto reale.

L'automobile, l'aereo, il computer, il telefono, le reti informatiche, le manipolazioni genetiche e altre tecnologie applicate all'esistente contribuiscono a frapporre una sempre maggiore distanza tra noi e il resto del mondo[116]. Quel resto del mondo che ci è assolutamente indispensabile per vivere.

Visto dal finestrino mentre si viaggia a 200 chilometri all'ora, comodamente imbottiti su un treno ad alta velocità, un quartiere devastato dal degrado della periferia di Parigi può suscitare una sensazione di ribrezzo o di indignazione. Ma non si va oltre. Non c'è neanche il tempo. E comunque nessuno ci prenderà per la manica per chiederci qualcosa.

Ripensare la distanza tra noi e i nostri interlocutori, siano essi umani, animali o vegetali è davvero una priorità per il futuro della sopravvivenza del pianeta.

A nostro parere non è vero che la tecnologia ha permesso di diminuire le distanze. Le ha aumentate rendendole superficiali. Il nostro vicino di casa non è mai stato così distante come oggi. Però possiamo chattare con un vegan come noi che abita in Islanda.

Questa situazione sta generando una alienazione di massa mascherata da progresso scientifico. La residua umanità che ancora avevamo – nel senso di quella qualità umana dell'essere caritatevoli e solidali tra noi che apparteniamo alla specie *Homo sapiens sapiens* – sta lasciando il posto alla matematizzazione dell'esistente e alle sovrastrutture per la sua percorribilità. Videomovimento (osservare il mondo da un finestrino) e videologia (l'ideologia di recepire le manifestazioni dell'esistenza attraverso video/film/tv/pc) sono oggi alla base della relazione umana e intraspecie. Perlomeno in Occidente (e gradualmente nel resto del mondo).

L'alienazione di massa e lo stato di squilibrio mentale e relazionale diffuso derivano dal fatto che la nostra condizione biologica di base, che persiste

nonostante tutto (e non potrebbe fare altrimenti), risente della mancanza di esperienze concrete, dirette, toccate, annusate, impastate.
Il computer è sicuramente uno strumento tecnologico di apprendimento e gestione di alcune professionalità e scambi di comunicazioni importante, ma non può essere l'unico "oggetto" relazionale o lavorativo con il quale si può avere un rapporto continuativo. Tanto meno lo deve essere per così tante ore al giorno e per così tanta parte della propria vita come spesso accade oggi per moltissime persone. Idem l'automobile. C'è gente che ci vive sopra. E ci sono dati per tutti che dovrebbero essere allarmanti. Ad esempio, è stato calcolato che in media una persona passa circa cinque anni della propria esistenza fermo in auto davanti a un semaforo[117]. Non osiamo pensare quanti anni passa un pendolare di Roma fermo nella propria auto in colonna sul raccordo anulare.
Se strappiamo una pianticella dal proprio ambiente e la inseriamo in un contesto artificiale morirà senz'altro. La stessa cosa avviene per le relazioni umane. La realtà non può essere uno schermo o un panorama da un parabrezza; i rapporti, sia tra/con le persone che con la natura, non possono essere virtuali, sono una connessione vera, tangibile, sono vita. Senza di essi si inaridisce immancabilmente. Tutto ciò che in qualche modo ci allontana dalla nostra vera essenza, dalla realtà che è natura, deve essere ridotto al minimo.
Computer, Internet e televisione non possono avere un grande ruolo nel determinare un reale cambiamento complessivo, e conseguente realizzazione personale, perché essi riducono la percezione della realtà e allontanano le persone dal loro vero io, che è quello inserito e maturato nel mondo.
Abbiamo a disposizione ormai molti studi che evidenziano come i rapporti di conoscenza avviati e mantenuti tramite computer non siano così appaganti rispetto a quelli diretti[118]. Si vivono sempre più anche situazioni in cui ci si affida a rapporti telematici per paura di relazioni reali o per mancanza di tempo per stabilirle nel concreto.
Tutto dipende da che tipo di società vogliamo erigere. Stiamo davvero così bene in questa scatola zeppa di lucine colorate che è oggi la nostra casa? Saltelliamo frenetici tra telefono, tv e pc cercando di arraffare quanti più stimoli possiamo, volando velocissimamente a raso terra sul mondo senza toccare nulla. Abbiamo già visto tutto. Siamo sazi di impressioni. Ma vuoti di profondità.
La natura è divenuta un serbatoio industriale di cibo plastificato o parco divertimenti per fare videomovimento e non più luogo predominante di

contemplazione e nutrimento reale. Nel tempo di un respiro abbiamo fatto il giro del mondo su Internet e speculato sui nuovi desideri che ci hanno assillato nell'ultima ora, che sono diversi da quelli che avremo domani e da quelli della settimana prossima. Alla stessa velocità della nostra connessione mutiamo personalità e intenti e sogniamo grandi avventure come nelle migliori sceneggiature dei film cult che conosciamo a memoria.

Va ricordato tuttavia che, perlomeno al momento, non siamo in nessun modo obbligati a immettere le nostre esistenze in mondi paralleli virtuali alla *Second Life*. Una seconda opportunità è possibile già qui in questo mondo, basta che decidiamo di darcela. Se abbassiamo le nostre esigenze a un livello dignitoso ma evitando gli sprechi, i compromessi che ci vengono richiesti per vivere sono abbordabili da chiunque.

La limitazione dell'uso di tecnologie astraenti che in pochi minuti ti strappano alla tua esistenza catapultandoti in quelle altrui è senz'altro praticabile e auspicabile.

L'utilizzo delle reti informatiche dovrebbe riguardare più lo scambio di informazioni in ordine alla sussistenza e alle pratiche di vita, le tecnologie appropriate, la salute ecc. che non le relazioni umane.

Come vedremo più avanti nel testo, la creazione di spazi e luoghi fisici di scambio e incontro reale possono arginare la solitudine della navigazione nel ciberspazio.

In un contesto comunitario di attività culturalmente stimolanti, vita a stretto contatto con la natura e con forti legami interpersonali di solidarietà e vicinanza tra simili si riducono esponenzialmente le esigenze di reperire vacui passatempi per dilettarsi e riempire i propri vuoti.

Quando ci si occupa attivamente di se stessi e degli altri in maniera cosciente non si ha particolare bisogno di distrazioni effimere e più la propria vita sarà piena di significato e senso di appartenenza e meno ci saranno fughe dalla realtà.

Note al capitolo

116. Una bellissima analisi sulla tecnica è quella che ha sviluppato Jacques Ellul ne *Il sistema tecnico. La gabbia delle società contemporanee*, Jaca Book, Milano, 2009.

117. Veronese, Massimo M., "Il semaforo? Compie 140 anni e noi gliene regaliamo 5 di vita", in *Il Giornale*, 10 dicembre 2008.

118. Le ricerche parlano di tossicodipendenza da Internet e di malattie psicologiche come depressione, ansia, senso di vuoto o di impotenza ecc. legate all'uso indiscriminato della Rete e di rapporti coltivati a livello virtuale come quelli che nascono su chat-line, blog ecc. e che danno luogo a una percentuale spropositata di divorzi, separazioni, disperate solitudini, suicidi ecc.. Cfr. Kandell, Jonathan J., "Internet addiction on campus: the vulnerability of college students", in *CyberPsychology & Behavior*, vol. 1 (1), 29 gennaio 2009, pp. 11-17; Young, Kimberly S., "Internet addiction: the emergence of a new clinical disorder", in *CyberPsychology & Behavior*, vol. 1 (3), 1997, pp. 237-244; Chou, Chien, Condron, Linda, Belland, John C., "A review of the research on Internet addiction", in *Educational Psychology Review*, vol. 17, n. 4, dicembre 2005, pp. 363-388; Cantelmi, Tonino e Talli, Massimo, "Trapped in the web: the psychopathology or cyberspace", *Journal of CyberTherapy & Rehabilitation*, vol. 2, n. 4, inverno 2009, pp. 337-350. In quest'ultimo studio citato, Cantelmi e Talli sostengono che chi eccede le cinque-sei ore al giorno di navigazione Internet è a rischio di una qualche forma di dipendenza e di disturbi psicologici (cfr. p. 348). Cantelmi è lo psichiatra che ha pubblicato il primo lavoro scientifico sul tema in Italia nel 1998 e che da allora si occupa di Internet-dipendenza e relazioni virtuali.

Parte 2 – Il mondo in positivo

L'alimentazione

In un mondo generoso, salutare, onesto e gioioso – il mondo che possiamo costruire – non si può certo ignorare uno degli ambiti più importanti della cultura e del piacere di vivere umano, ossia l'alimentazione.
Nei paesi occidentali questo fondamentale costituente dell'esistenza umana è passato negli ultimi decenni da uno stato di carenza a uno di depravazione da surplus e industrializzazione.
Sino al secondo dopoguerra era un fenomeno abbastanza comune non poter soddisfare pienamente e quotidianamente il proprio appetito e la sottoalimentazione era una caratteristica diffusa che ingenerava numerose patologie e carenze nutrizionali in buona parte della popolazione.
A partire dalla crescita economica degli anni Sessanta si è avuta un'impennata della produzione alimentare di pari passo con il decadimento della qualità della stessa. La qualità degli alimenti è andata infatti degenerando con il passaggio dalla produzione contadina e locale artigianale (o addirittura dall'autoproduzione) a quella industriale prima nazionale e poi internazionale.
L'industria alimentare sostenuta dall'agricoltura chimica, dall'industria dei conservanti e dalla crescente distribuzione ha garantito un accesso al cibo prima inimmaginabile. Se questo inizialmente ha portato a risultati apprezzabili in quanto a sufficienza nutrizionale, negli anni ha poi preparato la strada per un tracollo verso le patologie croniche e degenerative che conosciamo molto bene come diabete, malattie cardiovascolari, cancro, obesità ecc.
La condizione di sovralimentazione come quantità e di sottoalimentazione come qualità è quella oggi dominante in Occidente. L'industria del cibo è ormai arrivata a monopolizzare la produzione di parecchi alimenti senza contare addirittura il monopolio delle sementi e delle specie vegetali edibili e cerealicole coltivate da parte delle multinazionali dell'agroalimentare.

La pessima qualità e la povertà di varietà che caratterizza l'alimentazione odierna stanno dando i gravi risultati di cui si è già detto.
In un mondo dominato dalla comodità e dalla velocità, il cibo inoltre si sta avviando rapidamente a divenire anche merce a consumo immediato, a meno che qualcosa non interrompa il pasto: se il cellulare è acceso, il nostro pranzo potrebbe essere rimandato, decurtato o abolito. Ecco che allora nei frigoriferi scintillanti dei negozi alimentari, nei supermercati, nei bar, nei self-service ecc. troviamo sempre più pietanze pronte, colorate e gustose da riscaldare nel microonde e ingoiare in un batter d'occhio. L'importante per l'industria alimentare è che i gusti si omologhino, che i bimbi disegnino i pesci a bastoncino e che le coreografie gastronomiche abbiano la prerogativa sulla qualità di quanto effettivamente ingerito.
Ma invertire la rotta non solo è possibile ma addirittura inevitabile se vogliamo che i nostri figli e le generazioni a venire abbiano un futuro che non sia costituito da cibi plastificati e medicalizzazione forzata sin dalla più tenera età per far fronte a tutto quello che un'alimentazione chimica comporta per l'organismo umano.
Il problema delle allergie e delle intolleranze da alimenti è in costante aumento. Si parla di un 30% di persone che soffre di allergie e intolleranze, e di un 10% che accusa crisi asmatiche allergiche. L'obesità si va diffondendo anche tra i bambini con grande velocità così come il diabete e altre patologie croniche. Secondo uno studio di qualche anno fa (la situazione potrebbe essere nel frattempo peggiorata) la percentuale di bambini e adolescenti obesi o in sovrappeso in Italia è del 24,2%[119]. La mappa del diabete infantile nel mondo presenta invece aspetti diversi a seconda della regione considerata, della genetica e delle abitudini alimentari conseguenti e può andare dai 37 casi su 100.000 della Sardegna o della Finlandia ai 24 casi su 100.000 del Canada. Il dato sconcertante che vale a livello mondiale è l'aumento costante del 3-4% annuo di bambini colpiti da questa malattia strettamente legata al sovrappeso e agli abusi e squilibri alimentari[120].
Un'alimentazione sana e naturale garantirebbe invece un'inversione di tendenza decisamente salutare per chiunque nonché per il pianeta.
Con "alimentazione sana" possiamo immaginare una dieta a base di cibi biologici e integrali, e preferibilmente vegetariana. Le motivazioni che inducono a questo tipo di scelte sono varie e vanno dall'individuale al sociale e al planetario.
L'aumento dei processi di manipolazione industriale di tutti gli alimenti propri del sostentamento umano (che ne devitalizzano fortemente il

contenuto nutritivo) insieme all'assunzione nefasta di quantità sempre maggiori di coloranti, pesticidi, conservanti ed eccipienti di svariato tipo che questi contengono, hanno innescato ormai da tempo un fenomeno di presa di coscienza inerente l'importanza della qualità e della genuinità di quello che si ingerisce per la salute della mente e del corpo.

L'agricoltura biologica propone un sistema di coltivazione di cereali, frutta e verdura senza l'uso di fertilizzanti sintetici e di pesticidi. Residui di entrambi questi composti sono infatti normalmente presenti in percentuali più o meno ridotte negli alimenti prodotti con l'agricoltura chimica che ogni giorno finiscono nei nostri piatti. Parecchie patologie, che spaziano appunto da leggere intolleranze alimentari a casi di cancro e ad altre malattie degenerative, sono ormai state scientificamente correlate con l'accumulo nell'organismo di questo tipo di veleni. È ovvio che la possibilità che oggi si ha di ricorrere ad alimenti "puliti", faciliti un cammino individuale e collettivo di recupero della salute.

Il recupero poi è anche planetario, perché un'agricoltura che non fa uso di sostanze chimiche non inquina le falde acquifere, non stermina miliardi di microrganismi e insetti utili, non lascia depositi di metalli pesanti, non sterilizza i terreni e non ne provoca l'erosione. Senza contare che non aumenta il consumo energetico che serve per produrre i fertilizzanti chimici. Con l'agricoltura biologica, insomma, si prospetta la possibilità di lasciare in eredità all'uomo di domani un pianeta migliore.

Ma mangiare biologico non significa solo questo.

La spesa sanitaria in Italia è in costante crescita (ad esempio è cresciuta del 100% nei quattro anni che vanno dal 2000 al 2004, come segnalato dalla Commissione Bilancio del Senato sull'indebitamento degli enti locali).

Alimentazione nociva, stili di vita scorretti, mancanza di esercizio fisico e abuso di farmaci e cure mediche stanno facendo sprofondare la popolazione occidentale in uno stato di debolezza del proprio sistema immunitario che prelude a uno sfacelo della salute pubblica di prossima realizzazione. Una ricerca pubblicata sul Journal of American Medical Association[121], una delle più note riviste mediche scientifiche del mondo, ha dimostrato che il cibarsi in modo errato e l'inattività fisica stanno raggiungendo il fumo tra le cause di morte. Negli Stati Uniti muoiono 408.000 persone l'anno per cattiva alimentazione mentre le morti dovute a infezioni microbiche, così gonfiate a dovere dai media, sono in realtà solo 75.000 circa. A fronte di questi dati fin troppo chiari, le istituzioni politiche e sanitarie continuano a promuovere e incentivare una medicina del sintomo basata sul farmaco

chimico (redditizio), anziché puntare con più successo e meno spesa a politiche di prevenzione e informazione.
Tutto questo accade solo perché il punto di vista dominante, purtroppo, è quello economico. La dipendenza dalle sostanze chimiche (antibiotici, pesticidi, fertilizzanti, conservanti per alimenti ecc.) per quello che riguarda l'alimentazione e la diffusione di abitudini dannose (fumare, bere alcolici, stare incollati alla tv ecc.) per quelli che sono gli stili di vita, sono tutte condizioni che favoriscono il giro d'affari della società contemporanea. È la vita "convenzionale" così come viene recepita e proposta dalla società nel suo insieme. Gli agricoltori accettano di esporsi alle sostanze tossiche che utilizzano, i commercianti accettano di distribuire e vendere i prodotti che ne derivano e i consumatori accettano di ingoiare i residui di questi composti velenosi che i cibi ormai inglobano. Tutto sembra inevitabile ma i cambiamenti di direzione sono assolutamente possibili ed essi dovrebbero partire dai consumatori stessi, senza aspettarsi grandi strategie salutari da parte di ministeri, istituzioni o multinazionali. Quello che va rivisto è il rapporto che abbiamo con il cibo, sia dal punto di vista fisiologico, che psicologico ed etico. La scelta di prodotti coltivati senza pesticidi e il preferire alimenti di stagione, locali e non importati potrebbe aumentare significativamente lo stato di benessere dell'ecosistema e dell'umanità, considerata sia nel suo insieme sia nei singoli individui che la compongono. Secondo un rapporto della Union of Concerned Scientists, in termini di impatto ambientale le nostre scelte alimentari competono solo con i trasporti[122]. Se a questo aggiungiamo i dati che abbiamo riportato in apertura sulle conseguenze di un'alimentazione errata per la nostra salute, crediamo che si tratti ormai solo di agire.
E non aspettiamoci un ripensamento da parte dell'industria alimentare o delle legislazioni internazionali. Valgono le stesse avvertenze date per la situazione sanitaria e le multinazionali farmaceutiche.
Anzi, periodicamente emerge, come dal nulla, una campagna mediatica di vero terrorismo, nei confronti di un qualche cibo o categoria di alimenti di grande consumo, sulla base dell'ennesimo scandalo scaturito dalla scoperta di pratiche di preparazione o di utilizzo delle sostanze alimentari veramente fraudolenti o idiotamente contro natura.
In questi servizi, che i media disseminano nell'etere e sulle pagine dei giornali, è normale imbattersi in toni indignati, accuse ad aziende particolari, inviti al boicottaggio di questo o quel cibo, appelli di associazioni di consumatori per il rispetto della legge ecc.

Tutto quello che invece pare scomparso è il comune umile buon senso e un minimo di memoria storica.
Non intendiamo dire che tutto il polverone sollevato ogni volta sia semplicemente terrorismo gratuito infondato. Magari lo fosse. Però se si pensa a quello che gli umani (perlomeno in Occidente) hanno accettato ormai da decenni come standard per la loro alimentazione, viene da indignarsi di fronte all'indignazione.
Carne infetta o con residui di ormoni e antibiotici, uova marce riciclate, spaghetti al piombo, metalli pesanti in moltissimi cibi confezionati, latte, panna, succhi di frutta e altre bevande con coloranti rilasciati dalle confezioni stesse in cui sono impacchettati, zucchero biotech senza calorie di cui non si conoscono nemmeno gli effetti, frutta e verdura trattata con radiazioni e conservanti di dubbia salubrità, additivi vari (alcuni con sospetta azione cancerogena), "aromi naturali" (ricordate Orwell? «La guerra è pace», «La libertà è schiavitù» ecc. ossia trasponendo nel nostro caso specifico: «Gli aromi chimici sono naturali»), grassi e amidi sinteticamente modificati, acque in bottiglia che starebbero meglio in un vascone di decontaminazione... tutti questi cibi sono solo la punta emergente di una pratica di preparazione degli alimenti onnipervasiva e che di salutare ha poco o nulla. Non si dica però che nessuno ne è al corrente o che nessuno non ne è ormai perfettamente cosciente. Non si gridi allo scandalo. È ormai normale lanciare anatemi al sistema dell'industria alimentare in cui siamo inseriti e che ci "costringe" a consumare veleni tinti e additivati con le sostanze più accattivanti.
Tutti lo sanno. Già. Ma pochi agiscono di conseguenza. Meglio lamentarsi e aspettare che qualcun altro risolva il problema e nel frattempo sperare in un qualche dio che non si venga colpiti da un qualche diavolo.
E poi, volete mettere la comodità di fare spesa al supermercato! E il piacere di gustare tutte quelle prelibatezze colorate? Certo forse un po' pericolose. Del resto è il prezzo che si deve pagare per il progresso[123].
Un progresso che ha fatto in modo che quattro italiani su dieci abbiano sempre in tasca medicinali per le proprie malattie ormai croniche o quasi. La prescrizione di medicinali è in costante aumento da anni (l'aumento medio annuo di prescrizioni di farmaci di classe A – essenziali e malattie croniche – dal 2000 al 2009 è del 5%)[124]. Un notevole giro d'affari, e si sa che l'economia che tira aumenta il benessere... di chi?
Ma invece di compiangersi e di rivolgere "accorati appelli" ai politici affinché risolvano la questione, non sarebbe meglio andare alla radice del problema?

Esso è nella maggior parte dei casi un problema di perdita di controllo sulla produzione e sulla trasformazione degli alimenti.
Se dobbiamo acquistare del pane "elaborato", come ad esempio quello ai cereali con qualche pretesa di naturalità o integralità, ci costa attualmente circa 4,00 euro al chilo e mangeremo un pane di grano e altri cereali cresciuti lungo qualche autostrada, additivati di parecchi "necessari" composti chimici per la lievitazione, grassi animali di dubbia salubrità, coloranti (perché no?), zucchero e qualche altro ingrediente top secret (ma lo sapremo alla prossima crociata mass mediatica).
Se ci compriamo la farina integrale da qualche agricoltore biologico della nostra zona o regione, possiamo farci il pane a 1,50 euro al chilo "additivandolo" magari di buon sesamo biologico tostato da noi direttamente. Sì proprio da noi. E se volessimo pure farci lo yogurt, la differenza di costo sarebbe ancora superiore, senza contare che ci "risparmieremmo" pure additivi come quelli che negli yogurt industriali tengono in sospensione i pezzetti di frutta, combattendo la gravità che tende a trascinarli sul fondo. Sicuramente dei buoni prodotti... E se volessimo farci un piccolo orto, una passata di pomodoro, una marmellata, una crema di nocciole, allevarci due galline... non osiamo immaginare il guadagno in salute e denaro.
E solitamente qui l'obiezione è del tipo "ma come faccio a prepararmi in casa tutte queste cose se devo andare a lavorare per vivere?". Già: lavorare per guadagnare soldi che mi permettono di comprare pane, yogurt e tutto il resto.
L'analisi, vuole essere un po' provocatoria (si vedano però le riflessioni sull'autoproduzione per approfondimenti). Non se ne può più di geremiadi. In effetti un po' di riflessione su come stiamo vivendo e su quello che ognuno di noi può fare in prima persona, per evitare i veleni dell'industria alimentare, e non solo, andrebbe fatta. Perlomeno smettiamola di piangerci addosso. Siamo sinceri: siamo davvero "costretti" a ingurgitare veleni? O siamo noi che abbiamo delegato la nostra salute e il nostro bisogno di alimentarci a manager che studiano come rifilarci l'ultima porzione di "arcobalenici" mix cremosi di non so cosa, che sembrano inventati apposta per aggredire il nostro sistema immunitario?
Suvvia, nessuno ci obbliga alle regole dell'alimentazione di plastica. Chiedete ai vostri nonni, quando ancora erano anziani e saggi anziché considerati vecchi e rimbambiti pronti per il ricovero.

Cibo e sovrappopolazione

Ma ci sono problemi seri anche a livello di sovrappopolazione rispetto alla produzione di cibo.
Grazie a numerosissimi studi scientifici sappiamo ormai che da questo problema possiamo uscire con la scelta di un'alimentazione vegetariana. E non siamo poi così pochi a pensarlo.
L'indagine Eurispes di cui si è parlato sul *Corriere della sera* nel febbraio del 2009[125] afferma che in Italia la percentuale di vegetariani ha raggiunto il dieci per cento della popolazione, per un totale quindi di sei milioni di persone. La percentuale più alta in Europa, seguita dalla Germania con il nove per cento, da Gran Bretagna e Irlanda con il sei e poi da tutti gli altri paesi dell'Unione con percentuali minime.
I commentatori di tale fenomeno sono divisi tra alcuni sostenitori accaniti che ne hanno fatto uno snobistico integralismo e gli altrettanto accaniti e maggiormente numerosi demolitori di turno che prospettano ecatombi di adulti e bambini in preda alle carenze nutrizionali dovute a tale carestia autoindotta.
Il fatto è che le argomentazioni scientifiche a sostegno dell'una o dell'altra posizione si trovano facilmente e sono ormai alla portata di qualsiasi persona che abbia un minimo di dimestichezza con gli strumenti di una ricerca di studi scientifici e la raccolta di informazioni in banche dati bibliotecarie o, ovviamente, su Internet (tipo *MedLine*).
Le ragioni dei filocarnivori sono piuttosto risapute e secolari, e le fonti e le ricerche che citano sono il frutto dell'incrocio tra una reale preoccupazione per la salute pubblica e degli individui e il senso di perdita di "sana" e atavica libera animalità che una scelta vegetariana comporta.
Le ragioni dei vegetariani hanno avuto un grande impulso in questi ultimi anni grazie alla nuova ondata vegan e vegetariana di carattere ecologista e salutista. Libri come *Diet for a New America* o *The Food Revolution* di John Robbins, *Diet for a Small Planet* di Frances Moore Lappé, *The China Study* dei Campbell, padre e figlio, o infine *Ecocidio* di Jeremy Rifkin, con la loro mole di citazioni bibliografiche, hanno sicuramente mutato il panorama e la percezione dal punto di vista scientifico rispetto a scelte anche radicali come appunto quella vegana, che ormai sono state recepite a livello di individui e movimenti anche in Italia.
A nostro parere, quindi, la questione "vegetarianesimo sì vegetarianesimo no" deve essere analizzata da un altro punto di vista. È la base su cui

poggia ad esempio la scelta di un nostro amico vegano. Di fronte alle nostre sollecitazioni rispetto al seguire una dieta corretta con molta attenzione per quanto riguarda eventuali carenze e di fronte alle nostre preoccupazioni per la sua salute (quando si dice il potere del condizionamento... siamo vegetariani "classici" da quasi trent'anni...) lui ci ha risposto tranquillo: «avete ragione, cerco di stare attento e di integrare, ma l'importante è che la mia salute non dipenda dalla sofferenza di altri esseri viventi a noi simili. In caso contrario, sono disposto a farmi carico di una parte di sofferenza anch'io, continuando ad alimentarmi come faccio, nel rispetto degli animali».
In effetti è tutto qui.
Se volessimo trovare argomentazioni che demoliscono il sistema nutrizionale vegan o vegetariano denotandolo come insufficiente a sviluppare una corretta crescita e il giusto fabbisogno energetico le possiamo trovare, così come possiamo trovare le solite ricerche a favore dei vegetariani che si ammalano di meno di patologie cardiocircolatorie, cancro ecc. A nostro parere è sempre più chiaro che la realtà è molto più complessa della presunta oggettività scientifica.
La scelta sta a monte. E a questa scelta di sofferenza condivisa, che può sembrare molto "cristiana", nel senso deleterio del termine cui ci hanno abituato gli oltranzisti cattolici, ma che in realtà risponde a un bisogno di amore dell'essere umano, altrettanto naturale di qualsiasi altro suo bisogno essenziale, aggiungeremmo la necessità oggi di farsi carico di parte della sofferenza del pianeta intero. Infatti, da varie fonti sappiamo ormai come l'impatto dell'alimentazione carnea sull'equilibrio dell'ecosistema terrestre metta a dura prova parecchi parametri ambientali, provocando sfruttamento di suoli, deforestazione, inquinamento, depauperamento delle risorse ecc. Senza contare la sofferenza di altri esseri umani che da tutto ciò ne consegue.
Crediamo che una scelta d'amore non abbia mai controindicazioni, perlomeno a livello di coscienza, dato che tutto o gran parte dell'equilibrio psicofisiologico del corpo, e quindi il suo stato di salute, parte proprio da lì, dalla condizione di serenità e dall'assenza di conflitti di sorta, miscelate sapientemente con uno stile di vita sano e semplice.
«La soddisfazione dei bisogni ha dei limiti, il piacere non ne ha» (L.N. Tolstoj) e nella situazione attuale abbiamo bisogno di darcene, se vogliamo avere un futuro come individui e come specie. Un futuro migliore.
E se ci rivolgiamo alla ricerca indipendente la dieta vegetariana si riflette beneficamente anche sul nostro benessere fisiologico. Le ripercussioni sulla salute di chi fa questa scelta in effetti sono ottime.

Come si è accennato poco sopra, notizie di studi scientifici di rilievo a conferma dei vantaggi della dieta vegetariana le abbiamo già da decenni. Basti ricordare su tutti che nel 1988 la più importante associazione scientifica statunitense sull'alimentazione, l'American Dietetic Association, ha pubblicato una raccolta di dati scientifici dal titolo "Position of the American Dietetic Association 'Vegetarian Diets' - Technical Support Paper" (*Ada Reports*, vol. 88, 1988, pp. 352-355) in cui vengono evidenziate positivamente le relazioni tra dieta vegetariana e riduzione di rischio per moltissime patologie croniche (e non solo il cancro) tra cui: aterosclerosi, obesità, coronaropatie, ipertensione, diabete mellito, cancro del colon, cancro del seno e della prostata, osteoporosi, calcolosi renale e diverticolosi intestinale.
Anche recentissimamente la posizione ufficiale sulle diete vegetariane dell'American Dietetic Association è stata espressa in un documento che ha riaffermato la validità di questo tipo di alimentazione[126].
Che proprio poca cosa non è.
Una bibliografia veramente imponente suddivisa per patologie e correlazione con la dieta vegetariana si trova nel sito della Società Scientifica di Nutrizione vegetariana[127]. Solo scorrendo l'indice di questi studi balza chiaramente agli occhi la linearità del dato: vegetariano è meglio. E sotto moltissimi punti di vista. Allora la domanda sorge spontanea: perché non ci sono prese di posizione delle istituzioni mediche e scientifiche (e politiche) ufficiali a favore di una dieta di questo tipo, che viene invece spesso additata come fonte di carenze, malattie, estremismo ecologista ecc.?
Ma se un farmaco dovesse conseguire questi stessi risultati non accadrebbe qualcosa di completamente diverso? Per avere un'idea, si pensi che un nuovo chemioterapico utilizzato in oncologia che determina un aumento della durata della vita del paziente di qualche mese (con quale qualità si può immaginare) viene sbandierato dal marketing farmaceutico come un prodotto rivoluzionario.
La questione di fondo è dunque probabilmente di tipo culturale nonché economico. Abbandonare la bistecca o il petto di pollo pieni di ormoni costituisce una "sofferenza" di cui non tutti sono in grado di farsi carico. Per altro verso, appunto, brevettare mele e insalata in funzione anticancro non è al momento possibile e l'industria farmaceutica e l'indotto istituzionale medico-sanitario non hanno alcun interesse nel sostenere questa posizione.
Due quindi i percorsi attuabili: lasciare Big Pharma al suo destino senza il nostro sostegno e pensare alla sofferenza degli altri esseri viventi (animali)

nonché alla nostra futura in caso di scelte scorrette. E se è vero e risaputo che in un certo senso la realtà è molto complessa e tutto poi è sempre "relativo" per cui non è dato di sapere che incidenza avranno determinate scelte di vita sul proprio destino, perlomeno possiamo però agire nel limite di quelle che sono le informazioni che abbiamo e il "sentire" che ci coglie. La consapevolezza di aver fatto il possibile non è un requisito da poco per un'esistenza più serena. Comunque vada, da un punto di vista matematico, la sofferenza risultante complessiva sarà ridotta. E per noi stessi da subito grazie a una migliore immediata performance di salute.

Al di là quindi di un facile integralismo alimentare o ecologista andrebbe osservato che una scelta di questo tipo è vincente sotto molti punti di vista. L'uomo in effetti non è nato solo per mangiare, e ricercare un tipo di alimentazione più consono alla nostra salute fisica e mentale che tenga anche conto degli sprechi imposti da questa "inciviltà" consumistica è più o meno un dovere che abbiamo sia nei nostri confronti che in quelli della società nel suo insieme.

Non dobbiamo dimenticare infatti che è il consumo eccessivo di carne, latticini e uova nei paesi industrializzati che sta alla base della distribuzione non equa delle risorse alimentari mondiali. In Occidente, oltre a nutrire noi stessi nutriamo un'enorme popolazione di animali di allevamento spesso alimentati con proteine vegetali originarie del "terzo mondo" adatte invece ad essere consumate direttamente dagli esseri umani.

Una percentuale sproporzionata dei cereali prodotti nel mondo non nutre direttamente le persone ma gli animali degli allevamenti intensivi e secondo l'economista Jeremy Rifkin tale percentuale negli Usa è addirittura al 70%. Tutti i cereali dati in pasto agli animali potrebbero nutrire direttamente almeno i 15 milioni di persone che muoiono di fame ogni anno nel "terzo mondo", mondo dal quale provengono buona parte dei cereali che i paesi industrializzati importano. L'Italia ad esempio importa annualmente 10.000 milioni di euro di prodotti agricoli e 24.000 di prodotti alimentari (con bevande e tabacco)[128] di cui 5.000 destinati al solo acquisto di carni[129].

Un appezzamento di un ettaro di terra coltivata è in grado di sostenere più di 7 persone se queste si nutrono direttamente dei prodotti vegetali che esso produce e di 1 solo individuo se questo segue una dieta basata sul consumo di prodotti di origine animale[130].

Si può riflettere inoltre sul fatto che la deforestazione e la desertificazione di intere aree sono in parte collegate agli allevamenti intensivi di animali da macello gestiti nel Sud del mondo per conto di svariate multinazionali

dell'hamburger. L'alimentazione vegetariana ha quindi anche un forte retroterra e significato politici e oggi sono venute maturando nuove emergenze planetarie e nuove motivazioni etiche e sociali.
Ad esempio, abbiamo capito che un'alimentazione salutistica non può essere separata da una vita sana e naturale. Vivere a Tokyo, lavorare dieci ore al giorno davanti a un computer, farsi due ore di treno per ritornare a dormire in due metri quadri di giaciglio, televisore compreso, getta le basi per un crollo progressivo di tutte le nostre difese immunitarie che il vegetarianismo non può pensare di arginare o rintuzzare. Non esistono formule magiche per non ammalarsi e la dieta vegetale non sfugge a questa regola.

Altre riflessioni ecologiche e sociali sull'alimentazione

Facendo quindi alcune considerazioni finali sull'alimentazione occorre specificare ancora qualche punto.
Il primo, di cui non siamo sempre coscienti, è la richiesta diffusa di genuinità: chissà perché quando si parla di alimentazione, per indicare una pietanza di buona qualità si cita il cibo casereccio, quello fatto a mano, le torte della nonna e così via. Chi, sano di mente, potrebbe paragonare un piatto di tagliatelle fatte in casa a un hamburger di produzione industriale?
Posta davanti a una scelta obbligata, una persona opterebbe maggiormente per una fra le tante leccornie tradizionali, preferibilmente bio, che ogni località in Italia ha o per qualcuno degli attuali alimenti industriali preconfezionati importati da chissà dove, dai sapori (?) che non sono molto diversi dalla plastica che li avvolge?
E non ci si aggrappi alla motivazione economica.
È ormai possibile orientarsi meglio nella dieta facendo attenzione a piccole scelte quotidiane e modificando il proprio stile di vita. Attraverso la propria autoproduzione o quella dei produttori a chilometro zero, i costi leggermente maggiori che si hanno con il biologico vengono ammortizzati. Di per sé, gli alimenti non biologici avranno forse costi inferiori, ma complessivamente sono maggiori considerato il fatto che se ne comprano abitualmente quantità più alte di quelle che servono (nutrono e saziano anche meno), con la conseguenza che si buttano cibi ancora commestibili. Questa situazione è facilmente verificabile nei vari frigoriferi delle nostre case che sono spesso pieni di robaccia, cibi in scatola zeppi di sostanze chimiche, al limite della

scadenza o addirittura andati a male. La lamentela rituale sulla mancanza cronica di soldi di cui sentiamo nelle discussioni fra conoscenti dovrebbe prima di tutto tener conto di questi sprechi e degli usi indecorosi che oggi si fa del cibo. Usi che mancano ormai di rispetto, oltre che a noi stessi, anche a quegli esseri umani che invece versano in condizioni alimentari di tutt'altro genere.

È stato stimato che ogni anno una famiglia italiana spreca in cibo buttato circa 600 euro[131].

Non è una cifra da poco. Ed è una media. Del resto basta andare in un qualsiasi supermercato o ipermercato per rendersi conto di come stanno esattamente le cose: carrelli stracolmi di cibo che non sarà mai umanamente possibile smaltire. Si compra tutta quella quantità di alimenti perché costano poco, sono in offerta o, come nel caso dei prodotti senza marca, sono venduti addirittura sottocosto, al punto che uno si chiede come sia possibile che un litro di latte o un chilo di riso o di pasta possano costare meno della confezione che li contiene. Cosa mai ci sarà dentro?

E, come si è detto, spesso chi trascina questi carrelli immensi sono persone immigrate a cui non pare vero di poter comprare montagne di viveri a prezzi bassissimi. La patologia del surplus e dell'accumulo è contagiosa. L'epidemia del consumismo ormai ha contaminato il mondo.

Insomma, parlare di qualità, di gusto, di rispetto dell'ambiente, di economia locale e di salute è in pratica la stessa cosa. Sono tutti aspetti dell'alimentazione strettamente interrelati. Idem gli aspetti energetici e della distribuzione.

Prendendo infatti in considerazione il punto di vista dei consumi energetici e della fame nel mondo i punti da affrontare per risolvere la situazione sono tre:

- passaggio a una alimentazione prevalentemente vegetariana e vegana;
- uso di tecniche e saperi per aumentare la fertilità dei suoli senza uso di concimi chimici e OGM;
- autosufficienza e autosussistenza alimentare dei paesi del Sud del mondo, attraverso un'opera di aiuto diretto alle popolazioni e non ai governi.

Fame nel mondo e risorse

Secondo la FAO sono circa un miliardo le persone nel mondo che soffrono la fame.
Qualcuno dice che è per colpa loro, altri perché non c'è abbastanza cibo per tutti e che quindi non si può fare granché.
Ma le soluzioni a questa tragedia sono già presenti nell'ambito delle possibilità umane.
Come abbiamo accennato poco sopra, nel mondo sono coltivati milioni di ettari di terra per sfamare gli animali che servono per l'industria della carne. Gli stessi ettari, bypassando il ciclo della produzione di carne, potrebbero essere usati per sfamare direttamente miliardi di persone, a parità di valore proteico.
Il 40% circa dei cereali prodotti nel mondo vengono usati per alimentare gli animali da allevamento il che significa circa 700 milioni di tonnellate di cereali. Oltre ad essi il bestiame consuma più di 500 milioni di tonnellate di radici, farina di pesce, crusca, sementi, soia[132] e semi oleosi. Complessivamente, quasi un terzo della terra arabile a livello mondiale viene usata per coltivare mangime per il bestiame e tale fenomeno è in crescita. Nei moderni allevamenti intensivi servono circa 10 kg di cereali per produrre 1 kg di carne bovina e 5 kg per produrre 1 kg di carne suina. In totale diamo al bestiame 3 volte il cibo che esso ci restituisce sotto forma di carne, latte e uova. In media il bestiame perde quindi oltre il 70% delle calorie nei prodotti agricoli che mangia[133].
Dal 1970 la produzione della carne è cresciuta di oltre due volte e mezzo e il peso complessivo del bestiame sul pianeta supera quello degli esseri umani. La produzione globale è salita da 27 kg per persona all'anno tra il 1974 e il 1976 fino a 37,4 kg del 2000. Per il 2050 si prevede che potrà superare i 52 kg a persona[134]. Per allora il consumo di cereali salirà ben oltre il miliardo di tonnellate che l'ONU stima essere sufficienti per il nutrimento di 3 miliardi di persone[135]. Per di più, nonostante tutti questi passaggi, è anche assodato che oggi sprechiamo da un terzo a metà di ogni animale che uccidiamo. Questi, infatti, prima di tutto non vengono più utilizzati integralmente come si faceva in passato e in secondo luogo le parti che vengono commercializzate e che finiscono sulle nostre tavole sono costantemente oggetto di grande spreco[136].
È palese quindi che non si tratta di un problema di cattiva volontà di chi muore di fame né di un problema di poca disponibilità di cibo.

A ciò si aggiunge il fatto che nonostante le terre coltivabili siano appena una piccola percentuale dei terreni totali esistenti (11%) si vuole sottrarre altra terra alla produzione alimentare per coltivare i cosiddetti biocarburanti. Il presidente dell'Earth Policy Institute, Lester R. Brown riporta nel suo ultimo libro che «da un punto di vista agronomico l'appetito mondiale di biocarburanti è insaziabile. I cereali necessari per fare un solo pieno a un SUV con serbatoio da 95 litri potrebbero nutrire una persona per un anno. Se l'intero raccolto degli Stati Uniti fosse destinato alla distillazione di bioetanolo potrebbe coprire al massimo il 18% delle richieste interne di carburante per autotrazione. [...] Il reddito medio di tutti i possessori di automobili nel mondo è all'incirca di 30.000 dollari l'anno; quello dei 2 miliardi di persone più povere è mediamente di 3000 dollari l'anno. Se lasceremo decidere al mercato, dovremo fare il pieno alle automobili»[137].
Quindi, nonostante l'ovvia contraddizione dello sfamare animali e non direttamente gli esseri umani, si vogliono anche coltivare piante commestibili da bruciare nei motori delle automobili che sono perennemente in coda nelle nostre città.
Allo stesso tempo, è anche determinante il fatto che sempre più persone nel mondo vogliano mangiare carne (perché loro no e noi sì?) e che sempre più persone vogliano andare in auto (idem).
In realtà, la produzione di carne per tutti i paesi o anche per la maggior parte di essi non esiste. Non c'è terra a sufficienza per realizzarla. Il cambio di visuale e di abitudini sarà obbligatorio. Anche contro qualsiasi pregiudizio religioso, culturale o scientifico. Pena la sopravvivenza stessa dell'umanità nel suo insieme. Ma cambiando è anche vero che si avrà un miglioramento della vita planetaria sotto molti punti di vista: salutistico, ambientale, energetico, economico (il ciclo della produzione di carne costa molto e le proteine vegetali decisamente meno).
Infatti per produrre cibo carneo occorre moltissima energia e moltissima acqua. Per fare qualche esempio, possiamo ricordare che per produrre un chilo di carne servono molti più litri di acqua che per produrre un chilo di cereali o di ortaggi[138]. E questo, specie in paesi con problemi cronici di irrigazione e reperimento dell'acqua come i paesi più poveri dove spesso si fa la fame, non è un particolare di poco conto.
Un altro dato importante che rivela l'impatto della carne sugli ecosistemi e sul piano economico è quello del peso dell'allevamento di animali sulle emissioni di gas serra. In una recente analisi del World Watch Institute si sostiene che il 51% delle emissioni globali annuali di gas serra è dovuto

all'allevamento del bestiame (nelle sue varie filiere di lavorazione come il trattamento, la refrigerazione ecc.)[139].

C'è ancora qualcuno che crede che il problema della fame nel mondo sia dovuto alla sovrappopolazione o che semplicemente non si possa risolvere o che servano gli OGM? Il problema reale sono la volontà e la consapevolezza umane.

Note al capitolo

119. Brescianini, S. (Istituto superiore di sanità), Gargiulo, L. (Istat), Gianicolo, E. (Istat), *Eccesso di peso nell'infanzia e nell'adolescenza*, Convegno ISTAT, settembre 2002.
120. Azienda provinciale per i servizi sanitari, Provincia autonoma di Trento, "L'influenza del diabete mellito di tipo 1 (insulino-dipendente) in provincia di Trento – Trend 1998-2002", Osservatorio Epidemiologico APSS Trento, Trento, luglio 2004, a cura di Piffer, Silvano, Franchini, Silva, Bianchi, Livia, Kaisermann, Daniela.
121. Mokdad, A.H. et al., "Actual causes of death in the United States. 2000", in *Journal of American Medical Association*, n. 291, 10 marzo 2004, pp. 1238-1245.
122. World Watch Institute (a cura di), *State of the World* 2004. Consumi, cit., p. 115.
123. È un business miliardario. Negli Usa si spendono 4 miliardi di dollari l'anno solo per gli additivi.
124. Dati del 10° Rapporto nazionale dell'Osservatorio sull'impiego dei medicinali (OsMed) 2009, uscito nel 2010. Disponibile nel sito di EpiCentro, Centro Nazionale di Epidemiologia, Sorveglianza e Promozione della Salute, cfr. http://www.epicentro.iss.it/farmaci/luglio2010/RASCHETTI%20OsMed%20 2010.pdf.
125. Bazzi, Adriana, "Vegetariano un italiano su dieci", in *Corriere della Sera*, 12 febbraio 2009.
126. "Position of the American Dietetic Association: Vegetarian Diets", in *J. Am. Diet. Assoc.*, vol. 109, 2009, pp. 1266-1282, pubblicato online alla pagina http://www.scienzavegetariana.it/nutrizione/ADA_ital.htm_il 17 luglio 2009, traduzione della dott.ssa Luciana Baroni.
127. www.scienzavegetariana.it.
128. ISTAT (a cura di), "Commercio con l'estero (scambi complessivi e con i paesi UE) - settembre 2009", Roma, 19 novembre 2009, al link: http://www3.istat.it/salastampa/comunicati/in_calendario/comestue/20091119_00/testointegrale20091119.pdf e in particolare "Approfondimento", 2009-2010, al link: http://www3.istat.it/dati/catalogo/20100518_00/13_commercio_estero.pdf.
129. Elaborazione dell'Osservatorio Economico Ministero Commercio Internazionale su dati ISTAT, Quaderno, n. 4, "Strumenti di sostegno

all'internazionalizzazione delle imprese italiane", Roma, maggio 2007, tavola "Importazioni dell'Italia suddivise per attività economica", dati relativi al 2002-2006, cfr. http://www.mincomes.it/quaderni/quaderno_4/parte_1/importazioni_italia.pdf.

130. Cfr. Caporali, Fabio, *Ecologia per l'agricoltura*, Utet, Torino, 1991. O meglio, nel testo in questione si sostiene che occorre investire in media 7 calorie vegetali per la produzione di 1 caloria di carne. Ossia un ettaro coltivato a patate consente di ottenere 102.080 Mj di energia e a riso 87.768 Mj. Diversamente, un ettaro di terreno destinato all'allevamento di bovini consente di ottenere soltanto 4.796 Mj di energia, mentre in caso di allevamento di pollame se ne ottengono 7.056. Il numero di persone sfamate a ettaro quindi varia secondo la specie vegetale coltivata o animale allevata, ma se si guarda il dato calorie diremmo che potremmo fissare il settuplo come dimensione di scala ragionevole del rendimento agricolo di un terreno coltivato per vegetariani piuttosto che utilizzato per l'allevamento di animali da macello per i carnivori.
131. Dato dell'ADOC (Associazione per la difesa e l'orientamento dei consumatori) un sindacato di consumatori: cfr. "Consumi: per Adoc 1 famiglia su 4 in crisi, probabile stangata a fine anno di 1500 euro", 8 luglio 2008, http://www.adoc.org/index/it/comunicati.show/sku/3724/CONSUMI%3A+per+Adoc+1+famig.html. La cifra esatta dello spreco annuale di cibo per famiglia è 560 euro ossia circa il 10% del totale speso per alimentarsi.
132. La produzione mondiale di soia è aumentata di circa 13 volte dal 1950 a oggi (Serie storiche da USDA in World Watch Institute, Signposts 2001, CD-ROM, Washington D.C., 2001; U.S. Department of Agriculture - USDA, Production Supply and Distribution,www.fas.usda.gov/psdonline, aggiornato al 12 maggio 2009), con i conseguenti problemi di deforestazione che ciò ha comportato.
133. UNEP, 2009, p. 25, citato in Stuart, Tristram, *Sprechi. Il cibo che buttiamo, che distruggiamo, che potremmo utilizzare*, Bruno Mondadori, Milano, 2009, p. 131.
134. FAO, 2006 e UNEP, 2009, citati in Stuart, Tristram, *Sprechi*, cit., p. 132.
135. UNEP 2009, p. 27, citato in Stuart, Tristram, *Sprechi*, cit., p. 132.
136. Stuart, Tristram, *Sprechi*, cit., p. 137.
137. Brown, Lester R., *Piano B 4.0. Mobilitarsi per salvare la civiltà*, cit., pp. 91-92.
138. Chi mangia carne consuma circa il 60% di acqua in più rispetto a chi segue in prevalenza una dieta vegetariana. Per allevare un bovino che fornirà in media circa 200 chili di carne occorrono 3.060.000 litri di acqua per 8500 chili di foraggio, mangimi e fieno più 24.000 litri per l'abbeveramento più 7000 litri per pulire stalle e cortili per un totale di 3.091.000 litri complessivi usati durante la vita dell'animale. Cfr. "Acqua virtuale. Il mondo consuma miliardi di litri 'nascosti'", in *National Geographic*, vol. 25, n. 4, aprile 2010, mappa in supplemento.
139. Goodland, Robert e Anhang, Jeff, "Livestock, Climate Change. What if the key actors in climate change are... cows, pigs and chickens", *World Watch Institute*, novembre-dicembre 2009, p. 11.

La salute

Afferma Norbert Bensaïd nel suo noto *Le illusioni della medicina*: «la medicina per proteggerci sfrutta la nostra paura di morire. E così ci fa morire di paura»[140].

E la paura rende.

Come si è affermato in precedenza, il sistema sanitario attuale, secondo alcuni autori (e statistiche ufficiali alla mano), è un sistema che causa più malattie di quante riesca a curarne. Illich aveva analizzato in modo profondo la iatrogenesi del sistema medico occidentale già nel 1976. La crescita della medicalizzazione e dell'organizzazione sanitaria ha comportato un aumento spropositato di morti e danneggiati dal sistema medico stesso. Grazie al pressing pubblicitario delle multinazionali farmaceutiche si è verificato il diffondersi dell'ossessione della salute a tutti i costi e immediata a fronte di uno stato emotivo e psicologico di dipendenza da pillole di sintesi, diagnostica e interventi invasivi, il più delle volte, nel lungo periodo, più dannosi che non efficaci[141]. In particolare, se non vogliamo considerare le ricerche indipendenti come quella di Caroyln Dean e Gary Null di cui abbiamo già parlato e che negli Stati Uniti pongono le cause iatrogeniche di morte al primo posto, secondo la medicina ufficiale sponsorizzata, queste (ossia l'uso di farmaci e altre cause iatrogene come infezioni ospedaliere, interventi chirurgici, errori di medicazione ecc.) rimangono comunque la terza causa di morte dopo malattie cardiache e cancro[142]. Sempre negli Usa le sole medicine sono la quarta causa di morte comune[143]. Che non è poco. E non è nemmeno tutto.

Un articolo di Steve Connor pubblicato sull'inglese *The Independent* l'8 dicembre 2003[144], ci ha informato di qualcosa che chi si occupa di medicina

naturale, o anche più semplicemente chi è un po' più attento alla propria salute, sapeva già da tempo e cioè che quasi tutti i farmaci sono inefficaci in più della metà dei pazienti. Quando addirittura non sono nocivi.
L'affermazione non è dell'uomo della strada di turno intervistato all'uopo, ma è di un amministratore capo della più grande compagnia farmaceutica inglese (e una tra le più grandi del mondo), la GlaxoSmithKline.
I dati forniti in questo articolo sono veramente disarmanti, tanto più se consideriamo le autorevoli e interessate fonti di provenienza per cui qualche maligno potrebbe pure supporre che se le cifre rese pubbliche sono queste, quelle reali potrebbero essere anche peggio. Ma partiamo dal presupposto che abbia trionfato la buona fede e la trasparenza e vediamo questi dati.
La frequenza di risposta, ossia la percentuale di efficacia di alcune categorie di farmaci per le principali patologie attuali è quella che segue:
Alzheimer: 30%
Analgesici (Cox-2): 80%
Aritmie cardiache: 60%
Artrite reumatoide: 50%
Asma: 60%
Depressione (SSRI): 62%
Diabete: 57%
Emicrania (acuta): 52%
Emicrania (profilassi): 50%
Epatite C (HCV): 47%
Incontinenza: 40%
Oncologia: 25%
Schizofrenia: 60%

Allen Roses, vicepresidente della linea genetica della Glaxo, afferma che «la stragrande maggioranza dei farmaci – più del 90% – funziona solo nel 30-50% degli individui».
Se ne parla poco ma la realtà è questa. L'infallibilità del farmaco è un mito alimentato solo dal marketing farmaceutico che tace gli effetti collaterali spesso disastrosi degli stessi medicinali che promuove.
Si ricorda che qui non sta parlando un detrattore "fanatico" dell'igienismo o di altre discipline storicamente in opposizione al sistema dominante medico-scientifico, ma un esponente di tutto rispetto di tale mondo, che dispone nella nostra società di autorevolezza e credito.
Ma allora, la medicina "scientifica", il progresso medico, l'aumento della

speranza di vita, la ricerca: quanti concetti di questo genere andrebbero rivisti radicalmente alla luce di queste affermazioni?
Forse che, semplicemente, regole igieniche e sana e sufficiente alimentazione abbiano fatto il grosso della nostra migliorata situazione sanitaria?
Possiamo fare altri esempi. «Ancora oggi si ammalano 10 pazienti su 100 che entrano in ospedale e questo anche a causa dell'uso massiccio degli antibiotici». Anche questa affermazione non è dell'uomo della strada di turno ma è di Enrico Magliano, presidente dell'associazione microbiologi italiani dal 1995 al 2005[145].
Nondimeno, negli ultimi anni ci sono stati aumenti del 30% per TAC, risonanze magnetiche e elettrocardiogrammi (dati della Commissione Finanze della Camera alta[146]). La medicalizzazione della società quindi avanza e opera anche a livello di diagnostica.
Tuttavia, una volta informati, i pazienti cambiano direzione. In Svizzera, secondo Gianfranco Domenighetti, professore di Economia sanitaria alle Università della Svizzera Italiana (Lugano) e di Losanna e per trentasette anni direttore della Sezione Sanitaria del Dipartimento della Sanità e della Socialità del Cantone Ticino: «il 60% della popolazione (!) [è] disponibile a sottoporsi ad uno screening di assoluta inutilità per l'identificazione precoce, tramite un test poco sensibile e specifico (tumore marker CA 19.9, di un tumore raro (cancro al pancreas) e praticamente incurabile (sopravvivenza a 5 anni: 3%). La disponibilità scende al 13,5% quando sono state date ai probandi informazioni sulla poca sensibilità del test (70% di falsi positivi), sull'incidenza della malattia nella popolazione generale (11 casi su 100.000) e sulla sua pratica "non curabilità"»[147].
Il problema dunque è quello di riuscire a far arrivare le informazioni giuste al maggior numero di persone, non seguendo le sirene del sistema farmaceutico che inducono sovraconsumo di farmaci e diagnostica, in funzione di un mercato della salute, uno dei maggiori insieme a quello delle armi[148]. Senza contare quando l'uno entra nell'altro, come il caso venuto alla ribalta nel 2007 di *Lancet*, uno dei maggiori giornali medico-scientifici al mondo: l'editore Elsevier è una delle quattro sezioni di Reed Elsevier, che nella Spearhead (altra sezione delle quattro) ha creato una società che si occupa di organizzazione di mostre mercato di armi a livello internazionale[149].
Il ruolo dei medici in questa lotta di senso di responsabilità e consapevolezza è determinante e forse essi dovrebbero, sia a livello collettivo che individuale, iniziare a rivedere la loro posizione e la loro funzione nella società in termini filosofici ed etici.

Dall'altra parte, l'altro soggetto che deve operare per mutare questa situazione siamo proprio noi.
I principi di una buona salute sono ormai chiari e condivisi dalla comunità scientifica e sono anche tutto sommato abbastanza semplici (se non si è particolarmente sfortunati): una sana alimentazione costituita da una buona percentuale di frutta e verdura, buone norme igieniche, uno stile di vita regolare e parco, poco o niente alcol, niente fumo, sufficiente attività fisica e dormire le ore di sonno che servono per rigenerarsi. Poi ci possiamo aggiungere una buona realizzazione sociale e relazionale e il tentativo costante di mantenere una vita emotiva e spirituale soddisfacente. Se ci si attiene nel complesso a queste regole, lo stato psicofisico dovrebbe sicuramente trarne un efficiente vantaggio.
Ovviamente, assieme a questa linea di condotta va di pari passo mantenuto un saggio distacco dall'uso spropositato di medicinali di sintesi e dal ricorso immotivato a esami diagnostici invasivi o troppo frequenti. Questo nostro parere deriva sia dall'esperienza pratica di decenni di autogestione della salute che dallo studio dei dati che comprovano la validità di queste affermazioni. Ad esempio, i lavori di G. Domenighetti, cui in parte si è accennato sopra, ne sono un'esemplare testimonianza.
Certo, oltre la prevenzione, che rimane il perno attorno cui fondare la propria salute, permane sicuramente la necessità di curarsi. Ma questo è possibile in massima parte grazie al ricorso alle medicine dolci o alternative (in termini burocratici normalmente note come "non convenzionali"), ossia a quel gruppo di metodi e tecniche di guarigione che affondano le proprie radici nella cultura tradizionale dei popoli e nella natura. Fitoterapia, omeopatia, ayurveda, medicina tradizionale cinese, agopuntura, aromaterapia ecc. sono tutti sistemi terapeutici molto utili per salvaguardare la propria salute senza essere nocivi a se stessi e al pianeta.
Le medicine non convenzionali da anni sono in costante crescita. In pratica siamo di fronte a un fenomeno ormai di massa. Anche l'ISTAT conferma questi dati e una sua fonte, l'Indagine Multiscopo ISTAT su Condizioni di salute e ricorso ai servizi sanitari [1997 e 2003] svolta nel 1999-2000, parla di 9 milioni di italiani (pari al 15,6% della popolazione) che sono ricorsi a metodi di cura non convenzionali nel triennio precedente l'intervista[150]. Nel 2010, l'Eurispes, altro noto istituto di ricerca, ha pubblicato un rapporto in cui si parla di ben 11 milioni (il 18,5% della popolazione)[151]. In effetti, la non invasività di queste medicine (a fronte di una loro concreta efficacia) permette di approcciarsi al problema del

mantenimento della propria salute in un modo non deleterio e più umano. Generalmente, perlomeno per i piccoli disturbi quotidiani, i malanni di stagione, le carenze nutrizionali ma anche altre patologie di un certo peso, sebbene non quelle più complesse, le medicine naturali possono anche essere gestite in proprio con un minimo di cultura autodidattica (o frequentando qualche corso di naturopatia ecc.) e molto entusiasmo autogestionario. Spesso poi, molti rimedi fitoterapici e naturopatici si possono preparare in casa, raccogliendo direttamente le erbe medicinali che servono nei boschi e nei campi e confezionando tisane, pomate, oli e tinture madri di eccellente qualità a costo veramente ridotto.

L'importanza dell'azione fisica e mentale di riappropriarsi della propria salute non è mai sottolineata abbastanza. Dedicare del tempo a cercare di capire i meccanismi del proprio sistema immunitario e il funzionamento dei principali rimedi e sistemi medici naturali non è assolutamente fatica sprecata.

Ma qui vorremmo segnalare un punto dolente, ossia il tentativo di istituzionalizzazione della medicina naturale in corso[152] e il rifiuto da parte di una nuova élite di professionisti della salute dei principi autogestionari rispetto all'autocura.

Poco più di trent'anni fa gruppi sparuti di neohippies acculturati in modo filo-orientaleggiante iniziarono a occuparsi della propria alimentazione e della propria salute con un intento autogestionario e di condivisione che li liberasse dai tentacoli della gestione centralizzata e iatrogena della medicina di stato (Ivan Illich docet)[153].

La gestione in prima persona della propria forma psicofisica era una prerogativa inequivocabile di queste prime "reti" di scambio di informazioni e terapie.

Questo approccio è tuttavia durato poco. L'eccessivo accumulo del sapere non condiviso (di un certo tipo di sapere medico) ha infatti condotto inevitabilmente alla creazione di una nuova classe di "sacerdoti della salute" che oggi sono arrivati al punto di tentare di gestire in proprio queste conoscenze dettandole dall'alto ai propri pazienti. Allo stesso modo del sistema medico contro cui all'origine essi si erano contrapposti. Conoscete ancora qualche terapeuta del mondo della medicina naturale che parla di autogestione della salute? Che vuole condividere le sue conoscenze? Che vi è amico e consigliere e non supponente allergologo tuttofare? Che se vi fa male una spalla non vi diagnostica in tre secondi un conflitto psicoemotivo (famoso conflitto del "pacco" sulle spalle...) con vostro/a marito/moglie?

Beh, se avete trovato un terapeuta così, tenetevelo stretto. È una specie in via d'estinzione.

In pratica la rinuncia alla visione idealistica, che fu lo sprone di partenza dei movimenti di autogestione della salute (anche femminili) e lo scontro costante, ormai quotidiano, per poter salire sul podio dei vincitori – con tanto di riconoscimento della legislazione di stato e irreggimentazione rigida delle categorie di terapeuti riconosciuti – potrebbe essere il tallone d'Achille che, anche in caso di superamento delle denigratorie campagne demolitrici della concorrenza, affosserebbe comunque quell'eccezionale patrimonio culturale e salutistico che sono le medicine naturali tradizionali. In questo modo, i pazienti di sempre si ritroverebbero immersi in una fanghiglia stagnante e ammorbante non dissimile da quella della medicina convenzionale.

A nostro parere sarà l'approdo a un concetto di salute di tipo positivo (ossia malattia come sofferenza umana in tutti i sensi e in tutti gli ambiti) che porterà non più a un ulteriore allargamento dell'ingerenza di classi di terapeuti nella vita biologica e psicologica delle persone, ma a reinventare modalità autogestite e condivise di cura tra consulenti della salute e cittadini-pazienti protagonisti.

Se si perde di vista l'essere umano nel suo insieme, nel suo contesto globale di famiglia, società, lavoro, relazioni, cultura ecc. e ci si ostinerà ancora a considerare la malattia slegata da questi contesti più vasti, non si approderà a nessun mondo migliore. Molte problematiche di salute vanno affrontate a livello societario. Non si risolvono semplicemente demandando a un naturopata o a un omeopata. Cambiare la società in senso migliorativo e nel suo insieme, questo dovrebbe fare una buona medicina. È tutto uno stile di vita sociale che deve ormai essere messo in discussione.

Può sembrare enfatico ma pensatelo dall'alto. Pensatelo dallo spazio siderale e osservate la Terra coi suoi colori verde-azzurri. È mai possibile che non si possa ridurre la sofferenza in un posto così bello? E ridurla per tutti. Non solo per chi dispone di risorse economiche o di potere. Le risorse devono essere un sapere diffuso alla portata di tutti.

Questo è un passo obbligato anche in funzione del fatto che la crisi ambientale e sociale che l'umanità e il pianeta stanno attraversando non prevede scorciatoie.

Lo sviluppo esponenziale di tecnologia e industrializzazione nei paesi ricchi sta creando grandi disparità sociali nel mondo. Affinché una eguale scienza medica sia diffusa paritariamente tra gli umani occorrerà avere sempre presente requisiti di efficacia, di costo e di fattibilità tecnica e culturale per ogni farmaco e/o terapia (B.J. Good)[154]. Le soluzioni tecnologiche che propongono sia la medicina convenzionale che quelle non convenzionali sono spesso al di là delle condizioni che soddisfano questi requisiti (D. Callahan)[155]. La tecnologia è centralizzata. Quasi mai decentrata e autogestita. Checché se ne dica, per fare un esempio molto noto, se lo Stato o le multinazionali delle comunicazioni o dell'energia abbassassero sull'*off* la leva dei vari server di Internet, la tanto decantata libertà della rete finirebbe in una manciata di secondi. In medicina è anche peggio. Immaginiamoci come fa un abitante di un villaggio del Mali ad autocostruirsi un apparecchio per l'elettroagopuntura secondo Voll.

Il risultato peggiore, poi, si raggiunge quando si vuole applicare scienza medica tecnologica a problemi di natura sociale. È il noto tema della medicalizzazione caro a Giulio A. Maccacaro, il medico che ha fatto strada negli anni Settanta nel nostro paese su questi argomenti, precorrendo senz'altro i tempi.

La medicalizzazione, per naturale che sia, crea sempre una cultura individualistica (P. Vineis)[156]. Infatti la proposta di soluzioni esclusivamente tecnologiche e individuali della medicina attuale (di frequente di scarso valore ed efficacia) non risolve quelli che sono in realtà problemi di natura sociale per i quali la società nel suo complesso non riesce a trovare soluzioni. L'inquinamento di aria, acqua e cibi, lo stress sociale, lo sfascio delle relazioni, i ritmi convulsi e molti altri aspetti sanitari sono questioni che vanno al di là dell'individuo e devono essere risolte su un piano socio-politico. Altrimenti si inducono solo false speranze e si incrementa poi il contrasto medico-paziente.

Le liti legali sempre più frequenti tra questi due soggetti ne sono una delle espressioni più palesi.

Ivan Illich del resto aveva già messo in guardia da un'eccessiva medicalizzazione che non prestasse attenzione alle motivazioni che avevano prodotto una mole di malattie prima inesistenti o quasi. Basti pensare oggi a depressione, ansia, allergie, asma, disturbi alimentari ecc. per capire quello che si intende. Di certo, come dicevamo, non sono problematiche che si risolvono a livello sociale semplicemente delegando a operatori sanitari delle medicine non convenzionali.

Rimane fondamentale e punto di partenza originario il bisogno di insegnare ai pazienti l'autogestione della propria salute. I moniti di Illich, Attali, Speciani ecc. non devono andare perduti.

Il potere "medico-scientifico" è ormai onnipervasivo (salute, produzione di alimenti, abitabilità, riscaldamento, asili, scuole, ambiente di lavoro, concepimento, fertilità, organi, vaccini, clonazione ecc.) e la libertà di mangiare, di curarsi e di morire come meglio si crede sarà a nostro parere la battaglia dei prossimi anni. I pazienti consapevoli dovrebbero muoversi in prima persona e lo potrebbero fare in grande stile e indipendenza.
A titolo di esempio concreto, possiamo qui riproporre (e ampliare) un'idea lanciata nel 1995 da un medico libertario del milanese (P. Bruno): perché non pensare che è possibile fondare delle cooperative di salute autogestite (magari con la fondazione simultanea di assicurazioni di salute)? Queste cooperative dovrebbero avere strutture assembleari di circa 1000 persone, che è ancora un numero gestibile, e degli ambulatori con medici/terapeuti olistici e infermieri. Basterebbe per ogni ambulatorio, che raggruppa le mille persone, una équipe formata da 3 medici/terapeuti olistici, 1 infermiere e 1 addetto alle pulizie, più le apparecchiature per gli esami di routine e una palestra per la riabilitazione ecc. L'assemblea gestirebbe tutti gli aspetti organizzativi e tecnici. Rimarrebbe da risolvere il problema dei rapporti con gli ospedali e con le altre cooperative di salute. Ma non crediamo siano problemi impossibili da risolvere. E non crediamo che i costi che dovrebbero sostenere i soci per la loro semi-indipendenza sanitaria sarebbero proibitivi. 1000 persone che pagano 90-120 euro al mese accumulano 90-120.000 euro con cui crediamo possano pagarsi le persone coinvolte nel progetto e anche qualche spesa[157]. I pazienti coinvolti vedrebbero ripagato l'"investimento" previsto nel lungo periodo, ma in maniera entusiasmante: maggiore salute, forza fisica, vitalità, sicurezza e clima di fiducia e di solidarietà. Ovviamente un posto importante dovrebbe essere riservato alla prevenzione e agli stili di vita.
L'uniformazione forzata che deriva da leggi sempre più invasive della privacy e l'omologazione culturale disseminata in ogni angolo di mondo dai mass media occidentali stanno restringendo ogni anno che passa le nostre libertà individuali.
Con il pretesto di varie motivazioni politiche, economiche e talvolta etiche, si sta costruendo un sistema legislativo standardizzato che prefigura una società in cui non sarà possibile avere idee o comportamenti diversi da quelli riconosciuti per legge come scientifici e regolamentari.
L'accettazione del sistema di controllo totale da parte della popolazione si ottiene da una parte facendo leva sulle paure naturali dell'essere umano (es. pericolo terrorismo, pericolo epidemie ecc.) e dall'altra indorando la pillola

con proiezioni pubblicitarie o pseudoculturali paradisiache legate ai concetti di comodità e di novità.

E seppure già un secolo e mezzo fa si diceva che le macchine e la tecnologia avrebbero sgravato l'uomo dalla preoccupazione del sostentamento quotidiano e dalle insidie dell'esistenza, e ancora non si è visto nulla di simile, tuttora centinaia di milioni di persone nel mondo credono che il progresso e la scienza scorrano inesorabilmente verso l'unico dei mondi migliori possibili.

Se non vogliamo che il sistema ci obblighi non solo ad agire secondo conformità stabilita ma anche a pensare entro gli schemi previsti dalle norme dello Stato (vedi legge sulla manipolazione mentale in arrivo)[158] e se desideriamo invece mantenere l'indipendenza di ideali, di credenze e di stile di vita e quindi ovviamente di cura, sarebbe opportuno organizzarsi collettivamente.

La libertà di scelta terapeutica è uno dei requisiti principali per un'esistenza serena.

Le avvisaglie di mutamenti del quadro sanitario che percepiamo quotidianamente e che mettono in pericolo questa libertà non vanno ignorate. Azioni semplici e scontate che molte persone compiono abitualmente nelle loro vite potrebbero ad un tratto divenire illegali. Se le tendenze legislative della "democrazia europea" in ambito medico-alimentare non vengono interrotte forse si potrebbe arrivare al punto di non poter più miscelare un etto di camomilla e un etto di tiglio senza indossare una tuta d'amianto e avere un laboratorio Bayer attiguo. Molte erbe medicinali potrebbero scomparire dagli elenchi ufficiali e legali, e coltivarsi piante come l'echinacea nell'orto potrebbe voler dire rischiare forte.

L'urgenza di riprendere in mano il controllo della salute a livello individuale e collettivo è quindi grande e importante. E non possiamo lasciare ad altri questo potere così determinante per la qualità delle nostre esistenze.

Non c'è verità degna di questo nome che non sia anche fonte per lo spirito di maggiore libertà, gioia e consapevolezza. Ogni proposta e supposta verità delimitante l'autorealizzazione e l'indipendenza umane consiste in realtà in un impedimento per la nostra reale evoluzione.

Note al capitolo

140. Bensaïd, Norbert, *Le illusioni della medicina. La prevenzione come alibi*, Marsilio, Venezia, 1997.
141. Cfr. Illich, Ivan, *Nemesi medica. L'espropriazione della salute*, cit. e Szasz, Thomas, *Farmacrazia*, cit.
142. *JAMA*, 26 luglio 2000.
143. Cfr. *Journal of the American Medical Association*, vol. 284, 26 luglio 2000.
144. Connor, Steve, "Glaxo chief: Our drugs do not work on most patients", in *The Independent*, 8 dicembre 2003.
145. "Infezioni: in ospedale si ammalano 10 pazienti su cento", in *Libertà*, 15 ottobre 2003.
146. Dusi, Elena, "Italiani, malati immaginari", in *La Repubblica*, 16 maggio 2004, p. 25.
147. Domenighetti, Gianfranco, *Screening: disinformare per convincere*, Società Editrice Andromeda, Bologna, 2002, p. 7. Cfr. Domenighetti, G., Grilli, R., Maggi, J.R., "Does provision of an evidence-based information change public willingness to accept screening test?", in *Health Expectations*, n. 3, 2000, pp. 145-150.
148. Nel 2008, la spesa militare nel mondo ha rappresentato il 2,5% del PIL mondiale. Cfr. Stockholm International Peace Research Institute (SIPRI), *SIPRI Yearbook 2009. Armaments, Disarmament and International Security.*
149. Redazione (a cura della), "*Lancet* e il commercio delle armi del suo editore: la Elsevier", in *Quaderni ACP*, vol. 14 (3), 2007, p. 103. Si tratta di una rivista dell'Associazione Culturale Pediatri.
150. Giarelli, Guido, Roberti di Sarsina, Paolo e Silvestrini, Bruno (a cura di), *Le medicine non convenzionali in Italia*, Franco Angeli, Milano, 2007, p. 57.
151. Eurispes (a cura di), *Rapporto Italia 2010*, Eurispes, Roma, gennaio 2010.
152. Se da una parte questo riconoscimento è una conseguenza inevitabile di un percorso pluridecennale, dall'altra non è detto che sia positivo. Facciamo un esempio: oggi è possibile partorire a casa. Sembra una banalità. In alcune regioni si sta cercando di istituzionalizzare questa scelta. Il pericolo è che si arrivi a una regolamentazione rigida dell'evento per cui solo la partoriente che ha fatto un certo numero di ecografie, esami e visite di controllo previsti, e che ha dati clinici entro determinati standard fissati, potrà "in libertà" accedere al parto in casa. Per le altre donne tale libertà sarà perduta perché lo Stato, si dirà, non può permettersi di farsi carico di costi aggiuntivi dovuti a possibili complicazioni o di mettere in pericolo la vita del nascituro dato che le premesse (secondo i parametri fissati) non sono buone.
153. Per un approfondimento sul tema si vedano: Illich, Ivan, *Nemesi medica. L'espropriazione della salute*, Bruno Mondadori, Milano, 2005; Maccacaro, Giulio A., *Per una medicina da rinnovare. Scritti 1966-1976*, Feltrinelli, Milano, 1979; McKeown, Thomas, *La medicina: sogno, miraggio o nemesi?*,

Sellerio, Palermo, 1978; Ongaro Basaglia, Franca, *Salute/malattia. Le parole della medicina*, Einaudi, Torino, 1982.

154. Cfr. Good, Byron J., *Narrare la malattia*, Edizioni di Comunità, Torino, 1999.
155. Callahan, Daniel, *La medicina impossibile: le utopie e gli errori della medicina moderna*, Baldini e Castoldi, Milano, 2000.
156. Vineis, Paolo, Dirindin, Nerina, *Elementi di economia sanitaria*, Il Mulino, Bologna, 2004.
157. Secondo l'ISTAT, la spesa media mensile di una famiglia italiana per la salute è di 85 euro. Cfr. ISTAT (a cura di), *I consumi delle famiglie – Anno 2008*, ISTAT, Roma, 14 luglio 2009, p. 10.
158. Il disegno di legge n. 569, "Disposizioni concernenti il reato di manipolazione mentale", comunicato alla presidenza del Senato il 15 maggio 2008, primo firmatario Antonino Caruso (PdL), introdurrebbe nel Codice Penale il nuovo articolo 613-bis, che configura il reato di manipolazione mentale. Questa nuova disposizione legislativa si presta brutalmente a una interpretazione riduttiva della libertà di espressione e di pensiero.

L'energia

Vent'anni fa, parlare di energie rinnovabili, efficienza, risparmio energetico, case a basso consumo, significava andare incontro a scetticismo e ironie più o meno velate. Parlando di coibentazioni o di isolamento termico nelle abitazioni, i commenti erano sempre gli stessi: sì, magari nei paesi del nord Europa, è troppo costoso, da noi non serve, non fa così freddo, sono soldi buttati ecc.
Gli "esperti" del settore dicevano che in Italia le rinnovabili non avevano grandi potenzialità, il solare era una chimera, la capacità energetica dell'eolico era irrisoria e del tutto trascurabile.
Oggi le cose sembrano cambiate rispetto a quei tempi. Ora anche negli annunci pubblicitari di un qualsiasi giornale locale ci sono varie ditte che offrono impianti con energie rinnovabili e le imprese edili iniziano lentamente a capire che la casa a basso consumo è un valore aggiunto, non solo una spesa in più per il cliente. Anche perché alla fine le spese non sono poi sostanzialmente molto più alte rispetto alle case costruite comunemente. Spese che comunque si ammortizzano velocemente attraverso il minor consumo energetico e i minori interventi di manutenzione che invece sono all'ordine del giorno per le case edificate in malo modo (la quasi totalità) e senza attenzione al risparmio energetico.
Che i tempi siano cambiati lo si deduce anche dal fatto che si possono vedere facilmente pubblicità a tutta pagina sui maggiori quotidiani nazionali, di giovani frizzanti con tute Enel che ti dicono di lasciar fare agli "esperti", tecnici che in mano sbandierano pannelli fotovoltaici o addirittura modelli di microeolico. Quello stesso fotovoltaico ed eolico che in passato i medesimi "esperti" Enel trattavano con disprezzo.
Va da sé che in realtà all'Enel del fotovoltaico o eolico che dir si voglia,

non interessa assolutamente nulla e che se fosse per la sua direzione costruirebbe solo centrali nucleari e a carbone, anche nel giardino di casa di ogni italiano. Queste operazioni di maquillage servono soltanto a darsi la famosa riverniciatina di verde che adesso va tanto di moda.
Va ricordato infatti che sia l'Enel che il suo degno compare Eni, figurano saldamente nel gruppo dei più grandi inquinatori a livello mondiale e fra i maggiori responsabili da sempre dei tentativi di affossamento della diffusione dei concetti di efficienza, risparmio energetico e fonti rinnovabili. Se ai dirigenti Enel sta tanto a cuore l'ambiente, come mai non avviano una campagna di promozione a tappeto dell'efficienza energetica e non auspicano la diffusione capillare di impianti a energie rinnovabili o la microcogenerazione e abbandonano del tutto follie energetiche costosissime per l'economia e devastanti per l'ambiente e le persone come le centrali a carbone e quelle nucleari?
È evidente che in realtà essi non intendono intervenire seriamente su risparmio energetico, efficienza e rinnovabili dato che se lo facessero i loro profitti scenderebbero radicalmente, poiché si abbasserebbero di molto i consumi/sprechi[159] energetici. Chi vende l'energia da posizioni sostanzialmente ancora di monopolio, non ha particolare interesse che se ne compri di meno. E non ci si faccia abbindolare dalle finte campagne sulle lampadine a risparmio energetico, la sponsorizzazione di questo o quell'evento a sfondo ecologista, qualche corso di educazione ambientale per le scuole, qualche grosso impianto fotovoltaico o eolico installato qua e là con gran battage pubblicitario per impressionare e fare bella figura. Dietro questa patina pseudoecologista di superficie c'è il vero obiettivo, il vero core business che sono lo spreco energetico, la vendita della maggior quantità di energia possibile e la massiccia produzione di chilowatt dalle energie più inquinanti e pericolose che ci siano. Rischiose non solo per noi e ora, ma per tutti gli ecosistemi, se consideriamo la scellerata scelta nucleare oggi riproposta in chiave ipertecnologica.
Il nucleare è il paradigma della follia umana. Agli albori della sua nascita come sistema di produzione energetica veniva descritto come la soluzione di tutti i problemi, una energia pulita, infinita, a basso costo. Sappiamo come è andata a finire, rischi altissimi per l'intero mondo con centinaia di incidenti, alcuni dei quali in grado di sconvolgere e mettere in pericolo l'esistenza di milioni di persone: si pensi a Chernobyl e a Fukushima. Senza contare i costi enormi nella costruzione e smantellamento di queste cattedrali di morte e il fatto che è rimasto insoluto il problema dello stoccaggio di pericolosissime

scorie radioattive che lasceremo in eredità ai nostri discendenti per migliaia di anni e che ci malediranno per altrettanti.
Noi invece speriamo comunque che non si scopra mai, nucleare o meno, l'energia infinita, a basso costo e pulita, perché stiamo riuscendo a devastare il mondo senza, figuriamoci con! L'impostazione deve essere di natura diversa e dovrebbe basarsi sul senso di risparmio energetico e di condivisione e conservazione delle risorse per tutte le generazioni a venire.
Nel minimo spazio che rimane fuori dalla riserva Enel, siamo attualmente in una fase di transizione per cui chi discorre di (e installa realmente) fonti rinnovabili e di efficienza energetica non è più considerato solo un simpatico e volenteroso ecologista naif, ma un professionista perspicace, un precursore di un'era energetica finalmente sganciata dall'oro nero di drammatica e guerrafondaia provenienza.
Le opportunità per invertire la rotta, infatti, oggi ci sono e la strada da percorrere è quella che da tanto tempo indichiamo e perseguiamo. Lo stesso mercato, in modo sempre più percepibile, si sta orientando su questo cammino, poiché ambiente ed economia sono indissolubilmente legati.
Ci si sta sempre più accorgendo che, anche a causa del nostro modello sociale folle ed energivoro, i campi di intervento nel settore delle energie rinnovabili, dell'efficienza energetica, della bioedilizia, sono vastissimi e anche potenzialmente molto remunerativi.
E a proposito di indissolubilità fra economia e ambiente, si segnala l'eccezionale esempio in cui un assessore di un grande comune come quello di Hannover, capoluogo con circa 500.000 abitanti della regione della Bassa Sassonia in Germania, è assessore sia all'ambiente che all'economia. I due assessorati sono cioè accorpati. Non è un caso che questo distinto signore sia tra i fondatori dell'*Energie und Umweltzentrum* (Centro per l'energia e l'ambiente), che dal 1981 pratica la vera politica dell'ambientalismo dei fatti. Questo centro da allora ha trovato e indicato tante soluzioni che poi con il passar degli anni sono diventate standard ed esempi ripresi anche dalla legislazione nazionale per quello che riguarda la coibentazione degli edifici.
L'*Energie und Umweltzentrum,* indipendente e autogestito, già all'inizio degli anni '80 del Novecento dimostrava concretamente che con l'applicazione di sistemi a risparmio energetico nemmeno troppo estremi e con il ricorso alle energie rinnovabili non ci sarebbe stato alcun bisogno di costruire alcuna nuova centrale, anzi se ne sarebbe chiusa più di una di quelle già in funzione.
La realtà ha dimostrato e continua a dimostrare che agire su risparmio energetico, uso razionale dell'energia e fonti rinnovabili è un chiaro,

puntuale, intelligente, economico e sensato modo di agire.
La prima cosa che è bene ribadire è che occorre limitare al massimo i consumi/sprechi. Dopo aver agito in questo senso, si può provvedere a intervenire con le fonti rinnovabili.
Ancora oggi, questa visione si scontra con quella di gran parte degli ambientalisti che ringalluzziti dall'ondata dell'odierno mini-boom del solare, soprattutto del fotovoltaico, pensano che basti riempire di pannelli il mondo per risolvere tutti i problemi.
Ma pensare ciò sposta ancora una volta il problema, la cui soluzione verte innanzitutto sulla radicale riduzione dei consumi/sprechi energetici. Paradossalmente, spingere a tutta forza su immense centrali fotovoltaiche e mega centrali eoliche fa il gioco di chi vuole la centralizzazione dell'energia, poiché questa impostazione nella sostanza afferma implicitamente che i consumi energetici sono destinati ad aumentare.
Ma chi enuncia questi teoremi e assume queste posizioni riflette mai, anche solo per un attimo, fino a dove e fino a quando i consumi energetici possono aumentare? È palesemente illogico continuare a pensare che il fabbisogno energetico possa aumentare all'infinito e ancora più assurdo è pensare che basti produrre tutta l'energia che serve con le fonti rinnovabili per risolvere la questione.
Innanzitutto, questa prospettiva è tecnicamente assai difficile da attuare e servirebbe molto tempo, tempo che non abbiamo, visti i cambiamenti climatici in atto sempre più gravi. Ammesso che sia fattibile in tempi brevi (e non lo è), pensare di tappezzare il mondo di pannelli solari poi non metterebbe in discussione gli aspetti relativi alla crescita economica infinita in un mondo finito, che è il reale problema dell'attuale grave situazione.
Continuiamo a produrre tutte le merci attuali a un ritmo crescente avvalendoci di sole fonti rinnovabili? E le risorse (che già scarseggiano) per continuare a produrre le suddette fonti rinnovabili e quantità di merci sempre maggiori a livello mondiale, dove le troviamo? Su Marte, sulla Luna, su Giove? Con quali costi? Con quali tempi?
La soluzione reale, più veloce, economicamente conveniente, ambientalmente sensata e dai risultati certi è diminuire drasticamente i consumi/sprechi energetici. Questo obiettivo si può raggiungere intervenendo sull'efficienza e il risparmio. È infatti possibile agire in ogni ambito ottenendo una diminuzione di consumi/sprechi altissima a parità di servizi erogati. Basti pensare che una casa passiva[160] ha bisogno di soli 15 kWh/mq/anno di riscaldamento, ossia un consumo quasi nullo.

I consumi medi italiani sono compresi fra i 150 e i 200 kWh/mq/anno. Alcuni studi indicano anche consumi superiori a questi.
Che bisogno ho di ricorrere esasperatamente alle energie rinnovabili se il mio fabbisogno energetico è bassissimo?
Quindi, primo ridurre i consumi/sprechi e secondo intervenire con le rinnovabili, anche in combinazione con i combustibili fossili, usati però con grande attenzione e parsimonia. Il tutto deve avvenire all'interno di sistemi decentralizzati che ne traggano il maggior rendimento possibile con l'uso minore possibile.
In questo modo si avvierà quella fase di transizione nella quale i combustibili fossili verranno usati sempre di meno per lasciare sempre più spazio alle fonti rinnovabili. Ma tutto ciò è possibile solo se si minimizzano i consumi/sprechi, altrimenti stiamo prospettando un'autentica chimera.
Un esempio sensato di uso dei combustibili fossili è quello della microcogenerazione, un sistema di produzione di energia termica ed elettrica grazie a un motore di derivazione automobilistica, che può usare sia biocombustibili che combustibili fossili come gasolio, gpl o metano con rendimenti che superano il 90%. Paragonati a quelli delle centrali classiche sono un bel vantaggio dato che queste ultime non arrivano nemmeno a un rendimento del 40%.
Non viene detto perché non fa comodo a chi vuole installare centrali nucleari, ma fra le tante pericolose e antieconomiche controindicazioni di queste ultime, c'è anche il fatto che i loro rendimenti sono bassissimi, ovvero permangono nella preistoria dell'energia, dinosauri di inefficienza.
La diminuzione dei consumi/sprechi ha anche il vantaggio di poter creare le condizioni per diventare autoproduttori e cioè per decentralizzare la produzione e immettere in rete l'energia elettrica prodotta.
In questo modo si passerebbe quindi dalla produzione centralizzata che è la madre di tutti gli sprechi a quella decentralizzata e dell'autoproduzione con scambio in rete ovunque sia possibile.
La decentralizzazione, la diminuzione dei consumi/sprechi e l'uso delle fonti rinnovabili determinano una serie notevole di vantaggi: minori rischi di blackout, maggiore flessibilità della rete, adattamento della produzione energetica alle differenti situazioni locali ove si può prediligere una fonte rinnovabile piuttosto che un'altra, diminuzione dei costi in bolletta, diminuzione delle perdite in rete, diminuzione dell'inquinamento complessivo, diminuzione della dipendenza energetica da paesi esteri con conseguente pericolo di essere ostaggi da chiusura dei rubinetti,

diminuzione dei conflitti armati per l'accaparramento delle risorse energetiche, diminuzione delle infrastrutture necessarie a trasportare per migliaia di chilometri i combustibili fossili, diminuzione dei trasporti necessari alla dislocazione dei combustibili fossili con i conseguenti disastri ambientali ormai tristemente famosi come gli incidenti di navi e piattaforme petrolifere, diminuzione di rischi di attentati a pochi punti nevralgici di produzione energetica quali sono le centrali, diminuzione dei rischi relativi a incidenti potenzialmente pericolosissimi a impianti quali rigassificatori e centrali nucleari, diminuzione dei costi di acquisto dei combustibili fossili, diminuzione degli scontri e delle tensioni a livello locale causati dall'installazione di centrali o infrastrutture energetiche sul territorio e invece d'altro canto aumento di occupazione locale e qualificata, aumento della valorizzazione locale delle risorse energetiche e maggiore conoscenza dell'ambito territoriale, aumento della flessibilità del sistema energetico che può adattarsi meglio a diverse soluzioni.
Agendo quindi in quest'ottica non solo si renderebbe del tutto inutile anche solo pensare di costruire nuove centrali, di qualsiasi tipo fossero, ma si inizierebbe progressivamente a chiuderne la maggior parte, risultando queste inutili rispetto alla richiesta diminuita di energia.
E tutto questo senza che nel frattempo si sia accesa una sola candela (a meno di serate romantiche).
A questo punto rimane solo da chiedersi come faranno le industrie, i grandi produttori e le città a rifornirsi del quantitativo di energia che loro abbisogna.
In città dovrebbero essere seguite capillarmente azioni di isolamento termico, risparmio ed efficienza energetica con installazione puntuale di sistemi di microcogenerazione, il tutto condito da fonti rinnovabili laddove possibile. In questo modo i consumi diminuirebbero drasticamente e ogni quartiere o condominio potrebbe autonomamente gestire la propria energia sia da un punto di vista elettrico che termico.
Tutto questo genererebbe centinaia di migliaia di posti di lavoro per tutte le persone che interverrebbero in questi settori. Settori e interventi che si ripagherebbero da sé con i risparmi energetici ottenuti.
Inoltre l'industria automobilistica, perennemente in crisi, realizzando microcogeneratori potrebbe trovare finalmente qualcosa di sensato da produrre, così come sta facendo la Volkswagen con i suoi centomila pezzi in produzione per la Germania.
A livello delle varie industrie ci dovrebbe essere una drastica riduzione della produzione di merci di dubbia utilità ed energivore spinta anche attraverso

il rifiuto all'acquisto da parte dei consumatori, nonché una limitazione della grandezza delle industrie stesse, riportando la loro scala il più possibile a dimensioni nazionali e locali.

Non dimentichiamoci che andiamo incontro all'esaurimento delle risorse energetiche fossili e i più esposti alle difficoltà saranno proprio coloro che per il loro gigantismo hanno costantemente bisogno di enormi quantità di energia.

Per le industrie, l'esempio della ditta tedesca Solvis è illuminante. La Solvis è un'azienda che produce pannelli solari e che, con una serie di interventi a monte in fase di edificazione, consuma ben l'80% in meno rispetto a industrie simili. Quella modica quantità di energia che le necessita per le sue esigenze produttive viene prodotta con le sole fonti rinnovabili, ossia solare termico e fotovoltaico e microcogenerazione a olio vegetale, prodotto in un'area di 150 km dalla fabbrica[161].

Seguendo questo esempio le industrie dovrebbero abbattere drasticamente i loro consumi/sprechi e autoprodursi il quantitativo di energia necessaria rimanente (come avviene in molti casi già adesso[162]) con sistemi efficienti e il più possibile rinnovabili.

Scendendo nel particolare, ossia prendendo in considerazione la situazione personale di ognuno di noi, si può suggerire come primo passo di intervenire con il massimo isolamento della propria abitazione, possibilmente anche con un sistema meccanico di ventilazione controllata per l'estate e l'inverno. La qualità dell'aria all'interno delle abitazioni è solitamente pessima, l'aria non viene mai ricambiata come dovrebbe e questo contribuisce all'aumento delle malattie, dei fenomeni di condensa, della presenza di umidità e muffe con relativa insalubrità *indoor*. Con un sistema meccanico di ventilazione controllata, c'è un ricambio di aria continuo. L'aria può inoltre essere filtrata facilmente, aspetto assai importante soprattutto nelle inquinatissime città.

All'interno di case passive o a basso consumo che adoperano questo sistema, la salubrità dell'aria e la qualità del vivere sono decisamente più alte e basta dare un'occhiata alle frequenti interviste agli occupanti di queste abitazioni in Germania per verificare che nella stragrande maggioranza dei casi essi si dichiarano molto soddisfatti della loro scelta, sia perché consumano molto meno energia (e spendono quindi meno), sia perché il comfort è maggiore[163].

In secondo luogo, a livello familiare occorrerebbe utilizzare elettrodomestici e lampadine rigorosamente a bassissimo consumo. Poi collettori solari per acqua calda sanitaria con integrazione del riscaldamento, oppure impianti con pompa di calore geotermico domestico (non le centrali geotermiche

che sono qualcosa di completamente diverso e molto discutibile, anche dal punto di vista ambientale).
Ci sono in commercio caldaie a condensazione ad altissima efficienza che sono ottime. Per le auto è meno che mai consigliabile l'uso di biocarburanti da piante destinate all'alimentazione per i noti problemi ambientali di sfruttamento di intere aree del pianeta con popolazioni ridotte alla fame che questo comporta (in merito all'autotrazione tratteremo più avanti specificamente la questione).
In aggiunta a queste misure, se possibile, sarebbe meglio installare nella propria casa riscaldamenti a bassa temperatura con battiscopa radiante o a pavimento o a parete.
Importantissimo poi l'utilizzo di semplici sistemi di multiprese con interruttore per l'eliminazione degli *stand by* e apparecchiature per il monitoraggio immediato di consumi energetici e relativi costi che permettono un risparmio del 15-20% dei consumi elettrici.
Se proprio si vuole e si hanno le condizioni appropriate, si può anche installare un impianto di micro-eolico o micro-idroelettrico o mettere un impianto fotovoltaico sul tetto per la produzione di corrente elettrica, ma si tenga presente che non sarà questa scelta quella che farà risparmiare molto denaro, perché normalmente il maggiore costo di mantenimento e uso di un'abitazione non è l'elettricità ma il riscaldamento. Tra l'altro, è chiaro che in contesti rurali è più facile approvvigionarsi di legna che complessivamente ha un costo minore. Se poi si utilizza una cucina economica si può risparmiare anche sul gas per cucinare oltre che riscaldare l'acqua e gli ambienti creando una sensazione gradevolissima rispetto ai termosifoni tradizionali. Per non parlare del gusto dei cibi cotti su questa stufa.
Quindi con una casa bene coibentata, con doppi o tripli vetri basso emissivi e con un sistema di ventilazione controllata si risparmia d'inverno ma anche d'estate, poiché non si devono usare sistemi di condizionamento che è una voce che negli ultimi anni ha fatto impennare i consumi energetici estivi quando notoriamente dovrebbero essere più alti d'inverno. Anche questa situazione è una conseguenza di una pessima progettazione e costruzione delle abitazioni che non vengono pensate in base a criteri energetici e di comfort. Al contrario, è più diffuso spendere migliaia di euro per le mattonelle firmate in bagno o la vasca idromassaggio ma senza preoccuparsi di questi aspetti ben più importanti per la qualità della vita domestica e per il proprio portafoglio.
Anche prevedere il recupero dell'acqua piovana per utilizzarla nei bagni,

nelle lavatrici e per tutti quegli usi dove non serve l'acqua potabile permette un notevole risparmio di acqua. Si economizza anche se si decide di installare uno dei vari sistemi di risparmio dell'acqua oggi disponibili, come i riduttori di flusso per rubinetterie e docce. Questi, oltre che litri d'acqua, indirettamente fanno risparmiare anche energia se l'acqua che stiamo usando è calda e dato che a monte di tutti i nostri rubinetti ci sono sistemi di pompaggio che a loro volta utilizzano energia.

Visto che in Italia, grazie ai referendum, non è passata la scellerata idea di privatizzare l'acqua (il prossimo passo cosa sarà la privatizzazione dell'aria e del sole?), potrebbe essere questa un'ottima occasione per intensificare tutti gli accorgimenti per ridurre lo spreco di questo elemento prezioso che come abbiamo visto all'inizio del libro è in grandissimo pericolo.

Mettendo insieme tutte queste strategie si vedrà che in ultima analisi di energia ne serve veramente ben poca e questo è esattamente il contrario di quello che ci vogliono far credere quando ci dicono che i consumi energetici sono destinati inevitabilmente a crescere.

E meno energia si ha bisogno e più aumenta la qualità della vita, l'ambiente ringrazia tangibilmente e le tasche non si svuotano nel pagare di continuo bollette salate e in costante aumento.

Nella ricerca e applicazione dei migliori sistemi di riduzione di consumo energetico a parità di comfort (anzi migliorandolo) c'è la reale possibilità di creare quei milioni di posti di lavoro di cui qualche saltimbanco di politico farneticava anni fa.

Basti immaginare gli interventi di riqualificazione che si potrebbero fare su tutto il patrimonio edilizio italiano dal quale deriva più del 30% dei consumi energetici complessivi nazionali.

Oppure si provi a pensare a quello che significherebbe l'applicazione di solare termico anche solo laddove ci sono ancora scaldabagni elettrici per produrre acqua calda (nel paese del sole un crimine energetico che grida vendetta) e sono purtroppo ancora tantissimi.

Nell'insieme milioni di interventi, centinaia di migliaia di persone impiegate, altro che disoccupazione, altro che emissioni nocive aumentate. Anzi. Aumento reale dell'occupazione, diminuzione dell'inquinamento, aumento della qualità della vita, diminuzione dei costi.

Tutto questo tenendo sempre presente che la società umana non edificherà un mondo migliore semplicemente abbracciando le energie rinnovabili. L'abbiamo sottolineato più volte: un mondo ecologico non corrisponde necessariamente a un'umanità felice o egualitaria. Del pari, un mondo di occupati alienati e ipersfruttati, seppure nell'ambito delle rinnovabili, non risolve i problemi attuali di dissociazione individuale e collettiva che vorremmo risolvere. Risparmio energetico e occupazione verde sono solo passi iniziali verso un cambiamento profondo e reale.

Quindi solo riducendo al massimo qualsiasi consumo/spreco energetico a parità di comfort, si avrà davvero una soluzione praticabile e una diffusione reale delle fonti rinnovabili. E tale riduzione di sprechi e consumi avrà risvolti benefici anche nell'ambito della problematica dei rifiuti che è intimamente connessa con quella dell'energia.

Sulla nocività degli inceneritori e sul non senso energetico di bruciare i rifiuti per ricavarne misere percentuali di elettricità e calore c'è ormai una letteratura medica e scientifica nutritissima[164] e non staremo a discutere su ciò. Quello che va sottolineato è il fatto che incenerendo la cornucopia di rifiuti che eliminiamo quotidianamente si distruggono vere e proprie miniere di materie preziosissime, soprattutto nell'ottica di esaurimento delle risorse sempre più pressante in cui siamo costretti a vivere.

Un'attività che dovrà diventare prassi sarà moltiplicare ovunque l'eccellente riciclaggio di materiali portato avanti da aziende come quella di Vedelago. Questa è un centro per il riciclo dei rifiuti che sorge fondo di una delle tante cave di ghiaia del trevigiano, in una depressione di circa 4-5 metri, su una superficie di 35.000 mq. Nei tre capannoni del centro si selezionano e lavorano circa 22.000 t/anno di frazioni secche riciclabili, essenzialmente plastica, vetro, alluminio, pari a 80 t/giorno medie. Le frazioni secche riciclabili corrispondono a circa un milione di abitanti equivalenti serviti. Vi sono impiegate 58 persone[165].

E invece di inquinare l'atmosfera con gli inceneritori e distruggere materiale utile o aumentare i volumi e il numero delle discariche, sarà fondamentale aprire stabilimenti per il riciclo dei rifiuti gestiti direttamente dalle amministrazione comunali e in cui impiegare giovani e disoccupati (lavori finalmente e veramente socialmente utili). Questi aspetti uniti a una radicale riduzione complessiva di rifiuti e alla raccolta differenziata puntuale porta a porta, risolverebbero alla radice l'annoso problema dei rifiuti.

In questo modo si registrerebbero risparmi economici molto elevati per la collettività e per le amministrazioni e si creerebbero numerose opportunità lavorative e di salvaguardia ambientale che né gli inceneritori né le discariche sono in grado di fornire.

Note al capitolo

159. La parola "consumi" viene associata sempre al termine "sprechi" perché la strage energetica quotidiana a cui si assiste non può che essere associata indissolubilmente allo spreco.
160. Una casa passiva è un'abitazione che garantisce il benessere termico senza la necessità di un impianto di riscaldamento "convenzionale" (termosifoni o altro). Viene definita *passiva* perché le perdite termiche della casa durante la stagione fredda sono compensate quasi completamente dall'immagazzinamento passivo del calore del sole tramite le finestre (e un ottimo isolamento) e da quello generato all'interno dell'abitazione da elettrodomestici e dalle persone stesse che ci vivono. Queste abitazioni possono essere costruite impiegando qualsiasi materiale di costruzione ossia legno, mattoni o cemento armato. L'energia necessaria a pareggiare il bilancio termico dell'edificio è fornita solitamente da sistemi non convenzionali come pannelli solari o pompe di calore per riscaldare l'aria dell'impianto di ventilazione controllata a recupero energetico.
161. Banz, Elke e Riecks, Dietmar, *Solvis. La fabbrica a zero emissioni*, PAEA, Reggio Emilia, 2008.
162. Alcune aziende e grandi fabbriche si producono parte dell'energia con centrali private a gas, carbone o gasolio che vengono erette a fianco dei propri stabilimenti. L'energia prodotta in eccesso rispetto ai propri usi viene solitamente venduta e messa in rete.
163. Al 2006 nel nord Europa sono state costruite più di 8000 case conformi allo standard Passivhaus. Attualmente in Germania se ne costruiscono qualche centinaio all'anno. A questo ritmo entro la fine del 2010 si dovrebbe raggiungere una quota di mercato del 20%. Cfr. www.passine-on.org, sito ufficiale di un progetto di ricerca e diffusione delle case passive patrocinato dal programma europeo SAVE, Intelligent Energy for Europe.
164. Ruzzenenti, Marino, *L'Italia sotto i rifiuti. Brescia: un monito per la penisola*, Jaca Book, Milano, 2004; Montanari, Stefano, *Il girone delle polveri sottili*, Macro Edizioni, Cesena, 2008.
165. Cfr. relazione frutto di una visita diretta all'impianto e della rielaborazione dei dati gentilmente forniti dall'Azienda e dei documenti redatti da varie persone, tra cui Gianluigi Salvador, referente per il WWF del Veneto per energia e rifiuti, Fabio Tomei del Coordinamento delle associazioni ambientaliste del Piemonte Orientale e altri.

Gli stili di vita

Innanzitutto occorre fare una premessa, dura e cruda ma obbligata: siamo virtualizzati, non sappiamo praticamente fare più nulla. Certo non tutti, ma la stragrande maggioranza degli umani occidentali versa in queste condizioni. E per “fare” intendiamo fare con le mani, con il corpo, con i piedi, con l’astuzia, la forza, la manualità, la sapienza tramandata, l’arte della sopravvivenza innata. Siamo alla deriva, in balia delle correnti elettroniche dei nostri megaschermi che ci trasportano in pieno oceano esistenziale dove a un tratto ci accorgiamo di essere terribilmente soli, incapaci di nuotare e dipendenti da tutto e da tutti.
Ma cambiare rotta si può ed è più facile di quanto possa sembrare a prima vista. Non siamo poi così inetti. Provare per credere. Certo in questo modo siamo molto più funzionali al mercato. Chi non sa fare nulla deve acquistare tutto. E questo per una società fondata sui consumi in cui *tutto* viene venduto è il massimo. Tuttavia uscire dal circolo vizioso che ci costringe a lavorare sempre di più per poter acquistare sempre più merci è possibile; il percorso che porta a una maggiore libertà di sperimentare la vita dipende in gran parte solo da noi. Su la testa!

Il disinserimento

Sfatiamo un tabù che ci perseguita da sempre, quello per cui non si può scegliere e non si può decidere della propria vita ma c’è sempre qualcosa che ce lo impedisce. Nella grandissima parte dei casi sono gentili menzogne che raccontiamo a noi stessi o sentimenti di paura rispetto a quello che ancora ci è sconosciuto. In realtà, sarebbe opportuno assumere un atteggiamento più positivo verso la vita e iniziare a smettere di lamentarsi o di imputare sempre a qualcun altro la responsabilità delle nostre sventure (più o meno reali): il lamento è infatti probabilmente lo sport nazionale più praticato.

Ci sono sicuramente delle situazioni estreme di povertà o di difficoltà in cui è più difficile scegliere, soprattutto se ci si deve veramente dare da fare per non morire di fame o per risolvere problemi essenziali di sussistenza. Ma per la maggior parte dei casi, nella nostra opulenta società occidentale, è quanto mai vero che cambiare, scegliere, si può, basta volerlo fortemente.

Le obiezioni per le quali non si fanno scelte nella direzione di una maggiore libertà o per essere artefici del proprio destino, sono quasi sempre relative al fatto che non ci sono abbastanza soldi, abbastanza sicurezze ecc. Ma nel passato c'erano più soldi, c'erano più sicurezze? C'è mai stato un periodo in cui c'erano abbastanza soldi e sicurezze? A nostro parere no. Anzi. Se si guarda veramente ai fatti concreti e alla realtà, il periodo storico in cui ci sono più sicurezze e denaro è senz'altro questo. Invero, siamo circondati da così tante opportunità e ricchezza materiale come mai nella storia si è verificato.

Nella realtà odierna della nostra prospera società ci sono garanzie e risorse economiche molto più diffuse di quanto si pensi o si voglia far credere a se stessi e agli altri.

Non moriamo di fame, nessuno ci spara per strada perché siamo in guerra civile. Quasi ogni famiglia ha una casa di proprietà ed un lavoro, per i bianchi occidentali, in nero o no, c'è pressoché sempre. È vero che le tipologie di contratto sono ormai truffaldine e i diritti sindacali sono un'altra specie in via di estinzione, ma in caso di necessità se un individuo vuole davvero lavorare, in qualche modo riesce a trovare un'occupazione. Magari provvisoria, ma come anticamera di un miglioramento successivo.

Nell'ambito di un consumismo alla portata di tutti, ci si compra praticamente tutto quello che si vuole, tanto costa tutto così poco, e se non è di marca ci sono le imitazioni, c'è il "made in China". Le nostre abitazioni sono strapiene di ogni tipologia di oggetti: arredo per la casa, vestiti, stoviglie, giocattoli, dvd, strumenti tecnologici, utensili ecc. Senza contare l'enorme quantità di cianfrusaglia assolutamente inutile parcheggiata nelle nostre cantine e ora anche in appositi magazzini presi in affitto così come inizia ad avvenire in alcune grandi città dell'Occidente[166].

E nonostante tutta questa abbondanza con cui potremmo campare il resto della nostra vita gratuitamente (perlomeno in quegli ambiti) la paura ha sempre il sopravvento e ci si aggrappa alla presunta carenza di denaro con cui si motiva l'inazione. Sappiamo però che anche nel caso in cui i benedetti soldi arrivino (e cioè che per un qualche caso della vita si "svolti" in una fascia più alta di reddito), ecco che la frustrazione non cessa, perché da quel momento in poi si devono mantenere tutti i vizi e i costi che una vita di maggiore ricchezza o agiatezza comporta. Infatti, elevando il proprio status aumentano gli optional che ci si concede, in una corsa senza meta e senza fine.

Sono dinamiche che possiamo appurare quotidianamente. Il denaro pare non essere mai abbastanza, nonostante gli individui vivano a livelli di ricchezza elevati o comunque non gli manchi nulla del necessario per vivere più che dignitosamente.

Tutti poi ripetono il mantra per cui non si sa mai cosa può succedere e di conseguenza accumulano, accumulano e ancora accumulano. Un vezzo, diremmo, quasi preistorico, in funzione di possibili futuri tempi di carestia. Quindi, dietro al velo di paura e alle scuse che adduciamo a noi stessi c'è ben poco di reale. Ciò che fa paura è soprattutto nella nostra mente, nel martellante pensiero del bisogno di "sicurezze". Sicurezza di arrivare alla pensione avendo regalato la propria vita a qualcun altro che è prosperato sulle nostre paure di vivere? La sicurezza di accumulare soldi e beni per i posteri?

La paura di morire (alla fine, di quello si tratta) impedisce di fatto di vivere. Così si muore spiritualmente subito.

Per esaminare nel concreto se è vero che dobbiamo garantirci "sicurezze" o se invece abbiamo ampio spazio di manovra per esperienze gratificanti di esistenza, prendiamo spunto dall'interessante libro di Simone Perotti, *Adesso basta*[167].

Il *downshifting*, cioè il cambiare marcia, il rallentare, il cambiare vita, è una pratica possibile anche per chi ha redditi medio-bassi così come lo stesso Simone Perotti riporta nei suoi interventi pubblici e nella sua esperienza personale.

La nostra esperienza di vita e quella delle persone che ci circondano costituisce effettivamente la prova vivente che ciò è possibile.

Appartenendo alla fascia dei redditi medio-bassi e avendolo sperimentato direttamente, siamo infatti convinti che anche in questo caso (figuriamoci con redditi alti) sia possibile fare *downshifting* o "disinserirsi", cioè cambiare in meglio la propria esistenza e sganciarsi da una logica esistenziale tutta consumistica.

Bisogna sempre tenere presente che l'elemento fondamentale e che può dare un aiuto decisivo è mettersi insieme ad altri, e abbiamo già evidenziato che la ricomposizione della comunità è un aspetto insostituibile per la diminuzione dei costi, il miglioramento della qualità della vita e la possibilità reale di sopravvivenza futura nostra e del pianeta.
In ogni caso, anche il singolo individuo, la coppia o la famiglia che agiscono e si organizzano singolarmente possono affrontare una ristrutturazione dell'esistenza e della propria economia che può consentire loro di apportare decisivi miglioramenti, maggiore tempo libero e la coltivazione dei propri interessi e passioni. Ovviamente, la situazione comunitaria permette più "agi e comodità" e anche una libertà che il singolo o la famiglia sola non sempre riescono ad ottenere. Idem per i risparmi.
Se ad esempio una famiglia coltiva un orto può pensare di arrivare a risparmiare un terzo delle proprie spese alimentari mensili. Nella bella stagione il risparmio può essere anche maggiore, specie se si segue un'alimentazione vegetariana o che le assomiglia. Se però l'orto si fa in gruppo con altre famiglie è allora pensabile che sia possibile avviare altre coltivazioni (cereali, mais ecc.) arrivando a ridurre ancor più il costo "esterno" per i cibi.
Idem per quanto riguarda i consumi energetici. Una famiglia può arrivare a ridurre i propri consumi in vari modi. Il frigorifero ad esempio potrebbe essere a risparmio energetico, oppure ci si può ingegnare a costruirne uno naturale a consumo zero. In una situazione collettiva, però, più famiglie possono condividere il congelatore e tenere un piccolo frigorifero in casa per le necessità quotidiane. Anche costruire una cantina naturale comunitaria diviene facile e meno dispendioso. Lo stesso discorso può valere per la lavatrice. Più famiglie possono gestire un'unica lavatrice con risparmi in ogni ambito (energia, acqua, manutenzione ecc.).
Per entrare nel merito del "disinserimento" prendiamo dunque in considerazione un'ipotesi di comunità, tenendo però sempre presente che questa rappresenta la soluzione ideale, ma che anche "alla spicciolata" è possibile raggiungere più o meno gli stessi risultati.
Facciamo allora l'esempio di quattro famiglie, costituite in media da tre persone ciascuna, che si mettono insieme in un progetto di vita di eco-vicinato. Partiamo dal dato che ognuno dei due adulti guadagni novecento-mille euro netti al mese[168], per un totale di milleottocento-duemila euro a famiglia.
Analizziamo nello specifico i vari aspetti.

Trasporti

Le famiglie dovrebbero abitare vicino, sebbene non necessariamente nello stesso stabile o casa. Tuttavia dovrebbero avere quantomeno degli spazi in comune e avere le proprie abitazioni in un raggio di 200-300 metri.
Ogni famiglia ha solitamente in media due auto (se non di più se i figli sono grandi). Ci sono poi situazioni ancora più incredibili come ad esempio Catania, 300.000 abitanti, che si presume essere una delle città più povere d'Italia, con un altissimo indice di disoccupazione, che ha un rapporto tra popolazione e totale veicoli circolanti circa di 1:1. Limitando il rapporto alle sole autovetture si ottiene il valore di 2 autovetture ogni 3 residenti[169]. Complessivamente, in Italia, come abbiamo visto, ci sono addirittura più veicoli che abitanti. In un contesto collettivo, per le quattro famiglie basterebbero quattro auto invece di otto. Ma tenendo presenti le nostre paure, facciamo pure cinque, di cui una collettiva, nel senso che potrebbe essere usata da tutti e chiunque la usasse pagherebbe un tot al chilometro e con il denaro in entrata si ripagherebbe collettivamente l'acquisto, l'assicurazione e la manutenzione del mezzo[170].
In un contesto diverso non è poi detto che tutti debbano andare a lavorare fuori. Anzi, è auspicabile (e oggi sempre più fattibile) che fin da subito, proprio per come ci si organizza, qualcuno sia sempre presente all'interno di questa micro-comunità. Sappiamo bene che diminuendo le spese complessive diminuisce anche la necessità di produrre più reddito lavorando in qualche ufficio-bunker elettromagnetico o in qualche fabbrica mortifera. Quindi all'interno della comunità si possono stipulare accordi lavorativi part-time che permetterebbero a una persona (o a più persone in alternanza) di rimanere più tempo a casa per occuparsi di varie mansioni interne e utili per tutti. La diminuzione del costo della vita avrebbe quindi come primo corollario la messa a disposizione di più tempo libero o di una maggiore corrispondenza tra qualità della vita, aspirazioni personali e aiuto reciproco. Il fatto che le persone decidano di vivere dandosi una mano fa in modo che ci si organizzi meglio sotto molti aspetti. Il car sharing o la condivisione dell'auto tra i membri del gruppo potrebbe divenire abituale; il coordinamento intracomunitario per rendere più efficaci gli spostamenti diminuirebbe il numero complessivo degli stessi, i costi generali e delle singole famiglie e permetterebbe anche una maggiore socializzazione durante i tempi morti dei viaggi.
Non è complicato da gestire, basta un minimo di organizzazione e come

vantaggio, oltre a quello economico, c'è anche quello, oggi inusuale, dell'aumento delle relazioni fra le persone, che di certo, in un'ottica di vita che mira a un pieno significato, ha molto più valore del risparmio economico che potremmo realizzare.
È ovvio tuttavia che, per la nostra forma mentis ormai accumulata in due secoli di rivoluzione industriale, con il denaro che si risparmierebbe la gestione sarebbe vissuta indubbiamente in maniera più leggera e positiva, proficua per dirla in termini manageriali.
Non bisogna poi trascurare il fatto che ci sarebbero delle eventuali entrate extra derivanti dalle auto ereditate dalla precedente "vita" e vendute.

Energia

<u>Elettrodomestici</u>
Per quanto riguarda gli elettrodomestici si può pensare a una serie di accorgimenti che sicuramente abbassano ulteriormente le uscite mensili.
In una sala lavanderia apposita basterebbero infatti due lavatrici al posto delle quattro usuali (una per ogni famiglia). Magari una delle due lavatrici collettive potrebbe essere un po' più grande così da non dover mandare in lavanderia piumoni, coperte o altro, con conseguente risparmio generale.
Anche nel caso della cogestione del bucato si potrebbero dividere le spese, ad esempio versando un tanto a lavaggio e destinando i proventi per ripagare gli elettrodomestici stessi, acquistare collettivamente i detersivi, i quali possono anche essere autoprodotti.
Sempre nella stessa sala lavanderia ci potrebbero essere i congelatori, uno grande a scomparti e magari uno piccolo. Di quelli ben coibentati che consumano molto poco, meglio a corrente continua così si possono alimentare direttamente dal fotovoltaico o micro-eolico, senza bisogno di inverter. Due congelatori collettivi consentirebbero a ogni famiglia di avere in casa un frigorifero senza congelatore aggiunto (ce ne sono in commercio) con conseguente minor consumo, considerato che il congelatore è decisamente la parte che consuma di più e che il frigorifero funziona ventiquattro ore su ventiquattro praticamente tutto l'anno (vacanze comprese dato che ci si dimentica sistematicamente di staccarlo).
Le lavastoviglie sarebbero da evitare soprattutto se l'acqua calda per lavarvi i piatti la si ottiene direttamente dal solare. In ogni caso la lavastoviglie e la lavatrice possono essere collegate direttamente con un impianto solare termico o con una caldaia in modo da bypassare il più possibile l'uso della

resistenza elettrica per il riscaldamento dell'acqua.
Le asciugabiancheria, in un paese con un clima come l'Italia, da un punto di vista energetico sono anch'esse un altro non senso.

<u>Televisioni o video</u>
Fermo restando che una vita interessante e arricchente riduce di molto l'interesse verso passatempi passivi come la televisione, si può prevedere una sala collettiva in cui installare un video eliminando in tal modo un bel po' di televisioni in ogni casa (in media ce ne sono due o tre per ogni appartamento). E se in un paio di abitazioni si eliminasse del tutto la televisione, appoggiandosi alla sala comune, si pagherebbero meno canoni di abbonamento.
Inoltre, tornando ai vantaggi di tipo "umano" si può sottolineare il fatto che avere una sala collettiva per video, lettura, ascolto musica ecc. significa socializzare di più e ricondurre i pasti a una sana riunione di famiglia in cui si condividono le esperienze della giornata senza l'onnipresenza invadente e ammutolente della televisione. Averne solo una in una sala comune potrebbe anche far realizzare ai membri del gruppo che la sua mancanza in casa è più che altro una liberazione.

<u>Risparmio energetico</u>
Il denaro risparmiato da ogni famiglia nei vari ambiti sopra descritti può essere utilizzato per pagare ratealmente un finanziamento bancario su interventi energetici di coibentazione, risanamento energetico o installazione di dispositivi ad energie rinnovabili presso le varie abitazioni.
Installazioni o interventi che a loro volta possono avere un costo inferiore alla norma perché possono essere contrattati collettivamente con le ditte specializzate che, secondo il meccanismo delle economie di scala, faranno molto probabilmente prezzi più bassi. (Non è infatti un caso se ultimamente nascono gruppi di acquisto collettivo anche per i sistemi energetici rinnovabili).
In caso di abitazioni nello stesso stabile o vicinissime, si può pensare a sistemi di caldaie centralizzate con contabilizzatori del calore, così ognuno paga effettivamente quello che consuma, oppure a impianti di microcogenerazione per la produzione di calore ed elettricità.
Saremmo vicini al paradiso se le aziende installatrici di queste tecnologie coinvolte appartenessero a un circuito ben identificato di supporto a queste scelte comunitarie e dessero quindi garanzia di affidabilità non solo tecnica

ma anche personale, aspetto quanto mai importante in un mondo come quello della bioedilizia e delle fonti rinnovabili in cui si stanno avventurando ogni tipo di soggetti, comprese persone senza scrupoli e dalla dubbia morale ed esperienza.
Per quanto riguarda un'altra energia che interviene cospicuamente nel bilancio di una famiglia, ossia quella necessaria al riscaldamento, se ci si trova in una zona rurale si può avere la possibilità di usufruire della legna del bosco, badando però a mantenere i suoi equilibri. In questo modo si può disporre in maniera pressoché gratuita della legna da ardere per stufe, termocucine o termocamini (e in parte anche per cuocere i cibi, se si dispone di cucine economiche o altre stufe adatte). Spesso con questi sistemi di riscaldamento è anche possibile avere acqua calda sanitaria a un costo in pratica nullo.
Si tenga poi presente che più la casa è coibentata e ha il supporto di fonti rinnovabili e meno serve legna o qualsiasi altro combustibile per riscaldarla, ossia, tradotto, meno necessità di denaro e di lavoro per procurarselo.
Non dimentichiamoci poi che tenere monitorato il territorio significa anche esporsi meno ai rischi idrogeologici che ciclicamente flagellano moltissime zone d'Italia e che sono una diretta conseguenza di speculazioni edilizie, incomprensione e rottura degli equilibri geologici e incuria.

Alimenti

Nel caso di famiglie che condividono un buon vicinato gran parte della spesa alimentare si può ordinare collettivamente e conseguentemente si spenderebbe meno avendo comunque prodotti di qualità. Ormai i Gas (gruppi d'acquisto solidale) in Italia sono circa un migliaio e sono diffusi pressoché ovunque e fondandone uno o associandosi a uno esistente si può ottenere ogni tipo di alimenti di qualità a prezzi simili a quelli sul mercato (dove ci sono i costi di pubblicità, grossisti, trasporti internazionali e così via che gravano sul prezzo finale).
Se ci sono dei produttori locali in zona converrebbe ovviamente appoggiarsi a loro piuttosto che servirsi dal supermercato, poiché i costi saranno simili o minori ma la qualità decisamente più alta.
Conoscere poi le persone che producono cosa si mangia è sicuramente ben diverso che comprare un'anonima vaschetta in polistirolo e pellicola di plastica da sei pere (anche loro spesso di plastica).
Come si diceva in apertura di capitolo, in un contesto agricolo con terreno

a disposizione (non servono ettari ma qualche migliaio di metri a famiglia), fare l'orto collettivo fa risparmiare in media circa un terzo sulle spese alimentari rispetto a una famiglia che deve acquistare tutto.
Con l'orto, un frutteto e la possibilità di trasformazione di alimenti si ha un risparmio notevole.
Indirizzandosi poi verso una scelta vegetariana si diminuiscono ulteriormente i costi evitando quelli molto alti che normalmente ha la carne.
A turno, una o due volte alla settimana, i membri del vicinato eco-solidale possono preparare per tutti nel forno comune pane, pizza, piadine, biscotti, cracker, torte e crostate. In questo modo si produrrebbero alimenti a costo inferiore perché partendo dalla materia prima e producendoseli da sé, e senza necessità di spostamenti, il prezzo complessivo si abbassa di molto.

Servizi

In un contesto di aiuto reciproco baby sitter, badanti, asili nido o altro, servono molto meno se non per niente e si risparmia molto, visto che fra le famiglie ci si può organizzare tranquillamente per dividersi questi compiti.
Dunque soldi, tempo e anche inquinamento risparmiato per andare a portare e riprendere i bambini, e volete mettere la maggiore sicurezza che si ha offrendo/usufruendo di questi servizi fra persone conosciute senza dipendere da chi lo fa per mestiere e che a malapena si conosce?
E non si presenterebbe nemmeno il problema per cui in assenza di scuole materne la donna-madre deve necessariamente rimanere a casa, perché in un contesto di mutua assistenza tutti aiutano tutti, donne e uomini che siano, senza distinzioni o ruoli assegnati per lascito divino.

Beni vari

Libri, dvd, musica o altro possono essere messi nella sala audio/video/ biblioteca collettiva di cui si diceva e possono fare risparmiare altrettanto denaro.
Un film o un libro una volta utilizzati divengono oggetti-soprammobili. Se invece si allarga la possibilità di usufruirne è chiaro che può cambiare il loro uso. Stessa cosa per la musica dato che solitamente non si sta tutto il giorno ad ascoltare lo stesso cd e quindi si può facilmente condividerla.
Se poi ci sono delle opere che ci sono care, si può apporvi un bel timbro di riconoscimento o un *ex libris* così non vanno perse.

Ma non è bello condividere le proprie passioni e magari fare conoscere anche ad altri la propria musica, i propri libri, i propri film preferiti? E con tutto ciò conoscersi meglio, arricchire le discussioni, le opinioni, i modi di vedere e di pensare?
Se in ogni caso si fosse particolarmente gelosi delle proprie cose si potrebbero tenere per sé quelle a cui si è più affezionati e mettere a disposizione di tutti le altre. Con tutti i "prodotti culturali" che normalmente ci sono in una casa ce ne sarebbero sempre comunque tantissimi da condividere.
Un altro livello di condivisione è quello degli indumenti.
Di vestiti in buono stato che possono essere scambiati fra le varie persone ce ne sono un'infinità. È una pratica che non vi ispira? Eppure c'è un intero mercato dell'abbigliamento usato e sono moltissime le persone che vi fanno riferimento. Che differenza c'è se invece di acquistarli li si riceve in dono da amici, parenti ecc. o li si scambia con quello che non si usa, non va più bene o non piace più? Non solo, spesso dagli altri arrivano vestiti nemmeno mai usati e dalle caratteristiche più varie, scelti dai loro gusti e che quindi ci danno una varietà di opzione maggiore piuttosto che se solo noi fossimo andati in giro per negozi a cercarli.
E questo aspetto riguarda anche i mobili e qualsiasi altro oggetto di cui le case odierne sono piene. Prima di acquistare qualsiasi cosa, oltre che a domandarsi se serve veramente si può chiedere agli altri se magari ne hanno già un esemplare che non usano.
Siamo pieni di elettrodomestici, oggetti tecnologici e altri ammennicoli usati poco o nulla e poi buttati in soffitta.
Anche attrezzi agricoli, trapani, attrezzi in generale possono essere messi in comune e si avrà immediatamente un'intera officina agricola e meccanica a disposizione. Tutti oggetti che ognuno ha e che magari usa due volte l'anno.
Più difficile ma non impossibile è la condivisione dei medicinali. Tanto più se una parte degli stessi, quelli per i disturbi più comuni, si sono preparati in casa con le erbe dell'orto e quelle selvatiche appositamente raccolte (si possono infatti preparare sciroppi per la tosse, creme per la pelle, tisane per vari disturbi ecc.). Ma in generale anche molti medicinali di automedicazione per i più ricorrenti malesseri possono essere prestati quando non più utilizzati.
Molte abitazioni sono infatti sommerse da medicine. Ne vanno in scadenza una grande quantità, magari acquistate per un'urgenza e poi mai più usate. La loro condivisione permetterebbe un loro "smaltimento" perlomeno utile e un risparmio.

Organizzazione

La microcomunità che stiamo immaginando potrebbe anche incaricare una persona specifica interna alla stessa che con un contratto di lavoro part-time retribuito (coi risparmi ottenuti nell'insieme dalle varie famiglie) potrebbe fungere da manutentore e organizzatore. Questo addetto all'organizzazione comunitaria dovrebbe vigilare affinché tutto rimanga in ordine, farebbe i conti per l'uso dell'auto collettiva, programmerebbe le giornate di scambio oggetti e i turni fra le varie persone per un appoggio reciproco, indicherebbe chi si dovrebbe occupare dei periodi di semina o raccolta, segnalando alle persone quale lavoro servirebbe eseguire, farebbe gli ordini per i gruppi di acquisto collettivo ecc.
Avere quindi un supervisore che si adoperi per far sì che il tutto proceda adeguatamente e che non tutti si debbano occupare di ogni aspetto comunitario sarebbe ottimale. Per evitare problemi di accentramento di potere o altre dinamiche sgradevoli (e umanamente molto ricorrenti) si potrebbe rendere questo ruolo a rotazione tra i vari membri della comunità, magari per un anno ciascuno.
In ogni caso è chiaro che in una situazione di questo tipo bisognerà avere fiducia reciproca, capacità di organizzazione, ordine, rispetto dello spazio e delle cose altrui, stima dell'altro, senso di appartenenza, capacità di autocritica ecc.. Ma la comunità se non è arricchimento, crescita e fiducia reciproca a cosa serve?
Vogliamo continuare a fare tutto da soli, in lotta con uno stress sempre maggiore, non avere mai il tempo per se stessi e per le attività che ci piacciono veramente o forse vale la pena rischiare di avviare un progetto insieme ad altri nostri simili? Saranno poi così diversi da noi? Così bruti e orchi da non potercisi affezionare?
In fondo le difficoltà per realizzare un progetto di convivenza collettiva come quella prospettata non sono così alte e al contrario i vantaggi che ne derivano sono moltissimi, materiali e non.
Non si dimentichi poi che il fatto di avere vicino varie persone in un'ottica di collaborazione significa anche mettere a disposizione competenze e professionalità che magari cercati all'esterno possono costare parecchio.
Ribadiamo inoltre che gli affitti in zone rurali o non cittadine sono molto più bassi e permettono un ulteriore risparmio sulle uscite mensili. Tenendo presente questo aspetto (e salvo restando la particolare convenienza ambientale ed economica di vivere in campagna) è fattibile pensare che

molti dei tratti già elencati caratteristici della microcomunità che abbiamo immaginato possono essere realizzati anche in un quartiere cittadino o meglio ancora in una piccola città.

Costi

Proviamo a fare un calcolo indicativo e approssimativo di quello che spenderebbe mensilmente una famiglia consapevole (di tre membri) inserita in un contesto comunitario e che faccia le scelte di cui sopra seppur non nella loro totalità.

Tipologia di spesa	**Ammontare mensile**
Casa	400 euro (affitto o mutuo)
Alimenti	400 euro
Abbigliamento	40 euro
Trasporti	270 euro (per 1 auto a metano o GPL: assicurazione, tassa di circolazione, carburante per 20.000 km annui, tagliando periodico e manutenzione, gomme, riparazioni)
Telefono	85 euro (un telefono fisso con abbonamento Internet e un cellulare)
Tempo libero	70 euro
Viaggi/vacanze	80 euro (con una vacanza l'anno tramite scambio casa o associazioni di scambio ospitalità ecc.)
Sanità	100 euro
Energia elettrica e riscaldamento	90 euro
Varie	80 euro
Totale	1615 euro

Queste cifre le abbiamo dedotte dalle nostre spese mensili e da quelle di famiglie che conosciamo e annotate negli ultimi anni, anni di vita all'insegna della decrescita e del risparmio anticonsumistico. Il totale desunto rappresenta quindi la media delle uscite effettive di queste famiglie,

che vanno da due membri fino a un massimo di sei. E nel calcolare questa media siamo stati larghi di manica perché in realtà sarebbe più bassa.
Siamo quindi sicuri, per esperienza diretta, che si può fare anche di più e questa rimane una stima per eccesso. Siamo a conoscenza di situazioni familiari dove ci sono spese inferiori rispetto a quelle riportate in tabella.
Il totale di spesa riteniamo quindi sia valido in massima parte anche per una famiglia che agisce individualmente, sebbene unendosi ad altre si possano raggiungere risultati migliori e ulteriori risparmi (telefono, auto, cibo, tempo libero).
Andrea Saroldi, responsabile torinese dei Gas, indica un risparmio medio per famiglia pari a 2.000 euro l'anno nel caso di appartenenza a un gruppo d'acquisto solidale.
In particolare, una coppia senza figli rappresenta il massimo del risparmio perché può ridurre davvero al minimo le uscite, vivendo in modo molto semplice e puntando sulla soddisfazione personale in termini culturali, relazionali e creativi.
Abbiamo più volte constatato che in realtà di questo tipo ci si accorge progressivamente che i bisogni effettivi non sono poi così tanti e che le relazioni offrono molto di più che non la continua e ossessiva ricerca di oggetti da acquistare per acquietare momentaneamente la propria frenesia di gratificazione esistenziale.
In contesti del genere, se ben strutturati, cambia proprio la prospettiva. Non una vita per comprare ma una vita per vivere. Si può fare.
Teniamo anche presente che in Italia la stragrande maggioranza di noi (o la sua famiglia) possiede una casa di proprietà[171]. Questa consapevolezza dovrà esserci di aiuto quando decideremo di avventurarci verso l'indipendenza e la vita creativa. In pratica, infatti, un'abitazione o un appartamento di cui prima o poi potremo disporre, o di cui già disponiamo, rappresenta, a scelta, una sorta di pensione per chi ha già raggiunto una certa età o una possibilità di investimento ai fini della creazione di un "percorso alternativo" per chi ne può disporre immediatamente.

La qualità della nostra esistenza... e di quella degli altri

Vivere "a basso regime" non significa solo risparmiare e la scelta non dovrebbe essere operata in un'ottica esclusivamente economica.

La coltivazione di un orto familiare, l'autoproduzione di alcuni generi alimentari (marmellate, conserve, pane e prodotti da forno, cosmetici, preparazioni medicinali, detergenti ecc.), l'autoriparazione applicata agli impianti e agli arredi di casa (idraulico, elettrico, mobilio ecc.) l'autocostruzione di strutture per il proprio uso (pollai, portici, serre ecc.) permettono di vivere sicuramente un'esistenza più interessante, più equilibrata rispetto alla debordante preponderanza dell'attività intellettuale imperante e più equa se poniamo le conseguenze del nostro vivere sul piatto dei fragili equilibri ambientali e sociali planetari attuali.
Riteniamo sia un dato di non poco conto che le due persone più ricche del mondo abbiano più soldi del PIL complessivo dei 45 paesi più poveri[172]. Se abbiamo sempre pensato che il mondo è pieno di ingiustizie che avremmo sempre voluto vedere scomparire, beh, un modo sicuramente diretto di provvedervi finalmente è quello di abbracciare una vita semplice e sobria che non abusi delle risorse e dei beni disponibili sul pianeta. A questo riguardo un altro dato "sensibile": la metà più povera della popolazione globale possiede solo l'1 per cento della ricchezza del mondo[173].
Se non vogliamo continuare a recriminare sulla situazione esistente possiamo prendere atto che le nostre scelte personali operabili da subito ci sollevano da parecchie responsabilità e del pari alleviano numerose sofferenze ad altri nostri simili. L'ottica dell'obolo e dell'"aiuto umanitario" di cristiana memoria va superata. Non porta molto lontano. Scarica la coscienza, ma non supplisce ad un reale cambiamento. Cambiamento sia di chi dona che di chi riceve. La dignità di entrambi ne esce sminuita.
I pensatori più lucidi se n'erano già accorti più di un secolo fa. Alla fine dell'Ottocento, infatti, analizzando il problema dei miserabili che vivevano nei quartieri degradati della città di Mosca, Lev N. Tolstoj scriveva:

> «Perché gli sforzi della società servano a qualcosa, bisogna, secondo me, astenersi dal formare qualsiasi società filantropica; non fare nessuna propaganda, non raccogliere denaro con l'ausilio di feste, vendite di beneficenza ecc., non pubblicare, per esempio, che la principessa A*, ha donato 1.000 rubli per la tale opera, che il banchiere B*** ne ha donati 3.000, e che non vi siano neanche né riunioni di comitati, né registri, né alcuna contabilità. Bisogna prima di tutto che tutti coloro che condividono la mia maniera di vedere, si facciano designare dall'amministrazione per andare a visitare i quartieri più poveri, entrino in rapporto con gli abitanti, si impegnino in questi rapporti, e lavorino per farli uscire dal loro stato penoso. [...] Ma che vuol dire: "lavorare

per gli uomini?" mi si chiederà. Fare loro del bene. Non dare del denaro, ma far loro del bene. [...] penso che fare del bene e donare del denaro, non solamente non è la stessa cosa, ma trovo persino che sono due cose assolutamente contraddittorie. [...] Bisogna sviluppare una abnegazione attiva, bisogna che gli uomini che vogliono fare del bene donino, non già il loro denaro – il peccato altrui – ma il loro lavoro, la loro vita»[174].

La causa della miseria altrui sono la nostra eccessiva ricchezza e il nostro disimpegno. Se vogliamo soccorrere gli umani che vivono in condizioni deplorevoli è chiaro che dobbiamo innanzi tutto smettere di sfruttarli e vivere di quel poco che ci serve veramente. Dando loro quel denaro che straripa dalla nostra alienata e illusoria fastosità compriamo la loro anima ed elemosiniamo la loro comprensione e la giustificazione della nostra orgia materiale.
Una lieta sobrietà unita al boicottaggio di tutte quelle situazioni, prodotti commerciali, multinazionali, banche, società petrolifere ecc. che imperano con le loro azioni illecite o quasi a livello mondiale o statale possono essere due parametri di percorso cui attenersi che possono dare grandi soddisfazioni a livello personale, filosofico e spirituale.
«Chi ha un perché per vivere può sopportare quasi tutti i come»[175].

Note al capitolo

166. Negli Stati Uniti lo spazio occupato dai depositi personali è, in metri quadri, corrispondente al triplo dell'isola di Manhattan. Ci sono più di 40.000 magazzini di questo tipo e il settore fattura più denaro di quello musicale o cinematografico. Un terzo di questi spazi sono affittati da persone che hanno un reddito inferiore ai 15.000 dollari l'anno e quindi non molto abbienti. Persone che hanno già cantine e garage zeppi di cose. Cfr. Naish, John, *Basta!*, Fazi Editore, Roma, 2009, p. 83.
167. Perotti, Simone, *Adesso basta. Lasciare il lavoro e cambiare vita. Filosofia e strategia di chi ce l'ha fatta,* Chiarelettere, Milano, 2009, pp. 142-179.
168. Normalmente, oggi si ritiene che una cifra di questo genere sia equivalente a una miseria. Si veda ad esempio l'articolo in tal senso comparso su *la Repubblica* a cura di Luisa Grion, "Una famiglia italiana su sette stenta ad arrivare a fine mese", 18 gennaio 2008, p. 14. In questo articolo si riporta un dato ISTAT secondo cui il reddito medio delle famiglie italiane è di 2311 euro al mese ma "ben" il 50% percepisce meno di 1872 euro, come se con questa cifra non si potesse far fronte a tutte le necessità. Cfr. ISTAT (a cura

di), *Distribuzione del reddito e condizioni di vita in Italia 2005-2006*, ISTAT, Roma, 17 gennaio 2008.

169. Comune di Catania, XIII Direzione, Ecologia, Ambiente e N.U., *Rapporto sulla qualità dell'aria 2005-2007*, p. 5. http://www.comune.catania.it/il_comune/organizzazione/uffici_comunali/direzioni/ambiente/inquinamento/qualit-dell-aria/data/rapporto_annuale_2005_2007.pdf.
170. Secondo una ricerca della Fondazione Filippo Caracciolo, centro studi dell'Automobile Club d'Italia, svoltasi nel 2006, il costo medio annuo di mantenimento di un'auto nel nostro paese è di 4.783 euro. Senza contare il costo di parcheggi, multe e tariffe autostradali, che non è poco. Cfr. Fondazione Filippo Caracciolo (a cura di), *Mia carissima automobile. La spesa delle famiglie per l'automobile,* Fondazione Filippo Caracciolo, Roma, settembre 2006, p. 30.
171. In Italia circa 7 famiglie su 10 (il 68,5% del totale pari a 16,9 milioni di nuclei) sono proprietarie della casa in cui vivono mentre circa 2 su 10 (il 18,9% pari a 4,7 milioni) pagano l'affitto. Cfr. rilevazione ISTAT relativa al 2008 riportata da un'agenzia ANSA del 26 febbraio 2010. ("Casa: Istat, 70% famiglie proprietarie").
172. Dato del 2007. Cfr. "Il benessere è ancora un privilegio per pochi", in *National Geographic*, numero speciale "La salute della Terra", a cura di Thomas Hayden, 2007, p. 23.
173. *Ibid.*, pp. 28-29.
174. Tolstoj, Lev N., "Il denaro", in *La Vera Vita*, AII-Manca Editrice, Genova, 1991, pp. 133-283, cfr. pp. 142-145.
175. Citazione di F. Nietzsche.

L'educazione e le relazioni sociali

La scuola: un edificio vuoto

Cosa insegni la scuola non è dato sapere.
Non solo le scuole sono allo sfascio dal punto di vista strutturale e della manutenzione, ma anche i programmi che vi si perseguono sono del tutto inadeguati alla realtà corrente e lo saranno ancora più nel prossimo futuro nel quale sarà fondamentale avere le conoscenze base che permettono la sopravvivenza della nostra specie.
Gli aspetti della vita legati alla manualità sono completamente trascurati nell'attuale educazione scolastica, mentre è sempre più chiaro che sapere fare qualcosa con le mani è fondamentale per se stessi e per lo sviluppo delle proprie capacità mentali.
La tendenza pedagogica attuale è invece quella di favorire l'insegnamento della lingua inglese (utile, ma non deve divenire una lingua da colonizzati), dell'informatica e di una complessa mole di nozioni scientifiche e tecniche che lasciano il posto a un analfabetismo di ritorno non appena uno studente termina o abbandona gli studi.
Nella scuola odierna non vengono insegnate nozioni di base utili allo svolgimento dell'esistenza in senso filosofico e spirituale. Tanto meno vengono insegnati metodi di coltivazione di piante edibili, nozioni di medicina preventiva e di alimentazione naturale oppure conoscenze legate al soddisfacimento delle necessità primarie per non dire delle arti creative[176].
A scuola, sostanzialmente, gli studenti leggono e scrivono meccanicamente, afferrando ben poco di quello che ripetono come pappagalli.
I diversi tempi di apprendimento, di reazione e di interpretazione di ogni bambino, ragazzo o studente sono del tutto ignorati e anzi percepiti come livelli diversi di disturbo mentale.

Sono sempre più coloro che si domandano dove è finita la sana e semplice scuola di una volta. Quella che ti permetteva di imparare divertendoti coi tuoi compagni e non di gareggiare per primeggiare sopra i tuoi concorrenti. Chi ha dei figli in età scolastica afferra al volo l'esamificio che la scuola è diventata, vera istituzione di produzione di esseri consenzienti e addestrati a lavorare dall'alba al tramonto, stracarichi di compiti degni della *Settimana enigmistica* già all'età di nove anni.

Nella maggior parte dei casi, genitori, maestri e professori si adattano alla situazione per inerzia o per esaurimento delle forze, senza contare che nessuno di essi conta più nulla o quasi. Una sovrastruttura burocratica, assicurativa e di medicalizzazione avvolge le istituzioni scolastiche rendendole una giungla in cui occorre imparare a sapersi difendere o nascondere. Un insegnante, in effetti, non è più libero di svolgere il suo lavoro di educatore senza fare i conti con le possibili conseguenze legali di ogni suo gesto o senza dover sottostare (quando presente) alle opinioni espresse dallo psicologo scolastico di turno che pontifica su tutto e tutti. La medicalizzazione delle scuole passa infatti anche attraverso il rafforzamento della presenza di queste figure "professionali" in ogni distretto scolastico e che si attivano con varie iniziative di screening mentale e comportamentale (devono giustificare la loro esistenza) dei ragazzi.

Test e questionari sui bambini vengono eseguiti talvolta all'insaputa dei genitori stessi. Le diagnosi psicologiche, che solitamente seguono queste "indagini", hanno di frequente conseguenze negative sui bimbi e sui loro genitori. Eppure esse sono effettuate sulla base di poche ore di osservazione, sull'analisi di disegni o schede molto aleatorie e compilate in pochi minuti. Niente a che vedere con le centinaia di ore di un intero anno scolastico che l'insegnante trascorre insieme ai suoi alunni.

La scuola dell'obbedienza e la scuola dei piedi scalzi

Sempre più all'estero (Austria, Francia, Gran Bretagna ecc.) fioriscono scuole improntate a una cultura della libertà (scuola come preparazione alla vita) e all'apprendimento non di tipo mnemonico o sostanzialmente finalizzato a un discorso meramente economico come succede nelle scuole normalmente (scuola come preparazione al mondo del lavoro e al consumismo).

In Italia si hanno poche esperienze di questo tipo, eppure, come testimoniano le lettere degli insegnanti che è facile reperire sui quotidiani e sui settimanali, gli educatori per realizzarle ci sarebbero eccome! Perché allora non passare dalla critica e dalla denuncia (sacrosante intendiamoci) alla propositività e metter mano a un progetto entusiasmante? Perché venti-trenta genitori non si consorziano e decidono con tre-quattro insegnanti di aprire insieme una scuola sulle basi etiche e pedagogiche che essi riconoscono come valide? Crediamo ci siano ancora spazi legali per agire in questo senso. Non pensiamo serva altro purtroppo al giorno d'oggi che non la messa in pratica del proprio dissenso. Anche perché, questione non da poco, si inizia a vivere subito meglio. E questo cambia immediatamente le carte in tavola anche per chi ci osserva e ci vive accanto.

Carlo Pisacane, personaggio storico che andrebbe sicuramente rivalutato, fece un'osservazione, in merito al problema dell'educazione e della propagazione delle idee per un mondo migliore, che più di un secolo dopo suona ancora molto attuale: «la propaganda dell'idea è una chimera, l'educazione del popolo è un assurdo. Le idee risultano dai fatti, non questi da quelle, ed il popolo non sarà libero quando sarà educato, ma sarà educato quando sarà libero»[177]. Innanzitutto dunque è necessaria la formazione di una coscienza. Questa sarebbe la vocazione più importante di una scuola.

Un esempio concreto di scuola autentica che è partita dal basso viene da uno dei luoghi più poveri del pianeta, la parte occidentale del deserto del Thar, nello stato del Rajasthan, in India.

In quelle lande desolate, nel quasi totale silenzio e con una costanza degna di un'ascesi spirituale o rivoluzionaria che dir si voglia sta andando avanti dal 1971 un progetto di vita rurale egualitaria e dignitosa nei villaggi tra i più poveri del subcontinente indiano che ha molto da insegnare a tutto il mondo.

È la "Scuola dei piedi scalzi" (*Barefoot College*) fondata da Sanjit "Bunker" Roy, un esponente dell'alta borghesia indiana che appena laureato ha lasciato una carriera promettente nella sfavillante India metropolitana filoccidentale in crescita smisurata per andare a vivere tra gli ultimi, tra coloro che non riescono quasi mai a mangiare due volte al giorno e che devono fare i conti con una situazione di povertà smisurata, pregiudizi di casta terribili e un clima desertico che rende difficile anche un minimo di agricoltura di sussistenza.

Maria Pace Ottieri, una scrittrice di narrativa nota nel nostro paese e collaboratrice di varie riviste e reti televisive ha compiuto un viaggio a Tilonia, il villaggio dove Bunker Roy si è installato, e in un libro-documento di eccezionale valore antropologico e sociale[178] ci racconta l'esperienza che un pugno di idealisti sta portando avanti da un quarantennio in un paese dalle mille contraddizioni crescenti, dove miseria e ricchezza sfrenata convivono fianco a fianco in una babele di religioni, tabù di casta e miraggi di fortuna. Tra gli ultimi di quel sistema economico-sociale impazzito che è l'India odierna, Bunker Roy ha avviato, con nessuna risorsa e pochi sostenitori, un esperimento sociale che mira a recuperare le risorse intellettuali locali, gli antichi saperi e le tradizioni perdute per ripristinare senza l'intervento di agenti esterni (funzionari delle Ong, ingegneri volontari di turno o altri operatori istituzionali) fonti di irrigazione, energia solare, centri di cure sanitarie, scuole per la risoluzione di problemi concreti della vita di ogni giorno. E puntando tutto sugli analfabeti e senza scarpe, che sono i requisiti essenziali per avere accesso all'aiuto/praticantato che dona le basi per imparare a scavare un pozzo per l'acqua, a costruirsi un pannello solare per la produzione di elettricità, a curarsi in modo sobrio ma efficace e a fare bagaglio di tanti piccoli espedienti per la sopravvivenza quotidiana in situazioni di estrema necessità quali sono quelle degli ultimi su questo pianeta.

Dal punto di vista sociale Tilonia rappresenta anche un esperimento di tipo avanzato per quello che riguarda il superamento delle discriminazioni di casta. A Tilonia e negli altri villaggi dove si sta espandendo il modello, tutti sono uguali e sono caduti i divieti che solitamente condizionano per l'intera esistenza chi nasce in una delle caste più umili. Idem per la donna e la sua situazione di sottomissione in cui vive nella società tradizionale indiana.

E questa esperienza in India oggi si è estesa a cento villaggi e interessa una popolazione di 110.000 abitanti su 82.349 chilometri quadrati di territorio. È stata inoltre esportata anche in Afghanistan, Sierra Leone, Etiopia, Senegal, Tanzania, Ghana, Bolivia.

È una rivoluzione silenziosa che parte da presupposti completamente diversi rispetto a sviluppo, istruzione superiore specialistica e industrializzazione e che per un occidentale sono di difficile comprensione. Bisogna fare un notevole sforzo per capire quanto ci siamo allontanati dalle priorità dell'esistenza. La cosa migliore è riportare alcuni brani direttamente dal testo che chiariscono in maniera unica l'impostazione di questa esperienza preziosissima.

Racconta Bunker Roy:

> «Sono arrivato a Tilonia senza nessun progetto, nessun programma, e senza un soldo da offrire. Volevo semplicemente lavorare con i contadini.

Vivevo con i contadini poverissimi dei villaggi, sotto le stelle, e ascoltavo le storie semplici che raccontavano sulle loro conoscenze e le loro esperienze che libri e università non ti insegnano. La mia vera educazione è cominciata allora, quando ho visto i rabdomanti, gli aggiustaossa o le levatrici al lavoro. In quegli anni non avevo mai letto né Mahatma Gandhi, né Marx, non sono stati loro a ispirarmi, ma persone comuni con grinta, determinazione e la straordinaria abilità di sopravvivere con quasi niente, di vivere una vita molto dura con grazia, dignità e rispetto per se stessi. Non abbiamo stabilito niente prima, non c'è stata nessuna costosa indagine per decidere che cosa fare, nessun programma di attività dettagliato. Né abbiamo ricevuto alcun aiuto da parte del movimento del volontariato indiano, eravamo troppo piccoli per attirare la loro attenzione. Volevamo offrire un approccio che non vedesse la vita rurale suddivisa in tanti compartimenti come la concepiscono gli esperti e puntare più sulle persone che sui progetti. Questa è stata la prima priorità, nessun reclutamento per annunci ma solo per passaparola, per tentativi ed errori. Da allora, mi accompagna il pensiero di provare a diminuire la povertà. Non mi aspetto riconoscenza o ringraziamenti. Lo faccio per me. È un viaggio esclusivamente personale quello di scoprire se stessi. [...]

Vedere persone morire di fame di fronte ai tuoi occhi ed essere incapace di fare qualcosa è terribile. Capii che la legge serve solo a proteggere i ricchi. Chiedete ai poveri delle campagne che cosa significhi sfruttamento e non sanno di che cosa si stia parlando perché è la sola cosa che conoscono. Dire loro che sono stati sfruttati come animali è dire che stanno respirando»[179].

E ancora:

«Gli intellettuali che stanno dietro al Millennium Development Goals (*il più ambizioso programma umanitario dell'Onu*) e siedono a New York stanno facendo di tutto perché gli obiettivi rimangano irraggiungibili. Negli ultimi 34 anni, avendo vissuto e lavorato con i contadini del Rajasthan, che guadagnano meno di un dollaro al giorno, ho smesso di sorprendermi della incredibile ignoranza, stupidità e ottimismo prodotto nell'affrontare la povertà estrema.

Sempre più spesso, politici senza lavoro si ritrovano a presiedere delle commissioni. I fondi per lavorare e organizzare seminari, preparare raccomandazioni inutili e piani d'azione che nessuno legge o segue, non mancano mai. Ma quanti hanno coinvolto i poveri nella stesura di questi piani? [...] La povertà oggi è un grosso affare. Migliaia di lavoratori nel Nord del mondo sono pagati solo per sciorinare cifre sensazionali su riviste patinate che dimostrano come i poveri resteranno poveri finché non si stanzieranno sempre più fondi. Non importa se vanno a finanziare consulenze da 1000 dollari al giorno a persone che non hanno mai passato una sola notte in un villaggio. O che non hanno mai conosciuto la fame nemmeno per un'ora della loro vita, o bevuto acqua contaminata o camminato per 10 chilometri per raggiungere la scuola, o marciato per due giorni per comprare un barile di kerosene con cui accendere la stufa. Da dove cominciamo a spiegare a questi esperti così poco sensibili, come ci si sente di fronte alla paura, alla morte, alla fame, allo sfruttamento, all'ingiustizia ogni giorno della propria vita? Come possiamo comunicare l'impotenza, l'urgenza e la rabbia che questi spacciatori di carta non proveranno mai? I governi del Sud non sono così stupidi da non vedere che la povertà sta aumentando. Scorrono fiumi di dollari e nessuno dei donatori internazionali si prende la briga di accennare all'ininterrotta serie di fallimenti.

Dobbiamo guardare avanti. Impariamo dal passato, pensiamo fuori dalla scatola, a soluzioni semplici. Quello che succhia denaro è l'approccio dall'alto in basso, il colare dal Nord al Sud di idee, metodi, approcci, attrezzature e personale. Tutto ciò ha fallito miseramente. Invece di chiedere più soldi che inevitabilmente verrebbero sprecati, si farebbe bene a offrire alternative per spendere meglio i fondi esistenti. I soldi per dare acqua potabile a tutti ci sarebbero se gli esperti tenessero conto delle soluzioni a basso costo trovate dalla gente. Ma non ce ne saranno mai abbastanza se invece si ascoltano solo le soluzioni proposte dai cosiddetti ingegneri idraulici qualificati.

Al costo di un impianto di perforazione per una pompa a mano in una scuola si possono raccogliere 15 milioni di litri di acqua piovana in oltre 100 scuole e fornire lavoro a 1000 contadini nei villaggi per quattro mesi. Perché questa soluzione non viene presa in considerazione su larga scala? Per molte ragioni. Primo perché piccolo non è bello agli occhi dei consulenti. Secondo perché non si vuole dispiacere nessuno denunciando la corruzione, lo spreco e l'incompetenza. E come si giustificano i 60 milioni di tonnellate di cibo marcio nei magazzini del governo indiano mangiati dai topi mentre milioni di indiani non hanno da mangiare? Il problema è la distribuzione non la produzione.

Per cambiare mentalità non ci servono soldi. Dare fiducia ai poveri e lasciare che realizzino i loro progetti non richiede denaro. Le persone non possono essere evolute, si evolvono da sole»[180].

Una vera scuola dovrebbe orientare i ragazzi alla solidarietà e alla felicità per tutti sul pianeta. Il senso di giustizia, di equità e di rispetto dell'altro e dell'ambiente dovrebbero essere tra i requisiti primari della pedagogia del nuovo millennio.

L'esempio del Barefoot College di quanto si possa fare con pochi mezzi ma tantissima intelligenza, è in effetti quello di una grande rivoluzione culturale in cui si è data la possibilità agli ultimi degli ultimi di poter avere almeno una speranza di emergere dalla miseria assoluta. Senza enormi fondi, ma con pochi e chiari obiettivi e dando alle persone la possibilità di soddisfare i bisogni primari per poi cercare di migliorare le condizioni generali. Queste persone, per lo più analfabete, che diventano "ingegneri solari", uomini e donne senza distinzioni di sesso, casta, religione, nazionalità e che attraverso le energie rinnovabili, le tecnologie semplici e appropriate danno una speranza a loro stessi e alle loro comunità, dovrebbero costituire un faro illuminante per il nostro percorso educativo.

La linea perseguita da questo progetto dovrebbe essere prioritaria e considerata come pratica-modello per tutte le persone, scuole, gruppi, Ong e governi che intendono fare veramente qualcosa per quei paesi che sino ad oggi sono stati sfruttati oltre ogni immaginazione.

La scuola dovrebbe far parte di un progetto educativo della società molto più ampio e che dovrebbe coinvolgere tutte la classi sociali e anagrafiche. C'è un disperato bisogno di umanizzazione globale. La spinta tecnoconsumistica e la ricchezza materiale hanno infatti portato la nostra società a un livello di disumanizzazione molto elevato.

Scopo principale della scuola dovrebbe essere il ripristino di questa perduta umanità. In secondo luogo essa dovrebbe fornire le conoscenze di base per poter camminare da soli nel mondo in modo *concreto*.

I bambini e i ragazzi dovrebbero essere impegnati solo alla mattina e le materie didattiche dovrebbero essere divise in due grandi partizioni: la prima, teorica, con le basi tradizionali quali storia, geografia, matematica, lettere ecc. e la seconda, pratica, dovrebbe essere dedicata all'agricoltura, alla musica, all'arte, alla falegnameria, alla lavorazione del ferro, alla riparazione di oggetti ecc.

Le attività manuali dovrebbero avere la stessa importanza di quelle intellettive e non ci dovrebbero essere discriminazioni sessuali per questo o quel lavoro. Una scuola di questo tipo potrebbe ritornare a divertire e interessare, e a formare una futura generazione di umani responsabili, creativi, innovativi e liberi.

Il deserto relazionale

Qui e là nel deserto relazionale di questa società svetta qualche palma in cerca di acqua e altre piante consorelle per poter continuare a mantenersi in vita e a rigenerarla. Sono coloro che non si sono arresi alla mercificazione dei rapporti personali cui tende con forza la "civiltà" dei consumi.
Eppure, a ben guardare, abbiamo incredibili opportunità, molte più di quante potessimo avere anche solo cinquant'anni fa.
Le nostre qualità personali, l'immensa bellezza della natura, un mondo intero con cui interagire ci aprono a molteplici possibilità di esistenza.
In linea di massima, possiamo fare qualsiasi cosa, non siamo braccati, non siamo alla fame, abbiamo tutte le scelte davanti a noi e a volte basta cercarle, vederle, coglierle con saggezza.
Certo, bisogna anche impegnarsi affinché la realtà circostante, che è la vera fonte del disagio interiore (e non solo) che sperimentiamo, sia modificata secondo i parametri di una vita degna di senso. Essa va riempita di attività culturali, di motivazioni, di scopi, di insegnamenti, di rapporti interessanti.
Se opportunamente stimolate a livello intellettuale con interventi mirati a seconda dei contesti, le persone reagiscono a ogni livello e latitudine. E reagiscono integralmente come esseri completi e non come le "risorse umane" che la scuola prepara con la cultura parcellizzata adatta alle esigenze della new economy.
È un po' come nel rapporto fra genitori e figli: bisogna dare attenzione, i giusti stimoli, il giusto tempo dedicato e non pensare che basti fornire uno spunto affinché le persone proseguano da sole.
Per instaurare nuove e più profonde e feconde relazioni occorre creare quelle strutture e attività che tolgano dalla strada i giovani che se ne stanno a ciondolare tutto il giorno, e che li coinvolgano e li rendano protagonisti non di varietà televisivi ma di se stessi e della propria vita. Attività che insegnino loro qualcosa di utile, di creativo, di importante per se stessi e per la società che li circonda. Non in una cornice di stanco dopo-scuola ma

di arricchimento e vivacità continua della proposta in funzione anche di un recupero dell'amicizia e del dialogo che oggi sono praticamente scomparsi dietro la cortina fumogena di film e videogiochi. Non è concepibile che ogni qualvolta due ragazzi o due adolescenti si incontrano per passare qualche ora insieme finiscano dopo pochi minuti per optare per una realtà virtuale, sia essa un video o una navigazione Internet. La decadenza della relazione interumana dovrebbe elevare al grado di massima allerta la nostra attenzione e i nostri sforzi per impedire il crollo finale nella videocrazia e nell'aridocultura.

La risposta reale è ricreare quindi la comunità, dove ognuno ha senso e valore per quello che è, dove è tutelato, aiutato nelle difficoltà e non lasciato solo in balia degli eventi. E se lo stato o chi per esso non svolge questo compito, le persone devono mettersi insieme e pensare esse stesse a ricreare le condizioni ottimali affinché la comunità possa svolgere il suo compito di aiuto e tutela del singolo e fare in modo che tutti si sentano inseriti in un contesto non ostile, pieno di opportunità e di relazioni emozionanti e appaganti.

Le amministrazioni comunali, all'interno delle comunità, potrebbero fare moltissimo in questo senso e, invece di appoggiare l'avvio dell'ennesimo ipermercato, potrebbero aprire centri culturali polivalenti dove si potrebbero insegnare anche mestieri, filosofia, agricoltura e storia locale. In questi luoghi si potrebbero invitare gli anziani a parlare coi giovani, oppure persone dalle conoscenze ed esperienze diverse per esporre le loro storie singolari e non omologate. Si potrebbero fare programmi fittissimi di tutte queste attività.

Questo tipo di organizzazione sociale locale andrebbe a vantaggio di tutta la comunità, un vantaggio che avrebbe sicuramente anche aspetti economici. Ad esempio, alcune iniziative che si potrebbero sviluppare/progettare in questo senso potrebbero essere finanziate col denaro derivante dai risparmi energetici ottenuti nelle stesse scuole frequentate dai giovani del comune. Risparmi seguiti a politiche energetiche comunali "illuminate". Queste attività culturali e le strutture inerenti potrebbero anche essere supportate da ditte o artigiani che vogliono lavorare o che già sono inseriti nei settori ambientali (aziende nelle quali in un futuro successivo i giovani stessi potrebbero inserirsi). Il problema "denaro", solitamente paventato dagli amministratori comunali di fronte a richieste di spazi pubblici di vita sociale e culturale, potrebbe in questo modo essere aggirato.

Ognuno di noi ha grandissime capacità e se immesso nell'ambiente giusto e stimolato con appropriati input può dare risposte eccezionali. Questi approcci socio-culturali ed economici possono innescare dinamiche atte a costituire una ricchezza per i singoli cittadini e per la società tutta. I sempre più numerosi esempi che arrivano dall'Associazione dei comuni virtuosi sono lì a dimostrarlo[181]. Un cosiddetto "comune virtuoso" è un comune che adotta tutte quelle misure che diffondono consapevolezza ecologica e relazionale, che si impegna per realizzazioni concrete nell'ambito della sostenibilità ambientale, urbanistica e sociale. Qualsiasi comune che condivida le finalità dello statuto di questa associazione può aderire traendo così vantaggio dalle esperienze che altre amministrazioni municipali da anni portano avanti con successo: politiche di risparmio idrico, risparmio energetico, raccolta differenziata, installazione di impianti a energia rinnovabile, acquisti verdi, gruppi d'acquisto comunale, mobilità sostenibile ecc.

Le risposte dunque ci sono già tutte. Vanno ricercate sia dentro di sé che nella propria realtà sociale (comune, frazione, quartiere, condominio). In entrambi gli ambiti, l'impegno personale può fare molto e arrivare anche a cambiare situazioni che sembravano fossilizzate.

E se per disgraziata sfortuna nella propria realtà si hanno realmente difficoltà insormontabili, il mondo è pieno di posti meravigliosi dove imparare cose affascinanti e conoscere persone interessanti e dove i propri intenti potranno magari essere perseguiti più facilmente e trovare un ambiente più ricettivo e propositivo sia dal punto di vista relazionale che culturale e ambientale.

Uno strumento che chiunque può utilizzare per crearsi un ventaglio di amicizie di consimili non standardizzati è quello dei *wwoofers*. Si tratta di un circuito mondiale (il WWOOF, *World Wide Opportunities on Organic Farm*)[182] che mette in contatto volontari e aspiranti braccianti agricoli o lavoratori di vario tipo con fattorie biologiche, biodinamiche, ecovillaggi e situazioni di autosufficienza dove giovani e adulti interessati possono svolgere alcune ore giornaliere di attività manuale in cambio di vitto e alloggio e talvolta anche di un piccolo compenso.

In questo modo è possibile imparare moltissime cose utili, sperimentare realtà culturali ed economiche etiche e rispettose dell'ambiente, conoscere persone su un percorso di ricerca, non omologate e creative.

In questi circuiti si potranno scoprire molti aspetti dell'esistenza interessanti e persino sorprendenti e si apriranno mondi prima sconosciuti e possibilità insperate.

La vita in effetti è troppo bella e importante per essere sprecata.

Uscendo dai metropolitani luoghi comuni (fisici e mentali), in cui i giovani sono inseriti, essi possono scoprire che passare da una situazione di relazioni fondate sull'esibizionismo, la prepotenza, la superficialità o l'eccesso non è poi così difficile, e si può arrivare a stabilirsi in contesti dove l'amicizia concreta, solidale e fattiva prevale sulla competizione e sull'autodistruzione, prevalenti nel grigiore delle conurbazioni attuali. I gruppi di adolescenti odierni assomigliano infatti sempre più a personaggi da *Grande Fratello* in continua paradossale contrapposizione interiore tra il bisogno di fare gruppo per recitare la parte assegnata e sentirsi membri riconosciuti del clan da una parte e abbattere l'avversario per emergere singolarmente come vincitori dall'altra. È una situazione psicorelazionale drammatica e crediamo mai vista prima.

Non ci pare sia rimasto molto della fraterna comunanza e solidarismo che caratterizzava le compagnie di ragazzi ancora solo qualche decennio fa. Oggi le frequenti schermaglie giovanili interrelazionali vertono su quale marca di jeans bisogna acquistare o in quale locale pubblico sia più trend andarsi a stravolgere, in una sterile gara all'emulazione di questo o quell'attore.

Eppure nel mondo esistono tante e tali probe figure da cui prendere esempio e che possono elargire grandissimi insegnamenti e forza morale per superare qualsiasi difficoltà che nemmeno immaginiamo. Anzi, il problema, soprattutto giovanile, nasce proprio dal fatto che le informazioni omologate di cui dispongono i giovani a fronte della scarsa esperienza dovuta all'età li costringe in una forma mentis abbastanza stereotipata con piccole varianti che possono andare dalla "vita spericolata" di vaschiana memoria alla "confessione" tipica cattolico-televisiva.

Lo spazio mentale per l'originalità è davvero poco. E crescendo senza imparare a usare la fantasia, ma ricalcando sin da piccoli, anche nel gioco, il teatrino televisivo, è davvero difficile riuscire a immaginare i diversi mondi possibili.

Concretamente, se vogliamo fornire alcuni dati che giustifichino la nostra impressione possiamo dire che quasi tutte le informazioni fornite dai mass media derivano da pochissime agenzie stampa e in pratica, a livello internazionale, sono solo due: *Associated Press* e *Reuters*. Queste stabiliscono quello che deve essere detto e quello che va passato sotto silenzio. Esistono poi agenzie nazionali nei diversi paesi. Ad esempio, in Italia, *ANSA*, *adnKronos* e *Asca*. Ansa fornisce duemila notizie al giorno, dalla politica all'economia alla cultura e sino al gossip.

L'Associated Press (statunitense) fornisce le informazioni a oltre 15.000 tra giornali, radio e televisioni in 121 paesi del mondo[183]. La Reuters (l'altra agenzia internazionale con sede a Londra) ha più di 55.000 dipendenti

distribuiti in oltre 100 paesi[184], una decina di corporazioni in tutto gestiscono l'intera informazione planetaria.
Ma noi sappiamo che esistono altre realtà, altre notizie, che ci sono iniziative nel mondo che vanno in un'altra direzione, che c'è gente che già in un modo diverso e con altri valori[185]. C'è tutto un circuito sommerso di famiglie, gruppi, società tradizionali, singoli individui, associazioni, popoli nativi ecc. che si stanno muovendo in senso opposto al consumo del pianeta e che veicolano nuovamente sentimenti, azioni ed emozioni positivi. Occorre far conoscere queste realtà ai giovani e diffonderle così come potrebbe essere diffuso l'ultimo disco della nuova cantante di grido[186].
La realizzazione meravigliata (e se possibile sperimentata) dell'esistenza di una diversa cultura materialmente già operante nel mondo può fare la differenza rispetto al percorso di vita che un giovane sceglierà in futuro e anche rispetto alla trascuratezza o meno con cui intende trattare se stesso.
Droghe, alcol e simili, offrono un rifugio rispetto al deserto relazionale sono una fuga dalla realtà che rende sempre più deboli di fronte alle avversità che inevitabilmente si presentano e si presenteranno nella vita. La rovina della propria salute, psiche e situazione finanziaria (se non quando anche della propria libertà) è il prezzo spropositato che molti giovani pagano per sentirsi vivi in una società disperatamente votata al suicidio. Ma anche la loro è una pura illusione che scoprono poi ben presto. Sarebbe meglio imparare a guardare in faccia la realtà e affrontarla con le proprie forze e con l'aiuto di chi ci sta accanto. Sarebbe meraviglioso riuscire a fare di se stessi e dei propri amici il vero doping che serve. Tutto quello di cui abbiamo bisogno può essere trovato in noi e in chi ci sta vicino. Non ci servono altre stampelle. La solidarietà e la condivisione sono l'unica grande reale condizione umana che favorisce la materializzazione del comune senso di felicità e gioia.

Note al capitolo

176. Ci sono scuole e indirizzi pedagogici che prendono invece in considerazione questi aspetti come le scuole steineriane, la pedagogia libertaria ecc. ma sono molto rare e disperse sul territorio nazionale.
177. Citato in Berti, Giampietro, "Una buon'educazione", in *A rivista anarchica*, anno 35, n. 308, maggio 2005.
178. Ottieri, Maria Pace, *Raggiungere l'ultimo uomo*, Einaudi, 2008.
179. Ottieri, Maria Pace, *Raggiungere l'ultimo uomo*, cit., pp. 15-17.

180. Articolo di Bunker Roy comparso su The Indian Express con il titolo "Libertà dalla povertà", 15 agosto 2005, ora riportato nel testo di Ottieri, Maria Pace, *Raggiungere l'ultimo uomo*, cit., pp. 20-21.

181. Boschini, Marco, *Comuni virtuosi. Nuovi stili di vita nelle pubbliche amministrazioni*, EMI, Bologna, 2005.

182. Per la sezione italiana del WWOOF si veda: http://www.wwoof.it.

183. Cfr. http://www.ap.org/italia/oggi/index.htm.

184. Cfr. http://www.ap.org/italia/oggi/index.htm.

185. Per una carrellata di esperienze di vita di vario genere ma tutte nell'ottica delle decrescita si veda ad esempio Pignatta, Valerio, *L'insostenibile leggerezza dell'avere. Dalla teoria alla pratica: la decrescita nella vita quotidiana*, EMI, Bologna, 2009.

186. A questo proposito segnaliamo il quotidiano web www.ilcambiamento.it che riporta notizie e comunicazioni di questo mondo alternativo e variegato e quello dell'Associazione PAEA (Progetti Alternativi per l'Energia e l'Ambiente) www.paea.it che indaga e informa sulle energie rinnovabili, il risparmio energetico e gli stili di vita.

Il lavoro

Un disturbo comportamentale dell'era moderna

Nella vita di una persona il lavoro, dopo il sonno, è l'attività che assorbe la maggior parte del tempo. Se si lavora 40 anni (gli anni di lavoro minimi richiesti al momento per andare in pensione) su 79 di vita media, una volta tolta l'infanzia e la decrepitezza senile, si è passata quasi l'intera esistenza a sgobbare per vivere, o meglio a vivere per sgobbare.
Il lavoro condiziona la nostra vita e l'organizzazione della società ed è quindi un aspetto fondamentale per cambiare sia noi che la società stessa.
Il lavoro determina il modo di pensare e di agire in qualsiasi piccolo atto quotidiano e si abbarbica nei più intimi recessi della psiche. L'ossessione dell'"occupazione", tipica delle nostre società consumistiche, giustifica lo sfruttamento sino alla distruzione delle risorse planetarie. Ma non solo: «Gli ultimi ostacoli alla totale commercializzazione di ogni relazione sociale possono essere spazzati via senza remore se c'è in vista qualche misero "posto di lavoro". E l'idea che è meglio avere un lavoro "qualsiasi" piuttosto che non averne nessuno è ormai diventata una professione di fede imposta a tutti»[187].
E non solo coloro che svolgono i lavori più umili sono perfettamente integrati nel flusso consumistico; anche un alto numero di persone che in teoria si battono per il cambiamento in realtà hanno impieghi che sono in contraddizione proprio con quelle tematiche che mirano al miglioramento delle condizioni sociali, politiche ed ecologiche.
In questi casi viene spontaneo farsi delle domande: come è possibile fare un lavoro in contraddizione con i propri ideali? Come si fa a conciliare un'attività di impegno, ambientale, sociale o di cooperazione, con un lavoro che spesso ne è la sua antitesi? Perché si riesce a ignorare, o a giustificare,

la produzione di oggetti superflui, servizi futili e che contribuiscono a trasformare il pianeta in una pattumiera? Non sarebbe meglio cambiare lavoro e intraprendere qualcosa di più sensato per sé e per l'ambiente?
La vicenda degli operai della INNSE di Lambrate, conclusasi nell'ottobre 2009, è uno dei tanti esempi delle contraddizioni che abbiamo evidenziato. Per un anno e mezzo un gruppo di lavoratori di questa industria meccanica ha lottato, anche utilizzando metodi 'duri' come il blocco dell'autostrada, l'auto-segregazione sulle gru, il sequestro pacifico del figlio del datore di lavoro ecc., per impedire la chiusura della fabbrica. Da questa trattativa con le varie componenti sociali ed economiche è sorto un acquirente che ha rilevato l'azienda, riassumendo i lavoratori e riavviando l'attività.
Di fronte a questi accadimenti si potrebbe pensare che tutto ciò è estremamente positivo: gli operai con una strenua lotta hanno mantenuto il loro posto di lavoro. Una vittoria. Finalmente una storia a lieto fine. I lavoratori saranno certo molto contenti di avere salvato il proprio stipendio e quello dei compagni.
Allo stesso tempo, però, non possiamo non rilevare che quegli stessi operai sono stati usati dal nuovo acquirente per abbassare il prezzo di acquisto della fabbrica, approfittando della visibilità mediatica che ha avuto questo gesto eroico. Inoltre, particolare che non è stato sottolineato dai media e, pare, neppure dai sindacati, il nuovo padrone fra le tante cose produrrà anche componentistica per le centrali nucleari.
A nostro parere, queste "qualità" intrinseche di un lavoro non possono essere ignorate da nessuna delle parti sociali e riteniamo, anzi, che un approccio consapevole all'attività svolta a livello individuale e collettivo sia uno dei temi chiave della nostra epoca.
Si è sempre discusso dello sfruttamento di imprenditori senza scrupoli (sebbene più in passato che recentemente), dello strapotere e delle nefandezze delle multinazionali e dell'attuale sistema economico che produce alienazione negli umani e distruzione nel pianeta. Tutto vero. Ma nei paesi ricchi ci sarà pur qualcuno che, senza esserne costretto, per questi imprenditori e in queste multinazionali (soprattutto nel settore dei servizi) ci lavora. Quante sono le persone che producono oggetti che in grandissima parte, e in breve tempo, sono destinati a finire in discariche e inceneritori o, ancora peggio, che lavorano per produrre merci pericolose per sé, per gli altri e per le generazioni a venire? Ci si è posti il problema a livello personale e collettivo senza delegare ad altri la responsabilità di ciò che accade?
Nel 1987 un gruppetto di operai eticamente molto motivati della Breda-

Ansaldo, noto colosso industriale di Sesto San Giovanni, riuscì a bloccare l'invio in Iran, allora in guerra con l'Iraq, di componenti per il nucleare prodotti in quello stabilimento[188].

Una lotta pacifica ma assolutamente centrata riuscì in quindici giorni a destare l'attenzione del paese e del Parlamento stesso, ottenendo che si boicottasse la commessa di componenti per armamenti estremamente pericolosi se messi a disposizione di una nazione in guerra. Che il principio di base sia ancora valido lo testimoniano molte piccole lotte e boicottaggi sconosciuti, oltre alle analisi e alle ricerche di economia che hanno indagato le motivazioni intrinseche ed estrinseche che inducono i lavoratori a impegnarsi sul proprio luogo di lavoro. Il luogo comune per cui "ogni cosa ha un suo prezzo" non è decisamente corrispondente a verità. Per dirla con Bruno S. Frey, professore di Economia all'Università di Zurigo: «Gli economisti dovrebbero riconoscere che la struttura motivazionale delle persone è molto più complessa di quella alla base del loro tradizionale modello di comportamento. Se accettano il fatto che la condotta umana non è solo determinata da motivazioni estrinseche, ma anche, e in misura significativa, da motivazioni intrinseche, allora finiranno per riconoscere i danni che il loro cinismo può produrre [...]»[189].

Lavorare esclusivamente per "far girare l'economia" non è per niente un comportamento naturale e, tanto meno, indolore. Qualsiasi lavoro e/o produzione, infatti, comporta una percentuale di uso di energie, di risorse e anche di tempo che nella vita non è mai bene sprecare dato che viviamo in un pianeta che ha dei limiti precisi fissati dalla sua dimensione, dalla sua profondità, dalla sua atmosfera e dai suoi mari. Finito tutto ciò che contiene, è finito tutto. Non c'è un'altra Terra da strizzare per i nostri scopi. E i cambiamenti climatici e ambientali in corso impongono scelte rapide e decise. Possibile che non si possa fare qualcosa di meglio che produrre milioni di accessori, gadget, imballaggi per contenere ogni tipo di oggetti dalla dubbia utilità?

Che senso ha difendere un posto di lavoro che crea inquinamento, che produce manufatti dalla discutibile validità e che sono e saranno di devastante impatto per noi e le future generazioni? Per quale motivo i sindacati difendono queste politiche di occupazione e non si impegnano a trovare i modi per organizzare lavori dignitosi e salubri per i lavoratori e le loro famiglie?

Ma probabilmente sono i lavoratori stessi che dovrebbero trovare soluzioni occupazionali etiche, sia agendo a livello individuale che organizzandosi collettivamente tra loro. Non sono *solamente* i soldi in più o in meno in busta paga che fanno la qualità della vita. Sono importanti intendiamoci, ma non sono l'unico movente della soddisfazione di esistere. E queste non paiono affermazioni avventate. Gli studi di Frey in Svizzera, con campioni di lavoratori di vario genere, lo confermano: «Le persone agiscono solo perché mosse dal desiderio di ottenere un guadagno monetario? Lavorano solo perché sono pagate per farlo? Io sono convinto che non sia così: le persone provano piacere nel farlo. E dirò di più: esistono circostanze in cui una significativa ricompensa di tipo monetario può estromettere quelle che chiamerò "motivazioni intrinseche all'azione". [...] Le persone fanno alcune cose sulla base di motivazioni intrinseche quando il muoverle è il solo piacere di fare quelle cose, come nel caso del giocare a carte con gli amici per tutta la notte, fare lunghe passeggiate, scalare montagne, passare ore a risolvere parole crociate, contribuire in modo anonimo a iniziative caritatevoli o lavorando, senza essere pagati, in un ospedale di un paese povero»[190].

Va messa profondamente in discussione l'adorazione per gli imprenditori che "creano occupazione". Secondo questa dinamica qualsiasi attività intraprendano anche gli speculatori e gli industriali più avidi è meritoria, basta che essa generi posti di lavoro. E non si lesina nel fornire loro contributi, incentivi e denaro sonante che proviene letteralmente dalle nostre fatiche. E perché mai dobbiamo accettare ancora questa distruzione sistematica premeditata? Con quale utilità sociale e ambientale? I costi di un'industria pesantemente inquinante vengono ripartiti sull'intera società e spesso ridicolizzano i vantaggi occupazionali e il benessere economico ad essa legati.

L'unico vero beneficio deriva da una visione d'insieme che tenga conto di tutti gli attori che intervengono nel rapporto economico, non ultima la natura.

Come ha ampiamente illustrato l'economista rumeno Nicholas Georgescu-Roegen (1906-1994) il processo economico è strettamente sostenuto dall'ambiente biofisico, che gli fornisce costantemente materie prime ed energia, al quale ritornano sotto forma di rifiuti. Non si possono accettare e seguire modelli economici senza tener conto di questa interrelazione. L'economia classica non considera rifiuti e inquinamento come elementi facenti parte del processo produttivo quando in realtà lo sono palesemente. Eppure il modello economico dominante non prende in considerazione l'irreversibilità della trasformazione dell'energia e della materia e di quella del tempo[191].

Un processo economico di questo tipo riduce la disponibilità di energia e quindi di merci per il futuro. Inoltre le materie prime concentrate inizialmente nei giacimenti del sottosuolo, dopo la loro dispersione nell'ambiente (di ogni tipo) in seguito ai processi di lavorazione, possono essere riutilizzate solo in misura molto minore e a prezzo di enormi quantità di energia aggiuntiva. Per far fronte a questa situazione non sono attuabili né il ricorso al riciclaggio né all'energia solare dato che, ci ammonisce Georgescu-Roegen, la cattura di tale energia da parte di apparecchiature umane comporta un costo di materiali, e quindi di energia, che può oltrepassare la quantità di elettricità commerciale che tali apparecchiature solari o per il riciclo possono dare. L'unica soluzione che intravede l'economista rumeno è il *declining*, ossia la gestione accorta delle risorse, la riduzione della produzione, il controllo razionale del progresso e quello delle applicazioni della tecnica al fine di servire i reali bisogni umani e non l'aumento dei profitti o del prestigio nazionale o il militarismo guerrafondaio[192]. La finalità propriamente umana, e in primo luogo, anche biologica, del processo economico è essenzialmente immateriale ed è in sostanza il godimento della vita stessa.
Alla luce di queste informazioni è auspicabile che la comprensibile preoccupazione del lavoratore per la sua famiglia (dal punto di vista economico) d'ora in poi si allarghi anche all'ambiente in cui vive, alla qualità del cibo, dell'acqua e dell'aria perché, sebbene ce ne siamo dimenticati, sono proprio questi i fattori determinanti della nostra esistenza sul pianeta e senza di essi le future generazioni non potranno crescere.
Oggi è possibile, per chi vuole, inserirsi in attività lavorative ragionevolmente interessanti, remunerative e non dannose. Forse con qualche difficoltà, certo, ma una buona determinazione può essere risolutiva. Un esempio su tutti è quello del settore artigianale in cui c'è buona disponibilità di occupazione. Per entrare nello specifico, si pensi a un rubinetto che perde e a tutto quello che ne consegue. Se si cerca un idraulico si fa molta fatica a trovarne uno disponibile. Eppure, checché se ne dica, fare l'idraulico non è come lavorare in miniera o per la componentistica di centrali nucleari.
In quest'ottica essere licenziati o non trovare lavoro in settori di produzione inutili o inquinanti può essere un'opportunità da cogliere al volo.
Infine va ricordato, come si diceva in apertura, che nel mondo del lavoro dovrà intervenire un'altra rivoluzione che riguarda la moralità che a esso attribuiamo in quanto tale. L'etica del lavoro andrà progressivamente cambiata.
L'"alcolismo da lavoro" così come viene oggi definita (nella letteratura

anglosassone *workalcholism*) è una sindrome nevrotica di dipendenza in rapida espansione. Esistono già associazioni di auto-aiuto che si basano sugli stessi programmi di disintossicazione degli Alcolisti Anonimi. Negli Stati Uniti sono attive associazioni di questo genere sin dagli anni Ottanta del secolo scorso[193].
I malati cronici di lavoro hanno notevole difficoltà a smettere, proprio come qualsiasi tossicodipendente. Allo stesso modo, chi aspira a divenire martire del lavoro spesso cerca di non affrontare il resto degli aspetti della propria vita. La cultura dell'eccesso tipica del consumismo ci induce consapevolmente verso la sciatteria nei confronti delle reali problematiche dell'esistenza. È solo mantenendoci in superficie e a un livello di ambizione materiale evanescente e continuamente riprogrammabile che il sistema mercantile riesce a tenerci incatenati al circuito vizioso produzione-consumo-alienazione.
Il lavoro invece si dovrebbe associare alla 'cultura dei limiti' per i quali non è sempre bene fare tanto ma è bene fare meglio. E inoltre andrebbe riconesso alla propria realizzazione interiore, capacità e inclinazione. Come precisa bene il giornalista inglese John Naish: «[...] la civiltà classica coltivava l'idea del successo situato nell'appagamento: lavorare per trovare e sviluppare il talento, per poi usarlo a beneficio degli altri, così come di noi stessi»[194].
Oggi invece ci si ammazza di lavoro e si trascurano gli altri. Mamma tv, fra le tante cose che trasmette ancora non figurano il calore e l'amore umano.

Il posto fisso: inchiodati alla sofferenza

La chimera del posto fisso

Uno dei motivi di rallentamento culturale, arretratezza e immobilismo peculiari del nostro paese è proprio la mitizzazione del posto fisso.
Molte volte il posto fisso riguarda un lavoro che non piace, burocratico, statale, o in una mega-azienda in cui le mansioni sono precise, ripetitive, scontate, immaginabili negli anni a venire.
Per il lavoratore inchiodato alla scrivania o al banco da lavoro per il resto della vita la conseguenza sarà molto probabilmente un senso di frustrazione costante che entra in collisione con quello di sicurezza che deriva da uno stipendio certo, rendendo più amaro il boccone offerto dalla mano affettuosa del padrone, sia esso privato o pubblico.

Il senso di sicurezza che si insinua nel tossicomane da lavoro fisso sopprime lentamente ma inesorabilmente la sua curiosità di vivere, di sperimentare e di coltivare altri interessi. Giorno dopo giorno si sedimenterà la stabilità (come se i soldi fossero l'unica cosa che la generano) e da essa il passaggio alla stagnazione della propria esistenza sarà diretto, incolore e indolore. Salvo poi il ricorrere di crisi violente di rivolta interiore in cui ciò che è rimasto vivo nel profondo aspira a "cambiare tutto" in modo dirompente.

Di fronte a questi stati d'animo che richiedono maggiore libertà di espressione vitale, le paure solitamente prendono il sopravvento: la crisi economica e i dubbi sul futuro, la pigrizia, la comodità del divano televisivo serale e la soddisfazione del prestigio sociale per la mansione occupata la fanno da padrone. In effetti, trascinarsi fino alla pensione è più facile, condiviso, riconosciuto.

Un punto di partenza per un reale cambiamento potrebbe essere quello che Naish definisce del "quanto basta". Egli cita una riflessione di Charles Handy, guru mediatico inglese che ha scritto vari libri con consigli inerenti il *management* e la carriera di dirigenza: «Finché non riusciremo a definire cosa significa "abbastanza" per noi in termini di soldi non saremo mai del tutto liberi, liberi di definire il nostro vero scopo nella vita»[195].

E sempre Handy afferma: «Scegliere di dire basta significa chiudere con l'uso distorto del denaro: non funziona più come simbolo di successo o come definizione di noi stessi, come scusa o come compensazione per quello che non va nella vita. Lo scopo finale per cui lavorare meno non è starsene in panciolle, ma avere l'opportunità di scoprire altri aspetti di se stessi»[196].

E non si dica che non c'è possibilità di scelta.

Perlomeno non nel mondo occidentale. In questa parte del globo non ci sono alibi per chi vuole veramente reinventarsi un lavoro, salvo situazioni limite. Al contrario delle persone costrette a vivere senza speranza, e anche per colpa nostra, nelle baraccopoli di mezzo mondo, qui la facoltà di cambiare ci è data. Non è necessario attendere le vacanze per respirare una boccata di libertà o per recuperare energie da immettere poi nell'inferno produttivo. Non serve illudersi di essere vivi grazie all'ausilio di qualche droga o di offuscanti litri di alcol. Le occasioni di ciò che Tolstoj chiamava "vita vera" si presentano abitualmente, se sappiamo coglierle, e se non le incontriamo le possiamo anche inventare di sana pianta. Le attività utilizzabili ai fini del sostentamento e dell'espressione della creatività umana sono tante quanti sono gli individui e forse addirittura quante sono le doti che ogni persona ha nel suo bagaglio culturale e psicofisico.

L'estrinsecazione attiva di tali qualità, il senso di comunità e la serenità delle relazioni sociali e familiari sono eccellenti indicatori della felicità di un individuo e di un popolo.
Non è per nulla scontato che i soldi facciano la felicità, né degli individui né delle nazioni (col PIL più elevato). Abbiamo già visto quali sono i paesi più felici del mondo. Un'ulteriore indagine sul tema condotta dalla *London School of Economics and Political Science* ha stabilito che la nazione con il più alto livello di appagamento del pianeta è il Bangladesh[197]. L'Inghilterra è al 32° posto e gli Usa al 46°. Il re è nudo da molto tempo ma ci si ostina a volerlo vedere vestito per paura della sua reazione... o della nostra?
Apriamoci alla sperimentazione lavorativa. Scopriamo i nostri talenti e inseguiamo le nostre aspirazioni più vere e non indotte. Se si vive all'insegna della sobrietà le possibilità si ampliano. Le sperimentazioni si allargano. Possiamo sperimentare le realtà di altri paesi, vivere in altre comunità o decidere di cambiare periodicamente attività per rimanere cerebralmente attivi e coinvolti. Il mondo è strapieno di luoghi interessanti e la conoscenza di altre culture apporta ricchezza alla nostra.[198]
Facendo diverse esperienze e provando varie attività è più probabile riuscire a scoprire i propri interessi e attitudini, slegati dai trend del momento, dal mercato e dalla scuola che si è frequentata. Se il lavoro in teoria nobilita le persone, cioè le arricchisce, le migliora, le matura, ciò avviene però solo se esso è quello che scegliamo e non quello che passa il convento. E sperimentare anche il lavoro manuale non sarebbe male, vista la grande incapacità di interagire con la realtà che manifestano molti giovani oggigiorno.
Quando in Italia si vedono tutte queste persone che non hanno mai fatto un lavoro manuale, ci si chiede come faranno a sopravvivere quando le risorse inizieranno a scarseggiare e ci si dovrà veramente rimboccare le maniche. Eravamo un popolo di artigiani e contadini, con conoscenze e capacità eccezionali, e siamo diventati un popolo di digitatori di tastiere, perdendo progressivamente tutta la conoscenza, la saggezza, la capacità di attività di importanza vitale, bollandole come fossili del passato. Aver dimenticato tutto sicuramente non è un passaggio che sarà indolore. Come le vicende storiche anche recenti ci hanno insegnato (vedi la dissoluzione della ex Jugoslavia) in un momento di crisi di reperibilità di generi di importanza primaria e di servizi sociali importanti, chi ha sviluppato capacità manuali (coltivare, riparare oggetti, costruire manufatti o approvvigionarsi di energia) è maggiormente in grado di sopperire alle proprie necessità e a quelle della sua famiglia[199].

L'attuale "crisi" rappresenta dunque un'ottima occasione per fare di necessità virtù. E sembrerebbe che di lavoro "vero" in giro ce ne sia eccome: la Confartigianato e la Unioncamere nel 2010 hanno elencato ben 68 mestieri del saper fare dove sono altissime le percentuali di richieste di lavoro inevase, fino al dato incredibile dell'83% di installatori di infissi e serramenti (mestiere strettamente legato al settore del risparmio energetico) 'introvabili'. La "crisi" quindi può essere usata per cercare qualcosa di nuovo e di diverso in campo lavorativo, smettendo di anelare al posto fisso.
Quando il lavoro diventa la materializzazione della propria aspirazione ecco che automaticamente perde l'ancestrale significato di fatica, di travaglio, di sforzo e di alienazione. E questo accade ancor più se il lavoro è svolto in un gruppo o una comunità dove si sta costruendo un presente e un futuro migliori per se stessi e per gli altri.
Scrolliamoci di dosso il cliché del lavoratore impegnato a vita in un'attività robotizzante e demotivante. Non lasciamo che anche i nostri figli accettino supinamente lo sfruttamento portato avanti dal sistema economico odierno. E se non iniziamo da subito a creare una nuova realtà sono molto gravi le conseguenze in cui potremmo incappare. Teniamo presente un monito importante di chi ha studiato il tema approfonditamente: «Forse ci sarà ancora qualcuno in grado di dire: "Mai più". Ma forse, un giorno, non ci sarà nessuno capace neppure di pensarlo»[200]. La decolonizzazione dell'immaginario non è acqua[201].

Uno stipendio a impatto zero

Le soluzioni di metamorfosi lavorativa sono così tante che c'è solo l'imbarazzo della scelta. In un paese come l'Italia, dove la situazione geoclimatica offre immense opportunità, il settore ambientale è una manna dal cielo per un lavoro finalmente utile, creativo, serio, onesto e pulito.
La crisi, se possibile, ha messo ancor più in evidenza che non mancano i soldi o le merci. Siamo sommersi dagli oggetti. Semplicemente mancano soldi o merci da sprecare ancora di più. È un po' quello che avviene con l'energia. Non è che manchi o non ce ne sia abbastanza: essa viene semplicemente e spensieratamente sprecata in quantità crescenti.
Il problema è che è proprio il superfluo ciò che si desidera e che l'impossibilità

di conseguirlo scatena la terribile astinenza da spreco, una nevrosi sempre più diffusa a livello sociale e individuale.
Chi lavora può però ovviare a tutto questo mediante i percorsi più disparati. I lavoratori si possono mettere insieme, creare cooperative, piccole o medie imprese, fare formazione riqualificante in campo ambientale dove le possibilità di intervento sono vastissime. Formazione che può essere offerta dagli enti pubblici, così come avviene oggi per tanti settori, oppure dagli imprenditori.
Riteniamo che il settore ambientale o "ecologico" che dir si voglia (sebbene questo termine sia ormai abusato) presenti molte opportunità di evoluzione e centinaia di migliaia di nuovi posti di lavoro motivanti. Agricoltura biologica, bioedilizia, energie rinnovabili, risparmio energetico, risparmio idrico, informazione ambientale, medicina e alimentazione naturale, formazione, tecnologie appropriate per i paesi cosiddetti poveri e molte altre discipline similari sono ambiti lavorativi e imprenditoriali di sicuro avvenire e coerenza etica. Il motivo di tutto ciò è molto semplice: abbiamo devastato il mondo con uno sforzo mirato e progressivo per un paio di secoli e ora servono una miriade di persone e di attività per rimetterlo in sesto[202]. E siamo noi a doverci rimboccare le maniche direttamente.
Gli esempi e gli interventi, già esistenti e cui ispirarsi sono moltissimi, specie nel nord dell'Europa.
Ad esempio, la Germania da questo punto di vista offre un panorama eccezionale: oltre 250 mila occupati in pochi anni nel solo settore delle energie rinnovabili, esclusa tutta la branca della bioedilizia. Una continua gara a chi sforna l'idea, la soluzione migliore per la più alta efficienza energetica o prestazione, la superiore compatibilità ambientale, il minor costo. E non è un caso che l'idea di diffondere su larga scala i microcogeneratori (si veda il capitolo sull'energia) la voglia portare avanti proprio la casa automobilistica Volkswagen[203].
Ma anche in Italia ci sono vastissimi ambiti di applicazione.
Il nuovo che avanza in ambito tecno-ecologico può essere unito e veicolato anche attraverso il recupero dei saperi artigiani come è successo in Alto Adige con il fenomeno di CasaClima[204] che ha rimesso in moto e reso protagoniste delle competenze artigiane che altrimenti sarebbero andate perdute. La diffusione del metodo ha aumentato l'autonomia energetica della regione nonché la percentuale di energia prodotta da fonti rinnovabili, ha diminuito l'inquinamento e pure i consumi energetici. Infine ha creato occupazione e rilanciato delle competenze specifiche che adesso vengono

proposte ed esportate anche al di fuori della regione, dove il sistema ideato dalla provincia di Bolzano è stato il precursore. Esso sembra anche essere il più affidabile fra i vari sistemi certificativi italiani.
Le attività economiche e lavorative che hanno ricadute sul territorio in cui si vive sono ottimi investimenti di vita.
L'Italia dispone di ricchezze, produzioni e bellezze locali invidiabili, che hanno un potenziale di riconversione "verde" davvero grande. Ciononostante si continua a cementificare e inquinare (paesaggisticamente ma non solo) devastando la possibilità di creare un vero turismo responsabile ed eco-culturale che concorrerebbe alla creazione di un nuovo Umanesimo sulle ali di un ambiente agricolo, gastronomico e storico-artistico ritrovato.
Ogni piccolo borgo possiede tradizioni alimentari e/o beni culturali di grandissimo valore che possono contrastare più che onorevolmente il cibo spazzatura o l'ignoranza mediatica superficiale dominante.
Coloro che svolgessero la propria attività in cooperative, piccole e medie imprese, o indipendentemente come artigiani, ad esempio nei paesini del vasto interno appenninico italiano, potrebbero probabilmente vivere con poca spesa e ridurre significativamente il proprio orario settimanale di lavoro, aumentando al contempo la qualità della vita.
L'alternativa a una società dello spreco ed 'energivora' non significa quindi ritornare alle candele (per quanto sarebbe comunque preferibile rispetto alla distruzione cui ci stiamo avviando). Anzi, si tornerà sicuramente alle candele se si continua ad agire così dissennatamente come stiamo facendo.
Per rendere l'idea di ciò che sta accadendo a livello planetario, provate a mettere in salotto i vostri sacchi dell'immondizia, giorno dopo giorno, sino a stipare la stanza. Diteci quanto siete disposti a resistere in una situazione di questo tipo. Ecco, sulla Terra sta succedendo questo, stiamo riempiendo tutte le stanze disponibili di rifiuti di ogni genere e il tanfo è già altissimo. Quando l'aria diventerà irrespirabile, sarà troppo tardi. Non abbiamo un giardino dove uscire a prendere una boccata d'ossigeno. Il mondo sono quelle stanze che abbiamo e che dobbiamo salvaguardare nel miglior modo possibile.

Pensionato solidale

Il rapporto con l'imprenditoria cosciente è fondamentale per compiere il salto da un'economia devastatrice a un'altra che sia di supporto al passaggio al nuovo Umanesimo.
Le imprese consapevoli saranno uno dei pilastri su cui si poggerà il cambiamento, ma i loro comportamenti dovranno essere coerenti per ridurre consumi energetici, sprechi e rifiuti, e dovranno puntare soprattutto a un mercato locale che conosca e si adatti alle esigenze del territorio e alla sua salvaguardia.
Le imprese affidabili non dovranno avere settori nei quali inquinano e altri nei quali si atteggiano a falsi ambientalisti. La scelta dovrà essere coerente in toto. Come si è già accennato, non possiamo più avallare quelle aziende che da una parte, ad esempio, installano impianti eolici e allo stesso tempo fanno gran parte del loro business con il carbone o il nucleare.
Tuttavia non aspettiamoci granchè dallo Stato o dalle imprese per quanto riguarda la nostra vecchiaia. Nei prossimi anni, tutto il sistema pensionistico sarà probabilmente completamente stravolto dallo sconquasso climatico e demografico che si avvicina a grandi passi. Non che si intenda invogliare alla resa incondizionata sul tema pensioni. Tutt'altro. Ma quello che forse si potrebbe fare, oltre a una lotta per la salvaguardia dei diritti sindacali tanto duramente conquistati, sarebbe anche inserirsi o costruire realtà comunitarie di tipo solidale.
La migliore pensione che possiamo regalarci è creare una comunità che sostenga la vecchiaia e renda gli anziani una risorsa e non un peso.
Specie in città, l'anziano è sostanzialmente abbandonato da figli e società. Il lavoro alienante di una vita non garantisce a nessuno oggigiorno la possibilità di godersi anni tranquilli di gioia e riposo creativo.
Invece, all'interno di una comunità (rurale o meglio "umanistica" visto che anche in campagna la situazione sta rapidamente degenerando), l'anziano continua a essere utile e a dare quell'apporto di esperienza e sapienza che è fondamentale nella società e che si è completamente perso. Oggi, come tutti verificano quotidianamente, quello che conta è solo il mondo produttivo e una volta che l'anziano non è più tale, lo si liquida con un bell'attestato alla carriera e lo si parcheggia come un ferrovecchio in attesa della fine dell'esistenza.
Si dovrebbe al contrario ricordarsi che, come recita un fortunato slogan della finanza etica, l'interesse più alto è quello di tutti, e i 'tutti' non sono i pochi

industriali che devono fare soldi a palate producendo qualsiasi schifezza con la complicità e il servigio di politici, sindacalisti e lavoratori vari. Tutti siamo noi, giovani e anziani, che abbiamo il diritto di vivere una esistenza gioiosa insieme agli altri in un sistema che non viaggia più a rotta di collo verso l'autodistruzione, ma che tenta di realizzare una società eco-compatibile.

Ecco che allora si potrebbe raggiungere un equilibrio e entrare nel circolo virtuoso dei processi naturali. Il concetto e la pratica dei limiti, della rinnovabilità, della ciclicità, sostituirebbe allora quello della crescita illimitata.

Progressivamente non verrebbero più prodotte montagne di oggetti, sia perché sempre più persone si rifiuterebbero di acquistarli e sia perché le autorità e i mercati sarebbero loro malgrado spinti a seguire la volontà di una società emergente legata ai parametri sopra esposti.

Se ciò non basterà a cambiare la situazione, o se non saremo in grado di attuare questo cambiamento, ci saranno comunque ragioni materiali molto concrete che interverranno in tal senso. La folle "produzione infinita" si autoridurrà da sé per la progressiva scarsità delle materie prime e delle risorse.

Ma a quel momento bisognerà arrivarci ben preparati, con delle alternative concrete, altrimenti ritorneranno violentemente a imporsi il caos barbarico e le lotte per accaparrarsi le ultime scorte, come hanno lasciato prefigurare gli assalti ai negozi dell'agosto 2011 in numerose città inglesi.

E non è retorica. È antropologia[205].

Note al capitolo

187. Gruppo Krisis, *Manifesto contro il lavoro*, DeriveApprodi, Roma, 2003, p. 6.
188. Casarolli, Paolo e Barone, Alessia, *Gli operai che fecero l'impresa*, Deca Edizioni, 2007.
189. Frey, Bruno S., *Non solo per denaro. Le motivazioni disinteressate dell'agire economico*, Bruno Mondadori, Milano, 2005, p. 74.
190. *Ibid*., p. XI.
191. Georgescu-Rogen, Nicholas, *Bioeconomia. Verso un'altra economia ecologicamente e socialmente sostenibile,* Bollati Boringhieri, Torino, 2003 (a cura di Mauro Bonaiuti), pp. 79-94.
192. Nebbia, Giorgio, "Nicholas Georgescu-Roegen (1906-1994)", in *altroNovecento*, rivista online, http://www.altronovecento.quipo.it, n. 4, novembre 2000.

193. Si veda ad esempio il sito dei Workaholics Anonymous, http://www.workaholics-anonymous.org.
194. Naish, John, *Basta! Con i consumi superflui, con chi li incentiva, con chi non sa farne a meno*, cit., p. 104.
195. *Ibid.*, p. 115.
196. Loc. cit.
197. http://www.lse.ac.uk.
198. Ad esempio, l'organizzazione World Wide Opportunities Organic Farm (WWOOF) permette di viaggiare e fare esperienze a basso costo nei cinquanta paesi del mondo in cui è presente.
199. Un testo emblematico in questo senso è quello di Corona, Mauro, *La fine del mondo storto*, Mondadori, Milano, 2010.
200. Forrester, Viviane, *L'orrore economico. Lavoro, economia, disoccupazione: la grande truffa del nostro tempo*, TEA, Milano, 1999, p. 171.
201. Latouche, Serge, *Decolonizzare l'immaginario. Il potere creativo contro l'economia dell'assurdo*, EMI, Bologna, 2004.
202. Per avere un'idea di tale devastazione, sulla natura e su noi umani, se dovessimo avere difficoltà a prendere coscienza guardandoci intorno, si possono visionare i film della trilogia del regista Godfrey Reggio: *Koyaanisquatsi* (1982), *Powaqqatsi* (1988) e *Naqoyqatsi* (2002).
203. Nel 2009 in Germania i nuovi posti di lavoro nell'ambiente sono stati 278.000 ossia il 12% in più rispetto al 2008. Per il 2030 se ne prevedono 330.000. Sono dati tratti da una ricerca di Greenpeace che li ha elaborati su dati del ministero dell'Ambiente della repubblica tedesca. Cfr. *Working for the climate. Renewable energy & the green job [r]evolution*, Greenpeace-EREC (European Renewable Energy Council), agosto 2009, p. 10. http://www.greenpeace.org/raw/content/italy/ufficiostampa/rapporti/green-jobs.pdf. Ci teniamo a precisare che in questo caso non sono conteggiati i posti di lavoro del settore bioedilizio. Ad esempio, sempre in Germania, nel solo periodo 2002-2004 per rendere maggiormente efficienti da un punto di vista energetico gli edifici sono stati effettuati interventi in 200.000 appartamenti che hanno creato 25.000 nuovi posti di lavoro e ne hanno salvati 116.000 in pericolo a causa della recessione del settore edilizio. Cfr. Renner, Michael, *Green jobs. Working for people and the environment*, World Watch Institute, Washington, 2008.
204. CasaClima è un metodo di certificazione energetica degli edifici. CasaClima aiuta i professionisti a valutare i propri edifici in fase di progettazione o ristrutturazione stabilendo a quale classe energetica dovranno appartenere una volta realizzati o ricostruiti. Si tratta in sostanza di un metodo per la realizzazione di abitazioni a basso consumo (riscaldamento, isolamento ecc.).
205. Sulla barbarie umana in frangenti drammatici si può vedere come esempio quello che è accaduto recentemente nel dissolvimento della ex Jugoslavia: Drakuli, Slavenka, *Balkan Express*, Il Saggiatore, Milano, 1993.

La spiritualità

Capi, leader, guru, messia e uomini del destino

La storia, purtroppo, racconta di potenti e non di genti. Si studiano e si ricordano le gesta di questo o quel condottiero, di questo o quel dittatore, statista, politico, trascinatore di folle, leader carismatico e così via. Come se il percorso umano complessivo fosse il risultato dell'azione di una manciata di uomini o donne volitivi e seducenti, e null'altro.
Se siamo nella situazione in cui ci troviamo, lo si deve in gran parte proprio a questa tendenza, storicamente comprovata, ad affidare il proprio destino a qualcun altro, a delegare le proprie scelte, la propria vita, la propria volontà a persone carismatiche ritenute dalla massa superiori e migliori di tutte le altre, o, semplicemente, comode, per delegar loro problematiche individuali e collettive.
Eppure alcune domande dovrebbero risalire spontaneamente dal profondo: ma per quale motivo dovremmo mai rimettere la nostra vita e le nostre scelte nelle mani di un altro? Solo perché sembra più istruito? Brillante? Più scaltro? Più cinico ed esperto nel manipolare e usare le genti?
Come mai in questa società si riconosce come un valore saper ingannare gli altri, avere un ascendente su di essi, quando queste "qualità" vengono normalmente usate per i più nefasti e abietti scopi? Su cosa si basa il valore positivo che attribuiamo all'abilità di abbindolare il prossimo?
Questo è il punto di partenza per un'interpretazione realmente spirituale dell'esistenza. La spiritualità è innanzi tutto indipendenza di pensiero, di contemplazione e di azione nel rispetto dell'altro e, in secondo luogo, attività concreta di costruzione di un mondo migliore in prima persona e nella propria quotidianità[206].

Simone Weil ha anzitempo sottolineato una differenza sostanziale interna alle nostre società:

> «Da sempre, coloro che desiderano l'affermazione di tale o tal'altra forma di società, o la conservazione della forma esistente, si sono raggruppati facendo leva sulle loro mutue affinità. Da sempre, i gruppi così formati, sotto il nome di partiti o sotto altre etichette a seconda delle occasioni, si sono alleati, rispettati o appassionatamente combattuti. Alleanze e combattimenti di fantasmi. Tali gruppi possono, qualora siano fortemente disciplinati, mettersi alla testa di movimenti che agitano la società sotto diversi aspetti, ma non li creano in alcun modo. Tali gruppi non hanno la forza di incidere sulla costituzione reale della società. Dietro tali gruppi operano altri gruppi che non si basano affatto sulla omogeneità di opinioni, ma che, diversamente dai primi, sono in grado di regolare e costituire l'ordine sociale. Si tratta di quei gruppi che sono legati in qualche modo alla produzione. I membri di un trust sono mutuamente collegati da un rapporto ben diverso da quello della comunità di idee»[207].

La situazione quindi realmente potrà cambiare quando sempre più persone non useranno semplici slogan (*yes we can*) per votare questo o quel partito, questo o quell'uomo o donna del destino, ma per dire che sì, loro stessi possono prendere in mano la loro vita, decidere del loro futuro autonomamente, senza aspettare un salvatore che, per incanto, con la sua bacchetta magica, risolverà tutti i problemi e farà in modo che tutti diventeranno più buoni.
Non esistono leader, autorità, uomini, donne o sovrani *illuminati,* impalpabili coscienze superiori che amministreranno equamente la collettività coi loro santi *talenti*. Questa sì che è superstizione spietata. Esistono solo le categorie esistenziali della voglia di fare, di agire, di cambiare, di decidere e di gioire dell'esistente e questo lo può fare ognuno di noi, senza aspettare niente e nessuno, senza dover seguire nessun gatto e volpe, seppur ammantati di buoni propositi.
Ognuno di noi ha qualità eccezionali che vengono soffocate nel momento in cui si pende dalle labbra di qualcuno, chiunque esso sia, buono o cattivo. Sarebbe molto proficuo invece prendere in mano il proprio destino, unendosi ad altre persone libere e insieme a esse costruire progettualità concrete e impegnarsi per rendere la propria e altrui vita piena e degna di essere vissuta.

Verità, fede e spiritualità quotidiana

Di solito chi parla o scrive di politica, ambiente, lavoro, sociale e simili, non affronta questi temi legati alla spiritualità, ovvero a qualcosa che vada oltre i problemi e gli aspetti materiali della vita di tutti i giorni o relativi al cambiamento del mondo.

La spiritualità è solitamente, e ancor oggi, appannaggio delle religioni e delle chiese, quando non di politici smaliziati e intellettuali bacchettoni.

Spesso si fa della spiritualità qualcosa di elevato, l'appannaggio di pochi eletti, di chi segue sacre scritture e dottrine antiche, di chi si inginocchia a gerarchie millenarie insediatesi sui loro troni grazie all'ignavia e alla miseria morale umane. Gerarchie che dispongono di verità assolute e omologate, veri *diktat* per chiunque si muova su questo pianeta.

Ma la spiritualità secondo noi è un percorso individuale e pure molto "terrestre". Personale e semplice.

Jiddu Krishnamurti, un noto filosofo indiano che ha indagato nei suoi studi l'autodeterminazione individuale e i processi mentali, ha chiarito molto bene la questione legata alla verità: «Ritengo che la Verità sia una terra senza sentieri e che non si possa raggiungere attraverso nessuna via, nessuna religione, nessuna scuola. Questo è il mio punto di vista, e vi aderisco totalmente e incondizionatamente. Poiché la Verità è illimitata, incondizionata, irraggiungibile attraverso qualunque via, non può venire organizzata, e nessuna organizzazione può essere creata per condurre o costringere gli altri lungo un particolare sentiero. Se lo comprendete, vedrete che è impossibile organizzare una "fede". La fede è qualcosa di assolutamente individuale, e non possiamo e non dobbiamo istituzionalizzarla. Se lo facciamo diventa una cosa morta, cristallizzata; diventa un credo, una setta, una religione che viene imposta ad altri»[208].

Senza contare che, come ha suggerito in altra sede Krishnamurti stesso «l'affermazione costante di credere è un indizio di paura». Sia a livello individuale che sociale. Prova ne è l'escalation attuale degli integralismi di fronte alla catastrofe imminente delle nostre società.

Un'autentica spiritualità passa anche attraverso materialità, razionalità e vita di tutti i giorni, facendosi carico del peso delle domande esistenziali senza risposta e delle paure che ne derivano. È la nostra condizione umana. Volenti o nolenti.

A nostro parere saremo ricompensati con l'altissima spiritualità presente nella immensa bellezza della natura e nei sentimenti positivi e nella solidarietà delle persone.

Cosa può accadere infatti all'interno di una comunità, di un gruppo di persone che contemplano, rispettano, interagiscono con la natura e al contempo usano i propri sentimenti, la propria forza, le proprie capacità, per aiutarsi l'un l'altro? Cosa può accadere tra persone che collaborano, senza competizione, che scoprono assieme nuovi metodi e modi per avere una vita sana, semplice, votata alla salvaguardia del pianeta e all'accrescimento personale?

Non è questa la più alta spiritualità che si possa realizzare sulla terra, senza ricorrere necessariamente a simbologie, dogmi e maestri vari?

In questo modo non c'è divisione, ma anzi fusione fra la natura e noi stessi, fra gli altri esseri umani e il nostro sé individuale, in un sentire che fa elevare le persone, non le getta nell'odio, nello sconforto, nella competizione, nel senso di superiorità e divisione in cui spesso esse si ritrovano ivi condotte dalle religioni.

Tutto ciò ci darebbe un senso di arricchimento e di crescita interiore eccezionale, una crescita, questa sì, come si è più volte affermato, che sentiamo veramente non debba avere mai limiti.

Si osservi la meravigliosa magnificenza del mare, di una nuvola, di un fiore, di un sorriso gratuito di un bimbo e di mille e mille altre espressioni della natura. Cosa c'è di più coinvolgente e importante?

Se con attenzione e sensibilità ci si concentrasse su questi aspetti si avrebbe il vero senso della spiritualità che è in noi e nel mondo naturale.

Allo stesso tempo i sentimenti umani sono un vero miracolo che si ripete continuamente.

La meravigliosa bellezza dell'aiuto reciproco, della saggezza condivisa, di un abbraccio sincero e di moltissimi altri gesti di solidarietà, non sono una chiara manifestazione di spiritualità a cui possiamo tendere?

Non serve molto altro, di certo non servono consumismo e possesso:

> «Chi possiede danaro *è danaro*. Chi si identifica con la proprietà *è la proprietà*, o la casa, o il mobilio. Similmente con le idee o con la gente; quando vi è possesso, non vi è relazione. La maggior parte di noi possiede perché, se non possiede, non ha altro. Siamo gusci vuoti se non possediamo, se non riempiamo la nostra vita di mobili, di musica, di conoscenza, di questo e di quello. E quel guscio fa un sacco di rumore, e quel rumore lo chiamiamo vivere; e di ciò siamo soddisfatti. Quando vi è rottura, quando ciò si frantuma, allora vi è angoscia, perché improvvisamente si scopre come siamo fatti: un guscio vuoto senza molto significato. Esser consapevoli dell'intero contenuto della

relazione è azione, e in quell'azione vi è una possibilità di relazione vera, la possibilità di scoprirne la grande profondità, il grande significato, e di sapere che cos'è l'amore»[209].

Tutto ciò non significa essere ingenui o riporre fiducia in un'insperata e improbabile leggendaria "Età dell'acquario" o in millenarismi simili.
Allo stesso tempo, un atteggiamento di questo genere non significa non essere realistici o pensare che viviamo in un idillio senza fine, dove non esistono problemi e le persone sono tutte votate al bene. Anzi, nel mondo i fatti più evidenti sono proprio il terrore, il dolore e l'ingiustizia cui gran parte dell'umanità e gli altri esseri viventi soggiacciono. Ma esiste una forza spirituale/ideale che può contrastare tutto ciò e può sprigionarsi da ogni persona, in qualsiasi momento. Una potenza e un valore morale che la natura dona continuamente a ogni alternarsi del giorno e della notte.
Prendere atto di questo potenziale di intervento e divenirne consapevoli ci fa comprendere come la purezza di una vita spirituale e sociale traboccante di entusiasmo non si ottiene con la delega della propria anima né si reperisce chissà dove attraverso cammini iniziatici oscuri, imperscrutabili e codificati da sacerdoti. Non ci sono maestri ai quali rivolgersi che possono vivere al posto nostro.
Bisogna cercare dunque di riscoprire questa spiritualità e di farla vivere e questo si ottiene maggiormente mettendosi assieme ad altri. Creando insieme la propria realtà e aprendo insieme un cammino in cui gli aspetti elevati della vita non vadano persi di vista ma, anzi, siano il faro che illumina il percorso e le scelte, si può arrivare a una sorta di esistenza pacificata. Pacificata con se stessi e con il mondo.
Per fare tutto ciò non servono necessariamente meditazioni, preghiere o formule magiche. Spesso basta anche solo una mano forte nel momento del bisogno.
La vita è così meravigliosa e con una quantità tale di bellezze dentro e al di fuori di noi che non basterebbero mille anni per esperirle tutte.
Ecco perché bisogna guardare a questa magnificenza con gioia e fiducia e con essa ritrovare quello spirito perduto, sommerso da milioni di gadget e "3x2" che ci impediscono di viverla appieno.
C'è più spiritualità in un tramonto, in uno sguardo fra madre e bambino che in millenni di storia delle religioni, di qualsiasi religione.

Semplicità, contemplazione e lavoro manuale

Considerando il drammatico vuoto esistenziale odierno, la domanda che anche noi ci stiamo facendo da qualche tempo, e che infine vorremmo porre all'attenzione del lettore e della lettrice, è questa: possono gli esseri umani essere così concentrati su loro stessi, sulla soddisfazione di ambizioni e desideri bislacchi esoindotti o autoindotti, da voler sopravvivere a un mondo morto? Morto non "solo" per quanto riguarda l'ambiente vegetale e animale, ma morto anche all'essenziale, alla gioia, al dono di sé, all'amore, alla solidarietà disinteressata, all'aiuto reciproco, alla pace.
Forniamo qualche dato.
Il 2 settembre 2009 l'Organizzazione mondiale della sanità nel corso del primo *Global Mental Health Summit* tenutosi ad Atene ha lanciato l'allarme rispetto all'avanzamento della depressione nelle società occidentali.
Attualmente, nel mondo, 450 milioni di persone soffrono di disturbi mentali.
Come abbiamo già accennato, tra vent'anni, secondo l'OMS, la depressione sarà la malattia più diffusa e costituirà anche un peso economico importante per le nostre società. È stato calcolato che l'aumento del consumo di antidepressivi che si è avuto tra il 2000 e il 2008 (non collegato direttamente alla recessione economica) è del 310%[210].
Soddisfare quindi i bisogni profondi dell'essere umano e abbandonare la superficie luccicante di questo vivere per orpelli e punti regalo non è uno sfizio da intellettuali o spiritualisti falliti, antidiluviani ed emarginati. È *realmente* un bisogno *umano* concreto.
Il senso della vita e la pienezza della stessa non sono in vendita sugli scaffali degli ipermercati né è possibile accedervi tramite mutuo bancario. E non c'è una carriera professionale con cui vi si possa pervenire.
Riteniamo che siano almeno tre i cardini fissi su cui può ruotare una cupa esistenza che si vuole trasformare in Vita. Sono alla portata di tutti, non necessitano di particolari ricchezze né di altrettanto particolari capacità. Essi sono: semplicità di abitudini, dedizione alla contemplazione ed esercizio frequente di un lavoro manuale a contatto con la natura. Questi tre pilastri base vanno inseriti in una dinamica esistenziale ricca ed esuberante che ci faccia sentire quanto siamo magicamente vivi e in moto.
Krishnamurti rispondendo a una domanda *ad hoc* sul senso della vita ha chiarito che:

> «La vita ha un significato, un fine? Il vivere in se stesso non è il proprio stesso fine, il proprio stesso significato? Perché siamo troppo

insoddisfatti della nostra vita, perché la nostra vita è troppo vuota, volgare, monotona, perché continuiamo a fare sempre la stessa cosa, per questo vogliamo qualcosa di più, qualcosa che vada oltre quanto stiamo facendo. Essendo tanto vuota, sorda, priva di significato, fastidiosa, intollerabilmente stupida la nostra vita quotidiana, affermiamo che la vita debba avere un significato maggiore, ed ecco perché Lei mi pone questa domanda. Senza dubbio, chi ha una vita ricca, chi vede le cose quali sono ed è pago di ciò che ha, non è confuso; ha la mente chiara, e pertanto non domanda quale sia lo scopo della vita. Per lui, lo stesso vivere è inizio e fine»[211].

Affinché si possa passare a tale prospettiva vitale va messo in discussione il carrozzone capitalista[212] che ha trasformato denaro, tecnologia e scienza nei tre nuovi dèi che regnano nell'attuale Olimpo umano.
Probabilmente la ragione, eroina di tante battaglie dall'Illuminismo in poi, ha oggi bisogno di un supporto di non poco conto se non vuole inaridirsi definitivamente nelle lande desertiche del mercato globale.
In sostanza, per dirla con Tolstoj: «Io pensavo un tempo che la ragione fosse la principale qualità dell'animo umano. Era un errore e io sicuramente lo sentivo. La ragione è solo lo strumento della liberazione, della manifestazione dell'essenza dell'anima: l'amore»[213].

Nota al capitolo

206. Ci permettiamo qui di segnalare un sito Internet che tratta il tema della religione e della spiritualità dal punto di vista libertario e chiarisce ancor più i termini di quello che intendiamo qui dire: http://www.liberospirito.org.
207. Weil, Simone, *Incontri libertari*, Elèuthera, Milano, 2001, p. 62.
208. Krishnamurti, Jiddu, *Discorso di scioglimento dell'Ordine della Stella*, 3 agosto 1929, Ommen, Olanda.
209. Krishnamurti, Jiddu, *La prima ed ultima libertà*, Astrolabio-Ubaldini, Roma, 1969, p. 161.
210. Settima edizione del Rapporto Osservasalute (2009) pubblicato dall'Osservatorio Nazionale sulla Salute dell'Università Cattolica di Roma e coordinato da Walter Ricciardi, direttore dell'Istituto di igiene della facoltà di Medicina e chirurgia. Cfr. http://www.osservasalute.it/index.php/rapporto/argomenti/2009/8.
211. Krishnamurti, Jiddu, *La prima ed ultima libertà*, Astrolabio-Ubaldini, Roma, 1969, p. 215.
212. Nel senso che a questo termine è stato attribuito dall'economista di origine ungherese Karl Polanyi, ossia alta finanza, flussi di denaro scambiati nel commercio a grande distanza, con il sussidio di serie garanzie, mezzi di pagamento sicuri e credito. Il capitale finanziario si è costituito in un'organizzazione politico-economica, un corpo organico di istituzioni per la promozione (anche violenta), la protezione e la regolazione degli scambi internazionali, e quindi del capitalismo stesso. Capitalismo come sinonimo di "società di mercato" ossia società in cui tutto, merci, denaro, servizi, credito, lavoro, relazioni diventa oggetto di scambio. Cfr. Polanyi, Karl, *La grande trasformazione*, Einaudi, Torino, 1974.
213. Così Lev Tolstoj nei suoi *Diari*, 31 marzo 1908, citato in Amici di Tolstoi (a cura di), *Tolstoi il profeta. Invito alla lettura degli scritti filosofico-religiosi*, Il Segno dei Gabrielli, S. Pietro in Cariano, 2000, p. 134.

La comunità

Dalla città alla realtà

La città odierna è una grossa fonte di spersonalizzazione e spesso causa la perdita di quei sensi e significati che da sempre hanno dato consistenza alla vita. In città la natura è pressoché assente, il ritmo frenetico e l'inquinamento alle stelle. Le soglie di tossicità ambientale stabilite dagli stessi organismi istituzionali preposti alla salvaguardia della salute pubblica sono continuamente superate. Ma esistono poi davvero delle soglie di rischio dell'inquinamento o, comunque sia, si rischia e basta? Il livello abituale di inquinamento atmosferico, acustico ecc. è davvero accettabile?
In città si è inoltre in contatto con merci artificiali, sempre di corsa, imbottigliati nel traffico e costretti a comprare ogni cosa dato che, in pratica, molto difficilmente ci sono possibilità e tempo di autoprodursi alimenti e beni.
In lotta con l'orologio, sommerso da mille rumori, in perenne tensione e pericolo di essere investito, stanco e alienato dal lavoro e disperatamente alla ricerca di uno stimolo per "divertirsi", così si 'srotola' l'esistenza del cittadino medio.
Eppure il mito delle città resiste. In tutto il mondo l'urbanizzazione è in aumento e schiere di schiavi arrivano quotidianamente dalle campagne asiatiche, africane o sudamericane ad alimentare le fucine metropolitane dell'impero dei consumi.
Le posizioni critiche nei confronti della città vengono sempre etichettate come utopiche, neoromantiche, pseudobucoliche ma prive di concretezza. Le motivazioni addotte sono le solite. A volte si dice che non si può ritornare alla campagna perché non ci sarebbe abbastanza spazio per tutti. In realtà, sono le città che stanno occupando sempre più territorio e a un ritmo davvero frenetico e devastante. Nel 2007, nel mondo, la popolazione urbana

ha superato la popolazione rurale. La continua costruzione di appartamenti, case, capannoni industriali, infrastrutture stradali e aeroportuali, centri commerciali ecc. cementifica ogni anno milioni e milioni di metri quadrati di superficie terrestre[214]. E sempre più spesso queste costruzioni, case, appartamenti o capannoni che siano, rimangono vuoti nel breve periodo, sono soggetti a veloce disfacimento (grazie alla qualità eccellente dei materiali oggi impiegati) e rimangono come cattedrali nel deserto della metropoli e della coscienza umana. Senza contare l'effetto deleterio che hanno sull'ambiente per l'impermeabilizzazione del suolo che essi comportano.
Dall'altra parte, e contro il comune sentire, i luoghi abbandonati nelle campagne o nei piccoli paesi più defilati sono un numero crescente. I terreni rinselvatichiscono e le scuole di periferia dei piccoli comuni si svuotano. Gli spazi in campagna abbondano, le case costano meno, ce n'è una maggiore disponibilità, spesso hanno aree verdi annesse, la vita ivi scorre più lenta. Ma la città domina, colonizza il nostro immaginario come un occupante comodo e vantaggioso seppur fastidioso e ignominioso per la nostra dignità di esseri umani.
Chi ha detto che l'unica soluzione possibile per le collettività umane sia quella metropolitana? Come è vissuta la stragrande maggioranza della popolazione mondiale sino a cinquant'anni fa? Ma anche oggi: ci è chiaro che un miliardo e seicentomila persone sul pianeta ancora adesso vivono in aree rurali che non dispongono di elettrificazione[215]? Siamo coscienti che da 2 a 3 miliardi di persone, ossia da un terzo a circa la metà della popolazione mondiale (un umano su due o su tre), non hanno mai fatto una telefonata[216]? E ci sembra che Internet sia l'unica vera realtà incalzante...

> «Siamo vissuti per tutta la storia umana, fino a pochi decenni fa, senza automobili, aeroplani, televisori, cellulari, forni a microonde, videocamere lavastoviglie computer eccetera. E non eravamo più infelici di ora. Eppure, per non rinunciare a queste quattro porcheriole, stiamo distruggendo aria, acqua, cibo. Ma i nemici dicono che queste quattro porcheriole sono conquiste dell'umanità. Della civiltà. "Civiltà" deriva dal latino "*civitas*". Che vuol dire città. Perché è solo la città che fa "conquiste". La campagna produce il cibo: non è una conquista. È la vita»[217].

Infatti, senza idealizzare eccessivamente la scelta rurale che avrà tutti i suoi limiti, si può senz'altro affermare che è proprio l'urbanizzazione selvaggia a creare grandissimi problemi alle persone e all'ambiente. E tutto questo degrado psicologico, sanitario, economico e ambientale sta schiantandosi velocissimamente contro i limiti naturali del pianeta, così come un aereo fuori controllo si avvita a capofitto sulla pista di atterraggio con il personale aeroportuale in preda al panico.

Il processo di deurbanizzazione, che qui preconizziamo e ci auguriamo, dovrebbe essere graduale e si svilupperebbe con tempi e modi che non creerebbero alcun problema. Anzi, un tale processo in gran parte li risolverebbe.

Certamente non possiamo pensare che le città si spopoleranno mai completamente, ma sarebbe opportuno che potessero essere ricondotte a una dimensione più ristretta, più umana e meno impattante per l'ecosistema[218].

E non si affermi, come accade solitamente, che non ci sono gli spazi per una tale trasmigrazione. La popolazione italiana si concentra per l'80% sul 5% del territorio nazionale[219], ossia le aree urbane. Ci pare che di spazio in giro ce ne sia quindi a iosa.

Un graduale ritorno alla campagna permetterebbe nell'immediato una serie di vantaggi che sono ottimali sotto ogni punto di vista. Esso diminuirebbe la devastazione del territorio che sarebbe sottoposto a maggior controllo e salvaguardia, si valorizzerebbero le risorse locali, si recupererebbero antichi saperi, che sono attualmente minacciati di estinzione e che, perduti, richiederebbero generazioni e generazioni per poter essere recuperati efficacemente.

Oltre la mancanza di spazio, una delle obiezioni ricorrenti che si fanno rispetto a un ritorno a una vita più rurale, è quella per cui in campagna mancherebbero quei servizi essenziali per una comunità di cui invece la città dispone, ossia la cultura, i cinema, i teatri.

In realtà accade sempre più spesso che in città e nelle sue periferie avanzino i McDonald's, i Bingo e i centri commerciali e diminuiscano teatri, biblioteche e luoghi deputati alla cultura. Oggi in effetti non è dato sapere in che modo o per quale motivo una persona che abita in campagna o in un piccolo borgo, dovrebbe essere più lontana dalla cultura di un cittadino[220].

Le distanze di chi abita in campagna o nei piccoli borghi da teatri e cinema di solito non sono proibitive, e di certo non può essere questo aspetto a indurre qualcuno a rimanere in città visti tutti gli altri svantaggi che ne derivano.

Noi pensiamo che se per poter dire di avere le sale cinematografiche o i teatri a portata di mano (ma magari non frequentarli), bisogna affrontare una vita di lamiere, cemento e stress, forse potrebbe valere la pena farne comunque a meno.

E poi non è detto che chi ha più tempo liberato, il teatro non decida di farselo da sé.
Gary Snyder, scrittore statunitense fautore del bioregionalismo, ha replicato in modo eccellente a questa argomentazione ricorrente dei filometropolitani:

> «[la cultura] resta sempre, così come c'è sempre (non importa dove) un luogo e una lingua. La cultura è nella famiglia e nella comunità ed emerge quando ci mettiamo insieme per fare del lavoro vero, oppure per giocare, o per raccontare storie o recitare – quando qualcuno si ammala, muore o nasce – oppure in occasione delle festività. Una cultura è una rete di conoscenti o di comunità che ha radici e di cui ci si prende cura. Ha dei limiti ed è ordinaria. "È una persona colta" non dovrebbe significare "d'élite", al contrario, dovrebbe voler dire qualcosa di simile a "ben fecondata"»[221].

Questa è la cultura: vere e creative relazioni umane. Merce che nelle città scarseggia nella maggior parte dei casi. In queste, infatti, pur essendovi più persone, e quindi teoricamente più possibilità di relazioni, in molti casi i vicini di pianerottolo nemmeno si conoscono. Il tempo reale di cui dispone in media un cittadino metropolitano per le sue relazioni è minore di quello di cui dispone un abitante di un piccolo centro o che vive in campagna. Basti pensare ai tempi di spostamento per incontrarsi che deve mettere in conto ad esempio un abitante di Roma e uno di Pienza[222]. Per sviluppare e mantenere amicizie, per frequentare le persone e stringere con loro veri e saldi rapporti, occorre tempo. Ma è sempre più frequente che in città si riesca a vedere i propri cari solo raramente. Figuriamoci coltivare relazioni profonde anche con altri individui.
Senza contare che è stato calcolato che il numero di relazioni che è possibile gestire personalmente e direttamente è di circa 500-600 persone[223]. Oltre non è umanamente possibile avere dei rapporti dignitosi, a meno che non scriviate settimanalmente centinaia di e-mail dal vostro blog a persone disparate e in ogni angolo del pianeta e riteniate che queste missive siano prova di numerose relazioni di amicizia profonda. La superficialità dell'esistenza attuale può arrivare ad accontentarsi anche di bit digitali al posto di abbracci reali. Ma la vostra coscienza profonda non l'ingannerete. Una città, come dice Snyder, «non è altro che una funzione»[224]. Ma Vivere è qualcosa di molto di più.
Chi comunque fa questo tipo di paragoni tra città e campagna, di solito non ha nessuna concreta intenzione di lasciare la prima per la seconda, non

conosce e né apprezza profondamente le meraviglie della natura e usa questi argomenti abbastanza inconsistenti per non affrontare la vera questione: il condizionamento da pseudocomodità del mondo artificiale. Teatri, cinema e opportunità culturali sono ripescati ogni volta come argomenti fondanti di una scelta metropolitana, ma essi nascondono in realtà un vero attaccamento, cosciente e non, verso il luccichio sfavillante del mondo dei balocchi. Nella città, quello che domina e vige è il concetto di vetrina, di specchio scintillante dell'ego, di esibizione, di caccia all'emozione a tutti i costi, di pseudocultura snob, di illusione etno-fusion, di anonimato trasgressivo, di triste lotta per una riermersione dalla sottomissione alla catena produttiva. Alla fin fine, tutto questo movimento di luci, colori, rumori e corpi della metropoli non è granché. È il formicaio produttivo della religione consumistica. Come ogni religione che si rispetti anche quella metropolitana ha i suoi miti: la beatitudine eterna promessa dall'ipermercato o la passeggiata che ci porta a smaniare sulle vetrine del centro.

In ogni angolo del pianeta i magazzini di merce da consumare ripropongono i soliti cloni, siano essi automobili o indumenti, orologi o chincaglierie.

L'artificializzazione e tecnicizzazione totale dello spazio e degli oggetti che usiamo impedisce e rimuove il ricordo di quanto siamo natura noi stessi. L'ammassamento nelle città, al di sopra e distaccati dalla terra, può essere paragonato alle colture idroponiche: in città si vive "sopraelevati", semoventi tra un aeroporto e un centro commerciale, fluttuanti come palloncini che possono scoppiare da un momento all'altro. Ma come ha individuato argutamente Paul Ariès «l'individuo deve appartenere a un luogo per scoprire gli altri»[225].

E gli umani, nel loro profondo, conoscono la differenza tra quelli che Marc Augé ha chiamato non-luoghi[226], con il senso di spaesamento che essi effondono, e gli armonici presepi dei piccoli borghi e delle vallate che costituiscono ancora oggi il paesaggio peculiare di gran parte della nostra penisola.

Se la natura e la campagna vengono spesso percepiti a livello razionale come mondi lontani e ostili dagli abitanti delle città, è però vero che colpisce il fatto che nel caso ad esempio degli annunci immobiliari si utilizzino spesso dizioni di valore aggiunto del tipo: con vista sul mare, in piena campagna, con giardinetto, con area verde annessa, a poca distanza dal parco, con splendida vista sul lago eccetera.

Eppure, se la natura non fosse così importante, si dovrebbero fare annunci del tipo: senza verde, con molto cemento, con vista sui palazzi intorno, dirimpetto a una tangenziale, affacciati su una via di grande scorrimento, a pochi passi da un inceneritore, nei pressi di una industria chimica e via di seguito.

Del resto non abbiamo mai sentito esprimere giudizi di superiorità estetica della città rispetto alla campagna da coloro che per scelta o necessità hanno dovuto lasciarla.

Di solito, anzi, si rimpiange il tempo in cui si viveva in campagna, se ne ricordano profumi, odori, cibo sano, aria e acqua buona. A volte negli anziani emerge il ricordo della fatica, ma oggigiorno il lavoro contadino è molto meno faticoso, sia perché espletato in condizioni decisamente migliori che in passato, sia perché si potrebbe condividere assieme agli altri.

"Stranamente", quindi, la natura è anelata da tutti, anche se poi spesso quello che ci si permette sono solo dei suoi surrogati (magari documentari iperrealistici) o i miseri quattro metri quadrati di terra polverosa dietro casa.

Il percorso verso la realizzazione cosciente che anche noi siamo natura presuppone che ci riavviciniamo a lei il più possibile: si tratta di un passaggio obbligato per la rinascita dell'umanità.

A contatto con la natura, con un lavoro e relazioni migliori, con attività culturali maggiori e meno stress, diminuiscono i presupposti alla base di gran parte dei problemi della società contemporanea e si creano quei legami fortissimi che sono propri della comunità e che ci siamo lasciati letteralmente estirpare. Legami che fanno sì che il singolo individuo non si senta smarrito di fronte ai problemi che affronta, ma che lo inducono invece a percepirsi parte di un insieme che può dargli un aiuto o essergli vicino nel momento del bisogno, sia esso materiale o esistenziale.

È opportuno ricordare con le parole di un "intenditore" dell'umana avventura che «il progresso ha per scopo la felicità. Ma la felicità, finché l'uomo resterà ciò che è, non cambierà granché: è sempre quella dell'Adamo neolitico. Gli occorre spazio, gli occorre tempo: sole e acqua. Gli occorrono vino, amici e amore»[227]. Questo è il bagaglio essenziale. L'ambiente artificiale metropolitano è molto avaro di questi beni[228].

Di fronte a queste problematiche e a queste prospettive il contesto in cui si vive è fondamentale, sia per le scelte che per il cambiamento effettivo personale.

In un contesto dove non ci sono stimoli positivi, dove la natura è pressoché assente, dove i rapporti sono minimi e improntati alla velocità e alla superficialità, si creano quelle condizioni di insoddisfazione che alimentano il consumismo e la perdita di senso. Ecco perché è fondamentale cambiare i contesti, altrimenti cercare di cambiare vita e abitudini diventa una fatica immane e lo si fa come se fosse un fioretto (ecco spiegato l'impegno sociale individuale in questo o quel gruppo ambientalista o di volontariato) ma il cambiamento vero, reale, non arriva mai.

Alcune persone protestano, s'impegnano ma non cambiano la propria vita. Per fare un esempio pratico, se si va a una manifestazione contro le basi militari statunitensi in Italia e si marcia tutta la giornata scandendo slogan contro questa o quella istituzione politica o militare nazionale o internazionale, ci sembra di fare gran cosa e di combattere con la nostra presenza e il nostro impegno l'ingiustizia di uno strapotere strafottente, che genera una situazione poco dignitosa per il nostro paese. E sicuramente c'è del vero. Se però a fine giornata ce ne torniamo a casa passando prima dallo sportello automatico della nostra banca (che magari finanzia il commercio delle armi), poi facciamo la spesa al discount e la sera ci dedichiamo a tv, "sofficini" e Coca-Cola, è palese che il sistema che condanniamo prospera sulle nostre contraddizioni, coscienti o meno che siano.

Il passaggio fondamentale da affrontare è quindi quello dalla protesta ideale a una fase di cambiamento reale della propria vita, a partire dalle scelte di tutti giorni.

Questo ovviamente non significa che bisogna abbandonare le campagne contro gli inceneritori, le centrali nucleari, l'ingiustizia diffusa e via di seguito, ma bensì farlo da contesti personali di esistenza che sono completamente diversi dalla "cultura" che produce tutto ciò.

Il *contesto* quindi è fondamentale, non è una questione eludibile; se non cambia il contesto la lotta sarà impari e soprattutto non si prospetteranno molte speranze, ma si sarà più deboli nei confronti di tutto il resto.

È il concetto di libertà quello su cui si deve riflettere quando si analizzano queste dinamiche.

In accordo con Bernard Charbonneau riteniamo che la natura vada difesa in funzione della necessità dell'essere umano di godere della propria libertà all'interno di essa. L'uomo, naturale e spirituale al tempo stesso, deve avere la possibilità di sperimentare carnalmente la natura e di godere delle sue ricchezze. Per questo motivo, l'industrializzazione e la tecnicizzazione dell'ambiente attuali non possono rispondere che limitatamente a questo bisogno. La trasformazione del mondo in un modellino artificiale di plastica, *high tech* e cemento, finirà per generare la fine della libertà umana stessa[229].

I cosiddetti progressi della scienza favoriscono cioè la realizzazione di un'organizzazione sociale in cui gli individui devono sottomettersi alle

regole dettate dagli specialisti, regole che essi non possono comprendere, nel nome di una razionalità da cui pure sono esclusi. E tutto ciò nel nome del progresso dell'uguaglianza e della democrazia. Secondo Charbonneau questa inclinazione dello stato tecnoscientifico porta inevitabilmente al totalitarismo e al saccheggio della natura. Uno sviluppo infinito della potenza materiale e dell'organizzazione sociale in un mondo finito rischia, prima di ogni catastrofe ecologica, di annientare una volta per sempre la libertà umana. Questa intuizione è essenziale e di estrema attualità per tutti noi. Da ciò deriva la spinta estrema ad abbandonare quei centri di potere tecnocratico che sono le città, decentrandosi verso realtà e modalità di esistenza più semplici e non completamente incasellabili dai modelli 730 o 740 di turno.
In un "contesto" diverso quale quello "periferico" si è più forti, motivati e spesso sostenuti da altri in un reciproco incitamento.
Ecco perché occorre puntare sul cambiamento di contesto e non invece, come si fa prevalentemente, su di un cambio di governo, di partiti o di politici. È il contesto personale che trasforma realmente la vita delle persone, non un partito. E il proprio scenario lo si cambia meglio e più volentieri assieme ad altri.

I luoghi del nuovo Umanesimo

In Italia esistono tantissimi borghi abbandonati che solitamente si trovano in luoghi di una bellezza e ricchezza naturale eccezionale. Con uno sforzo minimo d'immaginazione, e un'azione conseguente più impegnativa ma non impossibile, si potrebbe dare luogo a comunità di persone che ritornino ad abitare questi luoghi.
Dove se non in borghi riscoperti, in queste "arche", può rinascere l'arte, la musica, la scienza, la filosofia, che prendano ancora spunto da quelle che sono le radici immortali dell'agire umano, cioè la natura e gli aspetti più nobili dell'animo delle persone? In un ambiente naturale queste qualità possono svilupparsi al meglio, dato che tutto è a misura d'uomo, ma soprattutto poiché il metro di misura non sarebbero l'arricchimento economico e la fama personale.
L'acquisizione o la "gestione" di questi borghi potrebbe partire o essere facilitata da un accordo stipulato con la relativa amministrazione comunale,

siglando contratti di manutenzione, ristrutturazione e riabitazione in cambio dell'uso a lungo termine. In alternativa possono essere chiesti finanziamenti alle cooperative etiche come le Mag[230], o a banche sensibili a queste tematiche come la Banca Popolare Etica e il Credito cooperativo. In ogni caso, spesso per la posizione periferica e la marginalità rispetto al mercato immobiliare, i costi di accesso a questo tipo di immobili non sono alti, sicuramente più bassi che in città. Inoltre i sindaci dei piccoli comuni sono più che felici di ripopolare terre abbandonate con persone in grado di rivitalizzare scuole, servizi, vita sociale e culturale eccetera.

I borghi danno l'opportunità di vivere a ogni famiglia nella propria casa mantenendo la *privacy* pur contando su un vicinato sensibile e partecipe. Terreni, magazzini e altri stabili potrebbero essere condivisi e utilizzati insieme. La comunità si potrebbe poi organizzare in gruppo d'acquisto solidale innanzitutto per il reperimento di cibo biologico a basso costo, e in secondo luogo per l'installazione di sistemi di energie rinnovabili e l'acquisto di materiali bioedili. Cinque o sei nuclei familiari possono associarsi per acquistare o utilizzare solo le auto che effettivamente servono, gestendole collettivamente. Allo stesso modo alcuni servizi possono essere scambiati fra le varie persone del borgo senza ricorrere a spese esterne. Che senso ha oggi che cinque famiglie abbiano cinque trapani, cinque decespugliatori e così via? L'utilizzo collettivo, opportunamente sostenuto da un responsabile dell'attrezzatura per la manutenzione e il corretto uso, genera risparmio per per le famiglie e per l'ambiente.

Se poi ci fosse un numero sufficiente di bambini si può pensare di istituire una piccola scuola a gestione quasi familiare dato che la normativa vigente lo consente.

L'aggregarsi di un numero abbastanza consistente di persone permette inoltre di installare sistemi energetici alternativi a costi minori rispetto all'acquisto suddiviso per singola famiglia. Altri interventi sulla casa potrebbero essere effettuati in stile cooperativo, e così via.

In questi contesti il tempo lavorativo necessario per ottenere il salario indispensabile per vivere dignitosamente può essere ridotto anche facendo ricorso al telelavoro. Il resto della giornata potrebbe essere dedicato alle attività del borgo, quali l'agricoltura che permette di fare un'attività salutare e di diminuire le spese alimentari (e quindi conseguentemente il tempo da dedicare al reperimento di denaro). Inoltre eventuali eccedenze di raccolti orticoli possono essere vendute o scambiate con borghi vicini. Oppure il tempo in disavanzo potrebbe essere messo a disposizione per occuparsi dei

bambini, accudire gli anziani, fare la trasformazione dei cibi (marmellate, salse, creme...) o autoprodurre detersivi, saponi eccetera.
Borghi simili, in effetti, potrebbero essere in gran parte autosufficienti sia dal punto di vista alimentare che energetico. È sufficiente impiegare quelle tecnologie e quei mezzi moderni che si sono sviluppati per accrescere la qualità della vita e la salvaguardia ambientale, mettendo al centro l'autogestione e rifiutando di dipendere da un potere centrale e lontano su cui non abbiamo nessun controllo.
Le cosiddette tecnologie appropriate associate alla riscoperta delle antiche sapienze artigianali possono fare miracoli.
Avviando collettività di questo tipo si ricreerebbe in sostanza quella comunità di stampo contadino che caratterizzò le nostre campagne sino al secondo dopoguerra. Quella attuale, però, a differenza della precedente, sarebbe priva della chiusura tipica di quel mondo e poggerebbe sull'aiuto di tecnologie e conoscenze avanzate, che allevierebbero di molto le fatiche della vita di campagna e permetterebbero una vita lavorativa decentrata mediante le connessioni Internet e la strumentazione informatica.
Come abbiamo già rilevato, l'aiuto di altre persone, l'appoggio reciproco e l'organizzazione comune permettono di diminuire moltissimo la fatica e lo sforzo dell'esistenza su questo pianeta.
L'esperienza isolata di singole persone o coppie spesso le ha caricate di eccessivo peso materiale e psicologico, che talvolta si è rivelato addirittura smisurato rispetto alle forze a disposizione e ha generato sconfitte e delusioni. Questo è accaduto e continua ad accadere perché non si è puntato sulla creazione di quello che si potrebbe chiamare un eco-vicinato responsabile e solidale.
La scelta di stare assieme non dovrebbe essere di natura ideologica, religiosa, di appartenenza sociale o di altro tipo, ma dovrebbe basarsi sostanzialmente sulla voglia di condivisione di una vita più a misura d'uomo, in cui si ritrovino le basi dell'esistenza, intese come convivialità, appoggio reciproco, apprendimento, conoscenza.

Idealizzazione del mondo contadino?

Ma vivere in campagna a contatto con la terra non è solo questo. Queste potrebbero essere le motivazioni razionali che il cervello escogita (e giustamente) per indurci a capire l'importanza di una scelta di vita migliore. C'è però poi una parte intima, profonda dell'essere umano che risuona intensamente con la natura e che non ha bisogno di motivazioni speculative. Semplicemente gode del riavvicinamento all'ambiente costitutivo di cui fa parte. Non c'è molto da spiegare. Crediamo sia abbastanza chiaro che al momento non siamo ancora totalmente robotizzati e trasformati in *cyborg* e che nel nostro organismo costituito da un ecosistema altrettanto complesso di quello del macrocosmo pulsano emozioni e ritmi universali, indipendentemente da quelle che sono le nostre credenze spirituali. Non stiamo parlando di religioni ma di biologia cellulare e istinti di specie.

Parlare dell'importanza del rapporto con la terra, con la natura e prendere ad esempio la comunità contadina, non significa né santificarla né pensare che occorra regredire di secoli. Se mai si può dire che nel complesso siamo davvero progrediti.

Parafrasando una classica metafora vittoriana si può dire che «se i "selvaggi" hanno dovuto compiere eroiche imprese tecniche per strapparsi dal mondo tutto "zanne e artigli" della giungla e conseguire il senso della propria umanità, i consumatori moderni della società di mercato dovranno a loro volta compiere eroiche imprese etiche per strapparsi dai grandi shopping center e recuperare il proprio senso di umanità»[231].

La devastazione ambientale su larga scala, l'aumento della competizione a livello planetario così come dell'avidità e dell'egoismo di stampo occidentale, insieme alla responsabilità che abbiamo di accettare il progressivo mutamento tecnologico come un *continuum* evolutivo inevitabile, hanno in effetti creato una situazione di inquinamento etico mondiale che ha fatto perdere la serenità e il senso della vita a milioni di persone. Queste, specie nei cosiddetti paesi "sottosviluppati", hanno appena lasciato il mondo e la cultura contadina tradizionale per trovarsi inseriti in un paradiso artificiale che di paradisiaco ha solo la facciata, abbagliante al punto giusto da occultare la disperazione che cela.

E se è vero che la comunità contadina e il mondo rurale in genere, in passato manifestavano una serie di problematiche e chiusure che andrebbero superate in un'ottica di riavvicinamento alla terra, è del resto altrettanto vero che essi promuovevano una cultura dell'onestà, della frugalità, della gioia per le cose semplici, della fiducia reciproca di cui oggi sentiamo vivamente la mancanza.

Il mondo contadino di qualche decennio fa era per sua definizione chiuso e conservatore, il che potrebbe essere positivo quando si tratta di conservare saperi, natura e saggezza. Ciò non vale invece quando questo "conservatorismo" diventa patriarcato, ostilità nei confronti del forestiero e del diverso, miopia intellettuale e culturale. Allora non è più una società che si apre al resto del mondo con la forza della sua conoscenza e saggezza, ma una collettività che ha paura, senza spiragli di evoluzione, dove la sacralità e la creatività giocosa del lavoro si traducono in una fatica senza fine. Una schiavitù dove non c'è mai spazio per nient'altro.

Il progressivo ritorno alla comunità e alla terra non può e non deve essere un ritorno a chiusure, diffidenze e ostilità di questo genere. Ed è questa la grande e affascinante sfida che possiamo accettare: accostare le antiche conoscenze e saggezze alle moderne (e selezionate) tecnologie, conoscenze e aperture mentali. Una combinazione che nelle giuste dosi può produrre risultati strabilianti. Con la consapevolezza di non cadere in una facile idealizzazione.

I contadini di ieri si sono progressivamente ammassati nelle città e molti di quelli che sono rimasti nelle campagne sono degli "industriali terrieri", persone talvolta senza scrupoli, che badano solo ed esclusivamente al massimo rendimento dei suoli coltivabili, perseguiti con tutti i mezzi, leciti e illeciti.

Questi agricoltori industrializzati hanno perso qualsiasi legame con il passato e, anzi, lo giudicano come qualcosa di ostile. Spesso sono loro stessi che di fronte a proposte di ritorno a una agricoltura più vicina alle esigenze animali, vegetali e umane, si ritraggono contrari a qualsiasi cambiamento. Per loro la terra non è più un profluvio di ricchezze naturali, ma un potenziale serbatoio di denaro da sfruttare con ogni mezzo. In effetti è indubbio come non ci sia più nessun rapporto con il mondo naturale da parte di un uomo completamente chiuso nella sua tuta protettiva e che all'interno del suo enorme trattore meccanizzato spruzza veleni sul terreno.

Di fronte a questa situazione vanno quindi riscoperti e ascoltati quei contadini che ancora ragionano in termini di sussistenza, di piccole quantità di terreno coltivato, di varietà delle specie, di protezione delle sementi. Fortunatamente, ancora ce ne sono. E sempre fortunatamente possiamo rilevare che l'agricoltura biologica, rispettosa dei cicli naturali, si sta sempre più sviluppando, sebbene ci auguriamo vada in futuro orientandosi maggiormente e con determinazione verso uno sviluppo locale e non nazionale e/o internazionale, inserendosi così in quel quadro di servizio locale all'interno della rete di comunità in cui di essa c'è gran bisogno.

Città e paesi: che fare?

Detto tutto questo, non si può certo pensare che dall'oggi al domani le città scompariranno o ridurranno il loro peso sulla gestione della società nel suo insieme. Anche le persone che piano piano scopriranno i vantaggi qualitativi del vivere decentrato dovranno avere il tempo di riorganizzare la propria vita e tutto un movimento di idee, persone ed enti collaborerà a rigenerare i piccoli centri periferici ristrutturando la vita sociale su base bioregionale.
Nel frattempo, per chi vive in città, sarà possibile attenuare il fiato sul collo della perdita di senso e dello stress attraverso molteplici strategie.
In città è infatti possibile intraprendere molte azioni per aumentare la propria qualità della vita e migliorare allo stesso tempo l'ambiente che ci circonda.
Certo non è la stessa cosa che stare a diretto contatto con la natura, ma si possono comunque innescare dei processi di cambiamento personale (stile di vita, abitudini, consumi, relazioni, priorità ecc.) che ripagano fortemente sul piano psicologico e motivazionale, aggiungendo senso alla propria esistenza e maggiori probabilità di vita (nel senso letterale del termine) a quella di tutti gli altri esseri viventi.
Possiamo qui citare solo alcuni esempi, ma che rendono un'idea della concretezza di come operare per un cambiamento immediato. Una possibilità è quella di avviare ristrutturazioni che mirino al risparmio energetico nella propria casa o applicare le energie rinnovabili ove fattibile. Anche la creazione di spazi verdi pubblici e gli orti di quartiere[232] possono essere soluzioni che incentivano la riscoperta della dimensione naturale dell'uomo, apportando in contemporanea una possibilità di maggiori relazioni interpersonali, un'integrazione economica, una potenzialità di smaltimento dello stress ecc. I cittadini metropolitani possono poi instaurare rapporti con la popolazione dei borghi rurali circostanti dai quali acquistare le eventuali eccedenze agricole. Si possono inoltre anche creare migliori rapporti di vicinato attraverso esperienze di *cohousing*[233] e partecipazione a gruppi di acquisto, cooperative di consumo, associazioni.
La riduzione dei consumi è altrettanto praticabile. Anzi in città, come dimostrano alcune esperienze[234], è ancora più possibile vivere di ciò che gli altri eliminano e hanno in surplus. Questo abbassa il tetto di denaro mensile necessario e aumenta la disponibilità di tempo libero (data la diminuzione di impegno di lavoro occorrente conseguente).
Certo il tutto dovrebbe essere vissuto all'interno della visione più ampia

possibile, in previsione di un vero salto qualitativo di vita, possibilmente extra-metropolitano.

Per fare un esempio, coltivare orti nelle rotonde in mezzo al traffico o aree dismesse contaminate non ha molto senso. Ammesso che qualcuno abbia il coraggio di raccogliere quelle verdure (e che queste abbiano avuto il coraggio di esservi cresciute) che beneficio si può trarre dal loro consumo? Questi poveri ortaggi potrebbero avere tassi di inquinamento forse maggiori delle stesse verdure irrorate di prodotti chimici dei campi sterili dell'agricoltura intensiva. E cosa cambierà di effettivo nella propria vita quotidiana?

Questo esempio illustra molto bene gli aspetti paradossali della vita in città, dove la maggior parte dei tentativi anche lodevoli di cambiamento deve fare i conti con una realtà che difficilmente può migliorare sensibilmente la propria qualità della vita[235].

Per chi non se la sente di gettarsi nelle braccia della natura (in cui si sente indifeso), una via di mezzo, magari anche temporanea, di esperienza di vita potrebbe essere quella dei piccoli comuni. Il nostro paese è pieno di queste piccole e vivibili realtà. Molti pensatori ecologisti e filosofi hanno messo in rilievo il ruolo chiave dei piccoli centri, basti pensare al nostro Medioevo e alla sua brillante epoca comunale[236].

La cittadina svolge innanzitutto il ruolo di fornire al circondario quelle attività e funzioni che sono necessarie al vivere comune. Come sottolineava Gandhi, artigiani e contadini sono gli unici mestieri davvero utili alla comunità. Il paese è il luogo ideale degli artigiani che svolgono servizi per la comunità.

Nei piccoli comuni, come si è già detto, le condizioni di vita sono decisamente migliori. I risultati delle proprie azioni personali molto più visibili e immediatamente ripaganti sul piano umano e civile.

In ogni caso, città o campagna, qualsiasi scelta si voglia fare, ci pare comunque chiaro che si deve partire dalla propria esistenza. Risulta infatti ormai inoppugnabile il rapporto tra comportamenti individuali e impatto ecologico sul pianeta. Non c'è nulla di più errato che la solita posizione per cui l'azione individuale non conta nulla. Sono i partiti, il WTO, la Banca Mondiale, la FIAT, il Bilderberg, la CIA, la P2 e chissà cos'altro a dettare le regole del cambiamento nel mondo. Certo, sino a che noi aderiamo alle loro direttive e partecipiamo alla loro richiesta di manovalanza per mantenere l'intelaiatura dell'attuale struttura di potere. Invece la ricostruzione sostenibile delle società non può che passare tramite una riforma radicale degli stili di vita e lo sganciamento dalla tossicodipendenza del consumismo. E se ne vanno accorgendo da tempo anche eminenti studiosi come ad esempio Hans Immler, professore di Economia ecologica, che ha dichiarato che «il passaggio dalla fase meccanica della civilizzazione a quella ecologica non viene deciso nelle grandi conferenze, per mezzo di codici legislativi o grazie a belle parole, ma attraverso i comportamenti economici e tecnologici in cucina, in soggiorno, sul luogo di lavoro e per strada. Qui consumiamo la natura in mille forme diverse ed è qui che è necessario ricostruirla. Se il passaggio allo stadio ecologico della civiltà alla fine riuscirà o meno, dipenderà da come noi ci rapporteremo alla natura nella prassi quotidiana»[237].

Note al capitolo

214. Secondo Legambiente e Istituto Nazionale di Urbanistica (INU), solo in Italia, ogni giorno si cementificano 100 ettari di superficie terrestre, ossia 1 milione di metri quadri, che in un anno fa 365 milioni. In Italia. Cfr. "Legambiente e INU lanciano il Centro di ricerca sui consumi di suolo", comunicato stampa di Legambiente, 22 gennaio 2010. Solo nel periodo che va dal 1990 al 2005 è stata edificata in Italia un'area pari al Lazio e all'Abruzzo messi assieme. Cfr. Petrini, Carlo, "Italia, record del cemento invasi tre milioni di ettari", in *La Repubblica*, 5 ottobre 2008. Dal 2000 al 2008 le nuove abitazioni costruite sono quasi raddoppiate passando dalle 159.000 alle 287.000. Cfr. Rapporto CRESME-SAIE, "2007: continua l'andamento a singhiozzo delle costruzioni", 2008, p. 4.
215. Si tratta di un quarto della popolazione mondiale. Cfr. Colin, Beavan, *Un anno a impatto zero*, Cairo Publishing, Milano, 2010, pag. 178.
216. Secondo il noto economista statunitense J. Rifkin il 62% delle persone al mondo non ha mai telefonato: Rifkin, Jeremy, "Europa: dieci passi nel futuro", in *L'Unità*, 13 settembre 2008. Si veda anche l'economista venezuelano Naim, Moises, "La normalità della fame", in *Corriere della sera*, 17 agosto 2005 per cui si tratterebbe invece di un 30%.
217. Savioli, Sonia, *Alla città nemica. Diario di una donna di campagna*, Malatempora, Roma, 2005, p. 77.
218. Su questo tema ha lavorato per anni il filosofo Pietro Toesca che è anche addivenuto a importanti conclusioni e proposte. Si vedano alcuni suoi testi come: *Teoria del potere diffuso. Municipalismo e federalismo*, Elèuthera, Milano, 1998; *Manuale per fondare una città*, Elèuthera, Milano, 1994.
219. AA.VV. (a cura di Dematteis, Giuseppe), "L'Italia delle città. Tra malessere e trasfigurazione", *Società geografica italiana, Rapporto annuale 2008*, Roma, 2008.

220. Per fare un esempio dell'utilizzo di questi servizi culturali possiamo ricordare che Milano è la città in cui la frequentazione del teatro in Italia è tra le maggiori. Un milanese va in media 1,1 volte l'anno a teatro contro lo 0,3 del resto d'Italia. A Roma si parla di 0,5 volte l'anno di media. Moltissimo in tutti i casi... Cfr. "Teatro, ai milanesi piace andare di più che nel resto d'Italia", in *Il Giorno*, 20 maggio 2010.
221. Snyder, Gary, "La nostra anima", in Rete Bioregionale Italiana (a cura di), *Selvatico e coltivato. Storie di vita bioregionale*, Stampa Alternativa, Viterbo, 2003, pp. 3-4.
222. Un abitante di una grande città deve essere un coraggioso per circolare con la propria auto visto il traffico caotico endemico che ormai in esse vi regna. Ma anche se volesse prendere i mezzi pubblici non è che le cose andrebbero meglio. Una ricerca di Legambiente ha infatti stabilito che gli autobus nelle nostre città capoluogo di provincia circolano a una velocità media che va dai 12 ai 20 km orari, meno di un ciclista e poco più di un marciatore. Anche l'auto privata comunque non supera i 25 km orari di media. Se i propri amici abitano dall'altra parte della città conviene bere un caffè dal vicino di pianerottolo... Peccato che solitamente non lo si conosca.... Cfr. Patucchi, Marco, "Le cento città dei bus tartaruga", in *La Repubblica*, 22 maggio 2003; Zampetti, Giorgio, Valentini, Viviana (a cura di), *Mal'aria di città 2010. L'inquinamento atmosferico e acustico nelle città italiane*, Legambiente, Roma, 16 gennaio 2010, p. 6.
223. Così Gary Snyder in "Cities: salvaging the parts", in *Raise the Stokes*, n. 3, primavera 1981.
224. *Loc. cit.*
225. Ariès, Paul, "La decrescita è solubile nella modernità?", in Bonaiuti, Mauro, (a cura di), *Obiettivo decrescita*, EMI, Bologna, 2004, pp. 63-77, cfr. p. 74.
226. Augé, Marc, *Nonluoghi. Introduzione a una antropologia della surmodernità*, Elèuthera, Milano, 2009.
227. Charbonneau, Bernard, *Il sistema e il caos*, Arianna Editrice, Casalecchio, 2000, p. 120.
228. Il professore T.H. Ericksen, ha riassunto efficacemente il pensiero del noto filosofo francese Paul Virilio: «Virilio preferisce parlare di una "megalopoli globale" caratterizzata dall'anonimato e dalla disgregazione, in cui tutti comunicano con tutti e nessuno, per questa stessa ragione, parla veramente con qualcuno. La "città virtuale" è organizzata grazie a una tecnologia dell'informazione in tempo reale. In altri termini, abbiamo una situazione in cui il tempo domina lo spazio. Le distanze svaniscono e quando quel che è distante diventa prossimo come ciò che è vicino, non c'è più niente di veramente vicino, secondo Virilio». Cfr. Ericksen, Thomas Hylland, *Tempo tiranno. Velocità e lentezza nell'era informatica*, Elèuthera, Milano, 2003, p. 73. In un'intervista comparsa su l'*Avvenire* nel maggio 2007 sempre il filosofo francese afferma che «lo schermo rimpiazza l'orizzonte, e per contro il nostro orizzonte è limitato allo schermo. Ci illudiamo di vedere tutto e invece

l'occhio non scorge quasi nulla. [...] ormai stiamo transitando dall'obiettività alla tele-obiettività». Cfr. Giorgi, Antonio, "Virilio: ritornare alla parola", in *Avvenire*, 23 maggio 2007. L'allucinazione tecnologica collettiva ha sostituito la realtà.

229. Cfr. Cérézuelle, Daniel, *Écologie et liberté. Bernard Charbonneau précurseur de l'écologie politique*, Parangon, Lyon, 2006, pp. 126-138.

230. Le Mag (Mutua AutoGestione) sono società cooperative che operano nell'ambito dell'obiezione monetaria e della finanza critica. Sono attive in varie città del Nord Italia e raccolgono fondi e risparmi per finanziare progetti di economia solidale, cooperative e piccoli produttori agricoli biologici, botteghe del commercio equo, associazioni ambientali o di solidarietà sociale eccetera.

231. Bookchin, Murray, *L'ecologia della libertà*, Edizioni Antistato, Milano, 1984, p. 121.

232. Ad esempio, il Dipartimento delle politiche ambientali e agricole del Comune di Roma ha provato a censire gli orti urbani presenti nel suo territorio e si è accorto che è un'impresa improba. All'interno del raccordo anulare ne sono stati rilevati circa 2500. Questo può dare l'idea di quella che è una situazione generalizzata in tutte le città italiane. Cfr. Villoresi, Luca, "Orti romani, è censimento e ora si punta sul biologico", in *La Repubblica*, 26 agosto 2006.

233. Il termine designa insediamenti abitativi composti da abitazioni private munite da spazi destinati all'uso comune e alla condivisione tra i residenti. Tra i servizi di uso comune vi possono essere ampie cucine, spazi per gli ospiti, laboratori per il fai da te, spazi gioco per i bambini, piscina ecc. I *cohousers* possono anche condividere spese alimentari o energetiche collettive, barattare, avere una banca del tempo interna, prendersi cura collettivamente dei bambini ecc. Cfr. Lietaert, Matthieu, *Cohousing e condomini solidali*, Terra Nuova Edizioni, Firenze, 2008.

234. Schwermer, Heidemarie, *Vivere senza soldi*, Terra Nuova Edizioni, Firenze, 2007.

235. Una situazione in cui peraltro la dipendenza estrema dal meccanismo produttivo e distributivo è davvero pesante. Basti ricordare cosa succede nelle grandi città in conseguenze di un semplice sciopero dei TIR che trasportano generi alimentari. In queste situazioni siamo stati testimoni della diffusione del panico con accaparramento di scorte di cibo e svuotamento di reparti di supermercato di dimensioni tali da evocare situazioni di emergenza quali l'avvicinarsi dello scoppio di una guerra mondiale. Questo comportamento indotto (media, pubblicità ecc.), ma tutto sommato coatto (che cibi possono prodursi i cittadini?), è un chiaro sintomo di dipendenza da tutto. Possiamo immaginarci cosa succederebbe con una diminuzione degli approvvigionamenti di fonti fossili...

236. Kropotkin, Peter, *Mutual Aid*, Black Rose Book, Montréal, s.d., pp. 178-179.

237. Immler, Hans, *Economia della natura. Produzione e consumo nell'era ecologica*, Donzelli, Roma, 1996, pag. 101.

Conclusioni

Una conclusione in linea con l'intento di apertura di questo libro non può che partire da dati oggettivi. Se sinora abbiamo perorato la possibilità e necessità del cambiamento di rotta, è anche vero che non ci siamo sognati nulla.
I segnali di un grande cambiamento in atto sono infatti altrettanto evidenti di quelli della catastrofe incombente. Una parte di umanità, anche del mondo occidentale, sta già vivendo da anni, talvolta da decenni, una vita improntata all'autogestione, alla decrescita e alla solidarietà nel rispetto degli ecosistemi.
Vari paesi e città si stanno attrezzando per una transizione dolce a un'era non petrolifera. Interi popoli fanno pressione per ridiscutere le politiche energetiche.
Gruppi di persone sempre più numerosi si riuniscono a vivere in esperienze di eco-vicinato e comunitarie.
In Italia si contano circa 1000 gruppi d'acquisto solidale tra quelli censiti dall'associazione di riferimento e quelli informali[238].
A livello mondiale le fonti rinnovabili, soprattutto l'eolico, stanno avendo un largo sviluppo. Un esempio per tutti: negli Stati Uniti nel 2008 la nuova potenza installata fornita dall'eolico è stata pari a 8400 Megawatt e ha surclassato le nuove installazioni a carbone, corrispondenti a 1400 Megawatt. Il nucleare è in declino. Nel mondo la capacità generativa nucleare è diminuita mentre quella eolica è aumentata di 27.000 Megawatt, energia sufficiente per 8 milioni di abitazioni americane[239].
In Europa ci sono centri per le tecnologie alternative che da oltre trent'anni lavorano nei settori delle energie rinnovabili, della bioedilizia, del risparmio e dell'efficienza energetica e che hanno dimostrato a centinaia di migliaia

di persone che "un altro modo è possibile". Visitatori da ogni paese, scuole, studenti di ogni età e stagisti, volontari, professionisti, famiglie, amministratori, semplici curiosi sono transitati da queste autentiche miniere di soluzioni praticabili da subito.

Il centro per le tecnologie alternative in Galles *(Centre for Alternative Technology*, CAT), nato alla metà degli anni Settanta del Novecento e vera Disneyland delle energie rinnovabili, già nel 1992 aveva raggiunto un milione di visitatori e ha una media di 65.000 presenze annuali.

In Germania, l'*Energie und Umweltzentrum* (EUZ) – Centro per l'energia e l'ambiente – di Springe, che è attivo dal 1981, con il suo lavoro pionieristico sulle energie rinnovabili e il contenimento energetico in edilizia ha influenzato e formato migliaia di persone.

L'EUZ organizza dal 1993 ogni agosto un corso estivo residenziale per italiani dal titolo *Energia Ambiente Lavoro*, che ha visto sempre una grande partecipazione. Dal 1999 il corso viene organizzato in collaborazione con l'associazione italiana Paea, che è stata fra le prime a lavorare concretamente in Italia nel settore della divulgazione delle energie rinnovabili ed efficienza energetica, anche per la diffusione di sistemi innovativi di costruzione quali lo standard di casa passiva.

Il *Folkecenter* in Danimarca, fondato nel 1983, è un luogo di ricerca sulle fonti rinnovabili che è la punta di diamante di una regione, quella di Thisted e Mors, con complessivamente 66.000 persone dove le energie rinnovabili forniscono il 100% dell'energia elettrica e l'85% del calore.

Il centro *Artefact*, vicino a Flensburg, in Germania, è all'avanguardia nelle costruzioni in terra cruda e nella commistione fra le tecnologie appropriate dei paesi del cosiddetto terzo mondo e i paesi occidentali.

E infine non possiamo non citare *De Kleine Aarde* – La piccola Terra – a Boxtel, in Olanda, nato nel lontano 1972 e specializzato nelle problematiche legate all'impronta ecologica[240].

Sempre più quindi sono gli esempi, le persone e i centri di ricerca e applicazione che usano fonti rinnovabili. In Italia la regione del Trentino Alto-Adige, nonostante non sia fra le regioni più soleggiate, è fra quelle che hanno la maggiore diffusione di sistemi a energia solare e fonti rinnovabili in genere. Ciò si va ad aggiungere alla larga diffusione di case a basso consumo energetico e passive.

Una ricerca condotta nel nostro paese nel 2008 dalla società di consulenza internazionale Arthur D. Little ci conferma che quattro consumatori su cinque sono interessati a prodotti e servizi ecologici, richiesta che non trova sufficiente risposta sul mercato[241]. L'80% degli intervistati (un campione di 1000 persone di età compresa tra i 18 e i 60 anni) ha affermato che la sostenibilità ambientale è un tema attuale e urgente. Solo il 18% ha dichiarato di ritenere che sia ormai troppo tardi per intervenire e infine un 2% pensa che sia un problema che riguarda il futuro[242]. La ricerca rileva inoltre che queste dichiarazioni non sono soltanto teoriche ma che si riflettono per il 90% degli intervistati concretamente nel loro stile di vita. Nel particolare il 68% di essi afferma di svolgere attività a sostegno dell'ambiente quotidianamente e senza intermediazione, nei consumi di energia, negli acquisti, nella scelta dei servizi e nei trasporti. Quasi la metà degli intervistati (il 44%) ritiene inoltre che l'impegno delle aziende dal punto di vista ecologico sia inderogabile e un'altra metà (il 53%) lo valuta comunque attrattivo e discriminante, qualsiasi sia il settore di attività[243].

La coscienza dell'umanità sta evolvendo. Anche su altri piani.

Nel mondo occidentale il numero di vegetariani e vegani è in costante crescita. I dati per l'Italia li abbiamo già comunicati e a essi vanno aggiunti circa 10 milioni di altri vegetariani dal resto d'Europa[244]. Negli Stati uniti si parla di un 3,2% (7,3 milioni di persone) che può arrivare al 10% negli stati più progressisti come la California[245]. In India, al 2006, abbiamo un 40%. Si tratta per il colosso asiatico di qualcosa come 399 milioni di persone vegetariane[246]!

Nel 2006 l'agricoltura biologica era diffusa in 106 paesi del mondo con 700.000 produttori coinvolti e 30,4 milioni di ettari coltivati[247]. Nel 2007 risultavano 32,2 milioni di ettari certificati (pari a più della superficie dell'Italia intera), gestiti da oltre 1,2 milioni di produttori. Rispetto all'anno precedente, l'area coltivata a biologico è aumentata di 1 milione e mezzo di ettari[248].

E il tasso di crescita è costante di anno in anno. In Europa tra il 2007 e il 2008 si è passati da un 4,1% di produttori che coltivano biologico sul totale degli stessi a un 9,5%[249].

Anche in Italia si intravede una felice progressione del biologico e della filiera corta. Le aziende con vendita diretta sono aumentate del 32% (da 1645 a 2176), i ristoranti a tema del 31% (da 174 a 228), gli agriturismi bio del 22% (da 1002 a 1222), le mense scolastiche biologiche del 23% (da 683 a 837)[250].

Il numero di paesi e città riconosciute ufficialmente (al 18 maggio 2010) come *Transition Towns* in Gran Bretagna, Irlanda, Canada, Australia, Nuova Zelanda, Stati Uniti, Italia e Cile è di 307[251].

In Italia sono inoltre attive una trentina di comunità intenzionali, o ecovillaggi che dir si voglia, e sono 13 i nuovi progetti in corso per un totale di 1200 persone coinvolte. In Gran Bretagna e Irlanda gli ecovillaggi sono 250 per un totale di 5000 membri residenti. In ogni nazione del Nord Europa abbiamo un numero di comunità intenzionali che vanno dalle 25 alle 100 ciascuna. Nelle Americhe si parla di circa 2000 comunità con decine di migliaia di aderenti[252]. In tutto il mondo fervono iniziative simili.
Una discreta fetta di umanità dunque abbraccia abitudini che vanno nel senso del rispetto della vita (vegetarianesimo, agricoltura biologica, medicina naturale, assistenza ai malati, difesa dell'ambiente, lotta al razzismo ecc.).
Una nuova tipologia di umani è in pratica già comparsa all'orizzonte.
Che fare dunque? Basta unirsi a essi!

Come si esplica concretamente il cambiamento: manifestazioni, belle teorie o impegno quotidiano individuale?

In ogni ambito della propria esistenza è possibile fare cambiamenti anche radicali e, nella maggior parte dei casi, senza diminuire né la qualità della vita né il benessere, anzi aumentandoli. Si tratta solamente di scelte.
Un passaggio fondamentale nel percorso di cambiamento reale della situazione generale è quello per il quale tutte le persone che si impegnano in modo vario per un mondo migliore facciano anche dei passi concreti per il cambiamento nella propria vita di tutti i giorni e abbiano anche come obiettivo quello di cambiare loro stessi nel modo in cui dicono ci si debba indirizzare.
Riteniamo sia assai singolare protestare pubblicamente e sporadicamente per qualcosa e nel proprio piccolo fare poco e nulla per intervenire direttamente sul problema, pensando che esso si risolva in chissà quali stanze del potere, con chissà quali decisioni, interventi e misure che puntualmente non arrivano mai o, se emanate, si rivelano largamente al di sotto di quello che sarebbe stato effettivamente necessario, nonché delle aspettative ingenuamente nutrite.
Ma anche un impegno, politico o ecologico che sia, ma di tipo "hobbistico", in superficie, avulso dalla continuità quotidiana e dalla sua complessità, non porta frutti determinati a durare nel tempo.
Diverso è invece l'impatto di persone che vivono il cambiamento in prima persona e in maniera il più possibile vasta e completa, sia per loro stessi che

per il mondo circostante. È la prospettiva di Tolstoj, di Gandhi, di Fromm e tanti altri. Un'idea si diffonde meglio se una persona la incarna. Quando la vita stessa di un individuo diventa un messaggio, quel messaggio non conosce ostacoli. Non ci sono filtri o depistaggi che tengano. Gli sviluppi sono lenti ma inevitabili e, ancor più importante, non soggetti a particolare regressione. La radicalità e la coerenza esistenziali sopravvivono alle burrasche del tempo molto più della verbosità meramente intellettuale. Su ciò abbiamo davvero numerosi esempi storici.

Per entrare nel concreto, immaginiamo, ad esempio, un milione di persone che sono pienamente convinte che la guerra in Iraq e in Afghanistan siano una conseguenza della necessità per alcuni Stati occidentali di accaparrarsi risorse energetiche, e che decidano di agire in maniera effettiva per ostacolare questi atti di cruda prepotenza.

Un passo sicuramente importante è quello di ridurre la *propria* dipendenza da quel petrolio, gas o altra risorsa energetica che determina in parte o in toto le suddette guerre.

Molti studi e pubblicazioni hanno ampiamente dimostrato che il cosiddetto picco del petrolio (ossia il fatto che le nuove scoperte di giacimenti non sopperiscono alla crescente richiesta mondiale per cui tendenzialmente esso andrà esaurendosi) è un problema reale. Lo stesso Pentagono ha pubblicato un rapporto, *Joint operating environment 2010*, nel quale si legge che entro il 2012 si potrebbe esaurire ogni capacità di riserva del sistema petrolifero mondiale[253]. Ossia non ci sarà più greggio disponibile nelle cisterne da buttare sul mercato in caso di picchi improvvisi di domanda. Picchi che saranno sempre più all'ordine del giorno vista la crescita vertiginosa dei consumi globali (vedi ad esempio quello che già accade in Cina e India).

Si potrebbe quindi iniziare dalla propria abitazione e, individualmente, o associandosi ad altre persone, studiare e individuare tutti i modi in cui è possibile ridurre questa sudditanza rispetto a fonti energetiche fossili, redigere una scaletta di interventi, interpellare chi può fare una diagnosi energetica e avviare di conseguenza i lavori concreti che vanno in quella direzione. Interventi che possono andare dalla semplice sostituzione dei vetri singoli alla coibentazione completa della propria abitazione.

Se questa scelta viene operata all'interno di una vita quotidiana in cui anche tutti gli altri aspetti di equità, giustizia ma anche gioia e tempo liberato sono rispettati (e non quindi un fioretto una tantum), allora un progresso verso il cambiamento reale sarà effettivamente stato compiuto.

Se solo la metà delle centinaia di migliaia di persone di cui sopra, che sono

andate a manifestare contro le "guerre del petrolio", avesse optato per un ripensamento energetico della propria esistenza, oppure avesse anche solo spostato il proprio conto bancario in una banca non "armata" (che non entra cioè con investimenti nel mercato internazionale delle armi, come invece fanno purtroppo la maggioranza delle nostre banche coi nostri soldi)[254] un risultato effettivo, economicamente tangibile e irreversibile, sarebbe divenuto realtà. Questa scelta avrebbe probabilmente anche influenzato nel frattempo altre persone e fornito lavoro ad altre ancora, in un circuito di tipo virtuoso e tangibile di cambiamento.
Se ci si impegna direttamente, non si ha la sensazione che tutto passi sopra le nostre teste al di là della nostra volontà e possibilità di impedirlo. Idem, se le scelte dei governi vanno in una direzione evidentemente irrazionale e antiecologica, non si pensa che tutto sia perduto. Il dissenso urlato è qualcosa di molto diverso (e inferiore) dal dissenso praticato.
Riteniamo che il punto fondamentale, volenti o nolenti, è che si dovrà cambiare nel concreto. Nelle proprie vite. Nel proprio lavoro. Nelle proprie relazioni. Non c'è scienziato pagato dalle multinazionali o politico corrotto che tenga. L'oceano acidificato, le piogge corrosive, l'aria pestilenziale, la terra desertificata, l'olocausto delle specie animali e vegetali e la depressione crescente di una buona parte di umanità parlano da soli.
Non si potrà che cambiare e non servirà portare i carri armati nelle strade perché non si può obbligare nessuno a continuare a comprare e ricomprare per far crescere l'economia di mercato, responsabile dei disastri passati, attuali e futuri.
Ma in effetti sta già cambiando ora. Siamo qui. E siamo tanti.
Nascono antagonismi ovunque. Ci sono disertori in ogni campo. La sempre più incalzante devastazione ambientale induce alla consapevolezza anche i più ottusi e restii di noi.
Non è questione di ideologie o dottrine, di speculazioni mentali o di simpatie. Gli spazi vitali si riducono effettivamente, le richieste del sistema ci soffocano, la burocrazia ci vampirizza e il lavoro ci aliena.
Se invece opporremo al sistema attuale non solo una protesta ma anche una proposta, sarà sempre più difficile da parte degli oligopolisti detentori del potere della violenza e dell'omologazione, continuare a costruire autostrade, inceneritori, centrali nucleari, rigassificatori e ogni altro incubo.
Chi attende manifestazioni messianiche, riforme di governo o leader illuminati per il rinnovo sociale, o bluffa anche nei propri confronti per pigrizia o stanchezza, oppure davvero ha la necessità di scrollarsi di dosso

l'infausta influenza mediatica che lo suggestiona. Non ci sono capipopolo, guru e santi bevitori che possano migliorare davvero la *nostra* vita. Tocca proprio a *noi*. E intervenendovi drasticamente a questo punto.

Non ci sono, infatti, alternative a una metamorfosi radicale della società umana. E finalmente ci verrebbe da dire. Che fosse la volta buona che da una crisi materiale ed esistenziale di dimensioni mai viste prima nasca una grande opportunità altrettanto unica per l'umanità di costruire un mondo nuovo.

Sono "solo" circa due miliardi le persone che da qui al 2030 faranno parte della cosiddetta classe media, proprio come la grandissima maggioranza di tutti noi (stimata oggi in circa 800 milioni in tutti i paesi avanzati)[255].

Questa massa impressionante di persone sarà costituita in massima parte da abitanti di città e metropoli. Il nuovo miliardo aggiuntivo di benestanti accederà ai nostri livelli di consumo altissimi, forse – visto il trend dell'ecobusiness – appena mitigati da qualche pannello solare installato qua e là, da automobili che inquineranno un po' meno, da qualche quartiere "ecologico" edificato a spaglio sul territorio e da qualche altro tesoruccio "eco" di questo tenore.

Nell'insieme, tuttavia, saremo ancora un'umanità zeppa di gadget, di cartelloni pubblicitari, di vetrine illuminate, di oggetti usa e getta e di altre migliaia di accessori che affossano la nostra dignità e il nostro pianeta edificandosi sulla sofferenza e lo sfruttamento di intere popolazioni. Sempre più malati di acquisto compulsivo gli umani mediamente ricchi e superlativamente fatui[256] si aggireranno feroci tra gli scaffali dei megaipermercati che nasceranno, alla ricerca disperata dell'ultima novità *high tech* pubblicizzata in tv, disposti a lottare all'ultimo sangue pur di aggiudicarsela. Il coma irreversibile verso cui si sta avviando la Terra, e i fuggiaschi esseri viventi che la abitano, aumenterà esponenzialmente di pari passo con la crescita di produzione e consumi. La produzione di beni "ecologici" o a basso impatto ambientale (auto, elettrodomestici ecc.) non basterà a sopperire all'aumento complessivo generalizzato dello sfruttamento delle risorse e della moltiplicazione di scorie industriali, aree inquinate e rifiuti.

Le immense opportunità di acquisto che le città offrono, incrementate ai massimi livelli dal bombardamento pubblicitario, diventeranno sempre più irresistibili grazie alle nuove tecniche di neuromarketing che studiano attentamente le nostre reazioni, motivazioni e impulsi all'acquisto[257] e mirano a stabilire connessioni neuronali tra sensazione di appagamento a livello cerebrale e composti chimici contenuti in alcuni alimenti[258].

Della serie "chi assaggia ritorna".
Se non ci incamminiamo su un percorso inverso, tra poco saremo travolti e più si rimanderà la presa di coscienza e la decisione esaltante di tornare a Vivere e più i cambiamenti socio-economici e filosofici che auspichiamo saranno difficili e complicati da attuare.
Pigrizia, imbarbarimento, razzismo, egocentrismo e vuoto esistenziale dilagheranno in un rash finale apocalittico... Ma non per tutti. È già al lavoro un'altra umanità. Ci sono relazioni solidali in corso non corruttibili, non commerciabili. Ci sono persone che vivono già ora, che sorridono, che lavorano per il prossimo e per tutte le forme di vita.
Ci sono persone che non comprano, che riciclano, che riparano, che si curano e si alimentano da sé. Ci sono sempre più bambini che crescono liberi dai condizionamenti dei media, dalla tv, dai videogiochi, da ascensori, scale mobili e avvilenti parchi gioco, da appartamenti asettici e dai vicoli maleodoranti delle città.
Basta volerli vedere. Sono tanti. Siamo tanti. E sappiamo fare molte cose, ma soprattutto sappiamo sorridere e tenderci la mano.
Tutti possono fare la scelta. Tutti possono fare il salto. Che non è nel buio come si può pensare, ma nella luce. Che non è un sacrificio, ma una vera e propria scoperta e liberazione.
Se nascerà un nuovo mondo esso è già stato concepito. Apportiamo nuova linfa e nuove cellule ed esso vedrà la luce.

Note alle conclusioni

238. Si veda il sito: http://www.retegas.it.
239. Brown, Lester, *Piano B 4.0. Mobilitarsi per salvare la civiltà*, cit. p. 125.
240. L'impronta ecologica è un indice statistico usato per quantificare la richiesta umana nei confronti della natura. Essa mette in relazione il consumo umano di risorse naturali con la capacità della Terra di rigenerarle. In pratica questo indice misura l'area biologicamente produttiva di mare e di terra necessaria per rigenerare le risorse consumate da una popolazione umana e per assorbire i rifiuti che ne derivano. Tramite l'impronta ecologica, è possibile stimare quanti "pianeta Terra" servirebbero per sostenere l'umanità, qualora tutti vivessero secondo un determinato stile di vita. Confrontando l'impronta di un individuo (o regione, o stato) con la quantità di terra disponibile pro-capite (cioè il rapporto tra superficie totale e popolazione mondiale) si può capire se il livello

di consumi del campione è sostenibile o meno. Nel 2010, l'"Earth overshoot day", ossia il giorno in cui l'umanità ha consumato già tutte le risorse naturali disponibili dell'anno, è caduto il 21 agosto, ben in anticipo sul traguardo di fine anno con una anticipazione costante ormai abituale e un consumo reiterato di risorse immagazzinate nei millenni sempre più disperato. Il calcolo annuale di questo dato è a cura del Global Footprint Network, l'organizzazione di ricerca ambientale statunitense che fornisce dati su quanto stiamo vivendo al di sopra delle nostre possibilità in termini ecologici (overshoot). Cfr. il comunicato stampa originale "Earth's Overdraft Notice: On August 21st, we exceed nature's budget", 16 agosto, 2010, in http://www.footprintnetwork.org/press/EODay_press_release.pdf e la pagina di presentazione del sito web ufficiale: http://www.footprintnetwork.org/it/index.php/GFN/page/earth_overshoot_day/.

241. Alla ricerca di nuovi giacimenti di consumatori retail: dal Green Stakeholder al Green Consumer, citata in De Vincenzi, Fiorenza, "Consumi 'verdi', un'opportunità di business da potenziare", in *GDOWEEK*, 28 ottobre 2008, il settimanale della grande distribuzione organizzata curato da *Il Sole 24 Ore*.
242. Loc. cit.
243. Loc. cit.
244. Vedi la mappa allegata all'articolo di Adriana Bazzi, "Vegetariano un italiano su dieci", in *Corriere della sera*, 12 febbraio 2009, reperibile alla pagina http://www.corriere.it/Primo_Piano/Cronache/2009/02/12/pop_mappa.shtml.
245. "Vegetarianism in America", in *Vegetarian Times Magazine*, 2008, cfr. http://www.vegetariantimes.com/features/archive_of_editorial/667 e pagina di Wikipedia voce "vegatarismo" http://it.wikipedia.org/wiki/Vegetarismo.
246. "The number of vegetarian in the world", in *Raw-food-health.net*, 3 febbraio 2010, http://www.raw-food-health.net/NumberOfVegetarians.html.
247. Dati dell'*International Federation for Organic Agriculture* (IFOAM): "Global Organic Agriculture: Continued Growth", alla pagina http://www.ifoam.org/press/press/2008/20080221_statistic.php.
248. Rapporto relativo al 2007 sull'agricoltura biologica mondiale redatto dall'*International Federation for Organic Agriculture* (IFOAM): "Global Organic Agriculture: Continued Growth", 18 febbraio 2008, reperibile dalla pagina: http://www.ifoam.org/newsletter/press_releases/Statistics_2009.html.
249. Rohner-Thielen, Elizabeth, "Agriculture and fisheries", *Eurostat Statistics in focus*, 10/2010.
250. Mingozzi, Achille e Bertino, Rosa Maria (a cura di), *Tutto Bio 2010 – Annuario del biologico*, Bio Bank-EGAF, Forlì, 2010, pp. 19-21.
251. Cfr. il sito ufficiale delle Transition Towns, http://www.transitionnetwork.org/initiatives?themes=All&community_type=All&status_value=official&country=All&field_title_search =.
252. Si veda il sito ufficiale del *Global Ecovillage Network*, l'organizzazione mondiale che li raggruppa: http://gen.ecovillage.org/.

253. United States Joint Forces Command, The Joint Operating Environment 2010 (JOE), U.S. Joint Forces Command, Suffolk VA Usa, 18 febbraio 2010, p. 29.
254. Cfr. http://www.banchearmate.it , sito ufficiale dell'omonima campagna.
255. Marianera, Manuela, "Nuova classe media e nuovi mercati per le imprese italiane", *Nota dal Centro Studi Confindustria*, n. 09-1, 10 luglio 2009.
256. Per fare un esempio, il fatturato mondiale dei profumi si aggira intorno ai 20 miliardi di dollari. Il giro d'affari complessivo dei cosmetici raggiunge addirittura i 200 miliardi. Cfr. Jacchia Antonia, "Dolce & Gabbana scatena la guerra dei profumi", in *Corriere della sera*, 16 dicembre 2005. Secondo alcune stime, l'eliminazione della fame e della malnutrizione dal mondo costerebbe 19 miliardi di dollari, l'alfabetizzazione universale 5 miliardi e l'acqua potabile per tutti 10 miliardi.
257. Ci sono scienziati che stanno lavorando alla costruzione di macchine che leggono il pensiero per gli esperti di marketing. «Peter Robinson, un docente della Cambridge University, sta lavorando a un computer sensibile alle emozioni" che usa una cinepresa per filmare le facce della gente, quindi misura le loro espressioni e ne ricava lo stato emotivo. La sua macchina è già in condizione di rintracciare i sottili movimenti muscolari in ventiquattro punti della faccia, per poi tentare di abbinarli a uno degli stati emotivi che ritiene siano coinvolti nello shopping: tristezza, confusione, frenesia, sorpresa e rabbia. Robinson crede che in futuro sarà possibile inserire delle telecamere a scansione in maxischermi negli Internet point, nei bar e nelle sale d'aspetto, consentendo a dei computer di leggere i nostri stati d'animo e di reagire con degli spot calibrati sui nostri sentimenti», cfr. Naish, John, *Basta*!, cit. p. 25.
258. Naish, John, *Basta*!, cit., p. 22 e sgg.; Lindstrom, Martin, *Neuromarketing. Attività cerebrale e comportamenti d'acquisto,* Apogeo, Milano, 2009.

Bibliografia essenziale

Oltre ai rimandi ai vari testi contenuti nel libro e nelle note si vogliono qui riportare alcuni titoli di carattere ecologico, filosofico, ma anche pratico, che potrebbero costituire un buon percorso culturale per chi volesse fare un salto qualitativo dell'esistenza.

AA.VV., *La colata. Il partito del cemento che sta cancellando l'Italia e il suo futuro*, Chiarelettere, Milano, 2010.

Albert, Michael, *Oltre il capitalismo. Un'utopia realistica*, Elèuthera, Milano, 2007.

Angell, Marcia, *Farma&Co. Industria farmaceutica: storie straordinarie di ordinaria corruzione*, Il Saggiatore, Milano, 2006.

Augé, Marc, *Nonluoghi. Introduzione a una antropologia della surmodernità*, Elèuthera, Milano, 2009.

Bang, Jan Martin, *Eco-villaggi. Guida pratica alla comunità sostenibile. Come vivere bene in gruppo*, Arianna Editrice, Bologna, 2010.

Banz, Elke, Riecks, Dietmar, *Solvis. La fabbrica a zero emissioni*, Associazione PAEA, Reggio Emilia, 2008.

Baudrillard, Jean, *Il delitto perfetto. La televisione ha ucciso la realtà?*, Raffaello Cortina Editore, Milano, 1996.

Beaven, Colin, *Un anno a impatto zero*, Cairo Publishing, Milano, 2010.

Berti, Giampietro N., *Un'idea esagerata di libertà. Introduzione al pensiero anarchico*, Elèuthera, Milano, 1994.

Bey, Hakim, *T.A.Z. Zone temporaneamente autonome*, ShaKe Edizioni, Milano, 1997.

Bonaiuti, Mauro (a cura di), *Obiettivo decrescita*, EMI, Bologna, 2004.

Bookchin, Murray, *L'ecologia della libertà*, Edizioni Antistato, Milano, 1984.

Brende, Eric, *Meglio senza. Staccare la spina dalla tecnologia*, Ponte alle Grazie, Milano, 2005.

Brown, Lester R., *Piano B 4.0. Mobilitarsi per salvare la civiltà*, Edizioni Ambiente, Milano, 2010.

Campbell, T. Colin e Campbell II, Thomas M., *The China Study*, Macro Edizioni, Cesena, 2011.

Cérézuelle, Daniel, *Écologie et liberté. Bernard Charbonneau précurseur de l'écologie politique*, Parangon, Lyon, 2006.
Charbonneau, Bernard, *Il sistema e il caos*, Arianna Editrice, Casalecchio, 2000.
Centro nuovo modello di sviluppo, *Guida al consumo critico*, EMI, Bologna, 2009.
Codello, Francesco, *«La buona educazione»*, Franco Angeli, Milano, 2005.
Corona, Mauro, *La fine del mondo storto*, Mondadori, Milano, 2010.
Correggia, Marinella, *La rivoluzione dei dettagli. Manuale di ecoazioni individuali e collettive*, Feltrinelli, Milano, 2007.
Crawford, Matthew, *Il lavoro come medicina dell'anima. Perché tornare a riparare le cose da sé può renderci felici*, Mondadori, Milano, 2010.
Ellul, Jacques, *Il sistema tecnico. La gabbia delle società contemporanee*, Jaca Book, Milano, 2009.
Enderlin, Serge, *Black out. Miti e realtà della questione energetica,* Il Saggiatore, Milano, 2010.
Eriksen, Thomas Hylland, *Tempo tiranno. Velocità e lentezza nell'era dell'informatica*, Elèuthera, Milano, 2003.
Erlacher, Peter, *Riqualificazione energetica edifici esistenti*, Padovani Editrice, Cavaion Veronese, 2009.
Fittipaldi, Emiliano, *Così ci uccidono. Storie, affari e segreti dell'Italia dei veleni*, Rizzoli, Milano, 2010.
Foer, Jonathan Safran, *Se niente importa. Perché mangiamo gli animali?*, Guanda, Parma, 2010.
Forrester, Viviane, *L'orrore economico. Lavoro, economia, disoccupazione: la grande truffa del nostro tempo*, TEA, Milano, 1999.
Frey, Bruno S., *Non solo per denaro. Le motivazioni disinteressate dell'agire economico*, Bruno Mondadori, Milano, 2005.
Fukuoka, Masanobu, *La rivoluzione del filo di paglia. Un'introduzione all'agricoltura naturale*, Libreria Editrice Fiorentina, Firenze, 1980.
Georgescu-Rogen, Nicholas, *Bioeconomia. Verso un'altra economia ecologicamente e socialmente sostenibile*, Bollati Boringhieri, Torino, 2003.
Gilder, George, *La vita dopo la televisione*, Castelvecchi, Roma, 1995.
Giono, Jean, *Lettera ai contadini sulla povertà e la pace*, Ponte alle Grazie, Milano, 1997.
Gruppo Krisis, *Manifesto contro il lavoro*, DeriveApprodi, Roma, 2003.
Gruppo Marcuse, *Miseria umana della pubblicità. Il nostro stile di vita sta uccidendo il mondo*, Elèuthera, Milano, 2006.
Hansen, James, *Tempeste. Il clima che lasciamo in eredità ai nostri nipoti, l'urgenza di agire*, Edizioni Ambiente, Milano, 2010.

Hawken, Paul, *Moltitudine inarrestabile. Come è nato il più grande movimento al mondo e perché nessuno se ne è accorto*, Edizioni Ambiente, Milano, 2009.
Heinberg, Richard, *Senza petrolio. Il protocollo per evitare le guerre, il terrorismo e il collasso economico*, Fazi, Roma, 2008.
Holmgren, David, *Permacultura. Dallo sfruttamento all'integrazione. Progettare modelli di vita etici, stabili e sostenibili*, Arianna Editrice, Bologna, 2010.
Hopkins, Rob, *Manuale pratico della transizione. Dalla dipendenza dal petrolio alla forza delle comunità locali*, Arianna Editrice, Bologna, 2009.
Hopkins, Rob, Pinkerton, Tamzin, *Cibo locale. Come produrlo nella tua comunità. Manuale pratico per un'alimentazione sana e sostenibile*, Arianna Editrice, Bologna, 2010.
Illich, Ivan, *La convivialità*, Mondadori, Milano, 1974.
Illich, Ivan, *Nemesi medica. L'espropriazione della salute*, Boroli, Milano, 2005.
Immler, Hans, *Economia della natura. Produzione e consumo nell'era ecologica,* Donzelli, 1996.
Jarow, Rick, *Crea il lavoro che ami. Motivazione vocazione realizzazione,* Fiori Gialli Edizioni, Velletri, 2006.
Krishnamurti, Jiddu, *La prima ed ultima libertà*, Astrolabio-Ubaldini, Roma, 1969.
Kropotkin, Pëtr A., *La morale anarchica*, Stampa Alternativa, Roma, 1999.
Kunstler, James H., *Collasso. Sopravvivere alle attuali guerre e catastrofi in attesa di un inevitabile ritorno al passato*, Nuovi Mondi, San Lazzaro di Savena, 2005.
Lane, John, *Elogio della semplicità. Vivere creativamente nella società dei consumi*, Fiori Gialli Edizioni, Velletri, 2006.
Latouche, Serge, *Breve trattato sulla decrescita serena*, Bollati Boringhieri, Torino, 2008.
Latouche, Serge, *Decolonizzare l'immaginario. Il potere creativo contro l'economia dell'assurdo*, EMI, Bologna, 2004.
Latouche, Serge, *La scommessa della decrescita*, Feltrinelli, Milano, 2006.
Latouche, Serge, *Come sopravvivere allo sviluppo. Dalla decolonizzazione dell'immaginario economico alla costruzione di una società alternativa*, Bollati Boringhieri, Torino, 2005.
Mander, Jerry, *Quattro argomenti per eliminare la televisione*, Dedalo, Bari, 1982.

Mantegazza, Raffaele, *I buchi neri dell'educazione*, Elèuthera, Milano, 2006.
Meadows, Donella, Meadows, Dennis, Randers, Jorgen, *I nuovi limiti dello sviluppo. La salute del pianeta nel terzo millennio,* Mondadori, Milano, 2006.
Mollison, Bill, Slay, Reny Mia, *Introduzione alla permacultura*, Terra Nuova Edizioni, Firenze, 2007.
Naish, John, *Basta! Con i consumi superflui, con chi li incentiva, con chi non sa farne a meno*, Fazi Editore, Roma, 2009.
Norberg-Hodge, Helena, *Il futuro nel passato*, Arianna Editrice, Casalecchio, 2005.
Ottieri, Maria Pace, *Raggiungere l'ultimo uomo*, Einaudi, Torino, 2008.
Pallante, Maurizio, *La decrescita felice. La qualità della vita non dipende dal PIL*, Editori Riuniti, Roma, 2005.
Pallante, Maurizio, *Ricchezza ecologica*, Manifestolibri, Roma, 2003
Pallante, Maurizio, *Un futuro senza luce*, Editori Riuniti, Roma, 2004.
Pallante, Maurizio (a cura di), *Un programma politico per la decrescita*, Edizioni per la decrescita felice, Roma, 2008.
Pauli, Gunter, *Blue Economy. Nuovo rapporto al Club di Roma. 10 anni 100 innovazioni, 100 milioni di posti di lavoro,* Edizioni Ambiente, Milano, 2010.
Perotti, Simone, *Adesso basta. Lasciare il lavoro e cambiare vita. Filosofia e strategia di chi ce l'ha fatta*, Chiarelettere, Milano, 2009.
Perotti, Simone, *Avanti tutta. Contro la follia delle aziende e l'inerzia dei lavoratori. Manifesto per una rivolta individuale*, Chiarelettere, Milano, 2011.
Perticari, Paolo, *L'educazione impensabile*, Elèuthera, Milano, 2007.
Petrini, Carlo, *Terra madre. Come non farci mangiare dal cibo,* Giunti, Firenze, 2001.
Pignatta, Valerio, *L'insostenibile leggerezza dell'avere. Dalla teoria alla pratica: la decrescita nella vita quotidiana*, EMI, Bologna, 2009.
Pirsig, Robert,, *Lo zen e l'arte della manutenzione della motocicletta*, Adelphi, Milano, 1984.
Popper, Karl e Condry, John, *Cattiva maestra televisione*, Reset, Milano, 1994.
Porquet, Jean-Luc, *Jacques Ellul, l'uomo che aveva previsto (quasi) tutto*, Jaca Book, Milano, 2008.
Postman, Neil, *Technopoly. La resa della cultura alla tecnologia*, Bollati Boringhieri, Torino, 1993.
Rete Bioregionale Italiana (a cura di), *Selvatico e coltivato. Storie di vita bioregionale*, Stampa Alternativa, Viterbo, 2003.

Rifkin, Jeremy, *Ecocidio. Ascesa e caduta della cultura della carne*, Mondadori, Milano, 2002.
Ruzzenenti, Marino, *L'Italia sotto i rifiuti. Brescia: un monito per la penisola*, Jaca Book, Milano, 2004.
Savioli, Sonia, *Alla città nemica. Diario di una donna di campagna*, Malatempora, Roma, 2005.
Savioli, Sonia, *Scemi di guerra. Ascesa, apoteosi, marasma e fine della società di guerra e progresso,* Edizioni Punto Rosso, Milano, 2010.
Schumacher, Ernst Fritz, *La misura della felicità. Ecologia ed economia dalle grandi alle piccole cose*, Fiori Gialli Edizioni, Velletri, 2007.
Segrè, Andrea, *Lezioni di ecostile. Consumare, crescere, vivere*, Bruno Mondadori, Milano, 2010.
Seymour, John, *Per una vita migliore ovvero il libro dell'autosufficienza*, Mondadori, Milano, 1977.
Shiva, Vandana, *Ritorno alla terra. La fine dell'ecoimperialismo*, Fazi, Roma, 2009.
Snyder, Gary, *La pratica del selvatico*, Edizioni Fiori Gialli, Velletri, 2010.
Stuart, Tristram, *Sprechi. Il cibo che buttiamo, che distruggiamo, che potremmo utilizzare*, Bruno Mondadori, Milano, 2009.
Szasz, Thomas, *Farmacrazia. Medicina e politica in America*, Spirali, Milano, 2005.
The Economist, *Il mondo in cifre 2011*, Fusi Orari, Roma, 2010 (a cura di Notarbartolo A. e Pattavina V.).
Thoreau, Henry D., *Walden ovvero vita nei boschi*, Biblioteca Universale Rizzoli, Milano, 2008.
Toesca, Pietro M., *Teoria del potere diffuso. Municipalismo e federalismo*, Elèuthera, Milano, 1998.
Toesca, Pietro M., *Manuale per fondare una città*, Elèuthera, Milano, 1994.
Tozzi, Mario, *L'Italia a secco. La fine del petrolio e la nuova era dell'energia naturale,* Rizzoli, Milano, 2006.
Vester, Frederic, *Mobilità. I segni del collasso*, Società Editrice Andromeda, Bologna, 1996.
Weil, Simone, *Incontri libertari*, Elèuthera, Milano, 2001.
Weisman, Alan, *Il mondo senza di noi*, Einaudi, Torino, 2008.
Winn, Marie, *La droga televisiva*, Armando, Roma, 1978.
World Watch Institute, *State of the word 2010*, Edizioni Ambiente, Milano, 2010.

Siti Internet

Riportiamo alcuni indirizzi utili di siti Internet oltre a quelli già segnalati nelle note.

www.paea.it: energie rinnovabili, risparmio energetico, libri tematici, bioedilizia, risparmio idrico, didattica ambientale, mostra ecologica itinerante ecc.
www.ilcambiamento.it: quotidiano online, ecologia, risorse naturali, cambiamenti climatici, permacultura, decrescita, energie rinnovabili, stili di vita e molto altro.
www.veganriot.it: alimentazione e cucina vegan.
www.wwoof.it: lavoro in fattoria biologica e ospitalità.
www.simoneperotti.com: il sito di Simone Perotti, scrittore e downshifter.
www.per.umbria.it: un centro per le energie rinnovabili davvero speciale.
www.liberospirito.org: spiritualità libertaria, ecoteologia, eresia oggi ecc.
www.arivista.org: sito ufficiale di A rivista anarchica, mensile di cultura e prassi libertaria.
www.beppegrillo.it: informazioni utili in "controtendenza" sull'attualità.

Centri europei per le tecnologie alternative

www.artefact.de: Centro Artefact, Germania.
www.cat.org.uk: Centre for alternative technology, Galles.
www.e-u-z.de: Energie- und Umweltzentrum, Germania.
www.folkecenter.dk: Folkecenter, le energie rinnovabili, Danimarca.
www.dekleineaarde.nl: De Kleine Aarde, Olanda.

Per chi volesse proseguire l'approfondimento dei temi trattati nel libro può seguire la rubrica all'interno del giornale web *Il Cambiamento*:
www.ilcambiamento.it/pensare_come_montagne/

Ringraziamenti

Marta Carugati, Architetto della Vita, per la sua forza e grandezza. Il mitico Paolo Petralia maestro di cucina e compagno di musica 'come si deve'. Simone Perotti ovvero il Grande Narratore che ci ha fatto la prefazione e ci ha supportato disinteressatamente, evento, di questi tempi, davvero raro. Valerio il Filosofo, Super Monica, l'ingegnere Ariele, la Principessa del Mare Miriam, la Principessa del Sole Edna e l'Imperatore del Sogno Natan, ovvero la famiglia Pignatta. Il sognatore con i piedi per terra Daniel Tarozzi e la redazione del *Cambiamento*. Roberta Pettinella dalla infinita carica energetica e pazienza. Elena Piva ovvero Madre Terra. L'associazione Paea e i suoi collaboratori.
La mia famiglia tedesca: Andreas Steege e Kathrin Bussmann, nella cui casa di Springe è stato scritto molto del libro; e poi Martin Lehmann, Gaby Dannert e Heribert Fabry.
Franz Moebius e Paride Allegri per il loro insegnamento. Verdiano Donini "Eroe dei due mondi".
Sonia Savioli e Nando, vere persone di campagna. Mimmo Tringale e Terra Nuova Edizioni che hanno creduto nel progetto. Paola Cappellazzo per il suo eccezionale supporto e i suoi preziosi consigli. Beppe Grillo per la sua ironia e intelligenza, Coline Serreau per la sua straordinaria lungimiranza e Jiddu Krishnamurti per la sua chiarezza. La Germania, il Mare e lo Straight Edge.
Un saluto a Clementina, Valerio, Lorenzo, Maria Teresa, Solidea e Teresa.
Un ringraziamento particolare a Ela e al progetto ESTA, fonte di speranza e di indistruttibile volontà.

Paolo Ermani

Oltre a unirmi ai ringraziamenti di Paolo per le persone già citate, di cui per la maggior parte ho l'onore di condividere l'amicizia, ringrazio in particolar modo Paolo stesso per l'opportunità dataci di realizzare questo libro.
Ringrazio inoltre la mia famiglia, fonte inesauribile di sostegno, di amore e di incoraggiamento su tutti i piani dell'esistenza.
Un ringraziamento speciale va al movimento anarchico e a tutti coloro che ne fanno parte nel mondo per il fatto di esistere e di agire in prima persona.
Amen

Valerio Pignatta

INDICE

Finito di stampare
novembre 2011

Nessun albero è stato abbattuto per questo libro.

La carta utilizzata per questa pubblicazione è prodotta dalle cartiere *Cariolaro* e certificata dal marchio *Der Blaue Engel* (Angelo Azzurro) rilasciato dal Ministero dell'ambiente tedesco per i prodotti cartacei realizzati con fibre provenienti al 100% da carta straccia, di cui almeno il 65% proveniente dalla raccolta differenziata. La cartiera certifica che la cellulosa non è sbianchita con prodotti contenenti cloro o sbiancanti ottici, ma con ossigeno e acqua ossigenata.

STAMPATO IN ITALIA